智能建筑弱电工程设计和施工

刘晓军　编著

机械工业出版社
CHINA MACHINE PRESS

本书编写的初衷是为了解决弱电工程人员系统化学习建筑智能化技术，全面掌握设计与施工相关知识的需求。阅读本书，可以根据书中总结的建筑智能化技术知识体系，来逐步掌握各个子系统的技术要点与设计施工技能。

　　本书涵盖弱电工程行业十余个主流子系统，如安防、网络、音视频系统、机房基础设施建设等。编者以多年工作总结的思维导图为切入点，对各子系统的技术组成和设备组成进行深入讲解，并将知识点进行关联，让读者形成总体的认知。同时，本书对弱电工程中应用较多的物联网技术、PoE 技术、现场总线技术等进行了专项讲解，以便读者掌握和应用。

　　本书适合于弱电工程行业技术人员、设计师和项目经理，大专院校相关专业师生也可参考使用。

图书在版编目（CIP）数据

智能建筑弱电工程设计和施工/刘晓军编著 . —北京：机械工业出版社，2024. 2
（2025. 2 重印）
　　ISBN 978-7-111-74602-7

　　Ⅰ.①智…　Ⅱ.①刘…　Ⅲ.①智能化建筑－电气设备－建筑设计②智能化建
筑－电气设备－工程施工　Ⅳ.①TU855

中国国家版本馆 CIP 数据核字（2024）第 030519 号

机械工业出版社（北京市百万庄大街 22 号　邮政编码 100037）
策划编辑：李宣敏　　　　　　　　　　责任编辑：李宣敏
责任校对：杨　霞　薄萌钰　韩雪清　　封面设计：张　静
责任印制：单爱军
北京虎彩文化传播有限公司印刷
2025 年 2 月第 1 版第 7 次印刷
184mm×260mm·17 印张·451 千字
标准书号：ISBN 978-7-111-74602-7
定价：79.00 元

电话服务　　　　　　　　　　网络服务
客服电话：010-88361066　　机　工　官　网：www.cmpbook.com
　　　　　010-88379833　　机　工　官　博：weibo.com/cmp1952
　　　　　010-68326294　　金　书　网：www.golden-book.com
封底无防伪标均为盗版　机工教育服务网：www.cmpedu.com

前言：拓宽认知边界，将碎片化的
知识点串联为体系化思维

编者在弱电工程行业工作多年，经历过技术工程师、项目经理、设计总监等岗位，参与过多个国家与省市重点工程建设，有智慧交通、智慧建筑、智慧校园、智慧医院等建设经验，对建筑智能化系统的技术应用、工程设计与管理有较为深刻的认识。同时，编者主理公众号"弱电笔记"等自媒体平台，同广大业内人士有过深入交流，也解答过很多技术问题和职业发展疑惑，对弱电工程行业人员的学习需求了解全面。

本书的编写，面向弱电工程一线，多讲述应用，少讲述理论，力图专业而实用，"接地气"，将实战经验传授给广大读者。待读者有了充分的实践经验，想要在技术上更进一步时，自己就会自觉地寻找理论知识来补充知识体系，这才是正确的学习方式。

在这里主要是想聊一聊认知、体系化知识思维和方法论，这三个关键词对我的工作成长帮助很大。在我的职业生涯中，也经历了入门、自满、挫败、反思、重构、进步等一系列成长阶段，对于这三个关键词的理解与实践决定了我们的弱电职业生涯能走多远，能攀多高。

有一次，我管理的项目中出现了很严重的问题，也造成了一定的损失。在事后的总结会上，我依然程序化地提出强化技术管理、强化风险管理等话，领导直接打断我的总结，说道："这个项目中有些工作你以前从未接触过，对你来说是完全陌生的，你甚至都想象不到有这些问题的存在，你怎么规避风险？"

这句话我一直铭刻在心里，是呀，那时的我就如同不带地图在陌生的荒野中探险，那片未知的、隐藏在混沌之中的、完全不在目力所及范围的荒野，有路吗？有狼吗？有悬崖吗？如果一无所知，那每迈出一步都可能遇到危险。

没有足够的知识储备，想做好项目那就是空想。

能清晰地了解自己、了解工作内容、了解目标挑战，这就是认知。

经验是认知的重要组成部分，为什么在工程施工中对项目经理的经验要求很高？打开招聘网站，都对应聘者的工程业绩有很详细的要求。即使是在工程招标活动中，也对投标者的业绩有要求，这都源于对认知的重视。尤其，工程具有一次性和独特性的特质，每个工程都是独一无二、不可重复的，这对工程管理的要求就更高，否则很有可能造成的损失是无法弥补的。

当前建筑智能化行业面临一个比较大的挑战就是智慧园区会有越来越多的子系统，动辄几十个，这是因为智慧园区是一个复杂的生态系统，涉及多个方面的管理和运营，需要多个子系统协同工作才能实现全面的智能化和集成化。

同时，弱电系统和 IT 系统的边界在一定程度上已经消弭，因为随着科技的不断发展，信息通信技术（ICT）和弱电系统之间的融合越来越紧密，两者间的边界已经变得模糊不清。弱电系统和 IT 系统的融合已经成为智慧城市、智慧园区、智慧建筑等领域的重要趋势，这种融合可以实现数据的互通互联，提高系统的集成化和智能化水平，增强系统的可控性和可靠性。随着相关技术的不断发展和应用的不断深入，弱电系统和 IT 系统之间的边界会越来越模糊，融合将会更加深入和广泛。

这都对我们的技术能力和知识边界提出了更高的要求，只有不断地学习和进步，才能跟得上技术的演进。在建筑智能化行业中，是不可能有舒适区的长久存在的，如果停留在舒适区中不想出去，不但有被新晋者冲击的风险，也会失去挑战的勇气和能力。

同样是那位领导，他的工作能力非常出色，在管理中一眼就能看出问题和隐患，对于各种问题也能非常快速地给出正确解决方案。向他做工作汇报是一件非常有压力的事情，因为他会问很多问题，有些是没有准备甚至是完全没有意识到的问题，因此有时和他一起开会或者讨论问题之后会有一种挫败感，觉得自己的工作能力太差，考虑问题太不全面和细致了。

有一次在和他聊天的过程中，他就指出了我的问题："你的能力和水平还可以，但是很多知识你没有把它们串起来，形成知识体系。"

这句话对我的影响也非常大，从此，我就特别注重知识思维的体系化构建。

举个例子：

你刚刚做完一个视频监控的项目，业主对你说他还想在某个房间加个摄像头，让你给报个价。

如果没有经验，那很可能就是一个摄像头的价钱再加上安装费就是报价了。

但如果对视频监控系统有体系化的知识储备，就会联想到下面这些问题：

1. 这个摄像头是做什么用的？它的监控对象是什么？有没有夜视和智能分析等方面的功能要求？要有拾音或对讲功能吗？分辨率是多少？

2. 欲安装的房间有没有预留网线？没有的话还需先铺网线和电源线。还要考虑做管子和桥架。

3. 交换机的网口是否足够？不够的话还要加交换机。另外，还需要分析加这台摄像机对现有网络数据传输的带宽的影响。

4. 硬盘录像机的存储空间是否足够？加了一路图像，会不会就不满足存储时间要求了？要不要加硬盘？

5. 这路图像要不要给其他系统调用？要不要向上一级监控平台上传？如何处理系统对接？

脑海里有了这些问题，才算把问题考虑全面了，这也要求我们的知识思维体系要不断地完善。当然这只是一个很小的例子，在弱电工程中，我们一定会碰到很多类似的、更复杂的要求和变更指令，如果把问题想简单了，不假思索地就去做，麻烦就会接踵而至。

这就是为什么要构建自己体系化的知识储备。

最后再聊一下方法论。

什么是方法论？可能解释有很多。但是在项目中有一点一定要清楚，就是你自己一定要有一套对于项目管理和技术管理的方法。在前面也说过了，工程实施倚重经验，每个工程都是独一无二、不可重复的；同时，变革太快，新技术、新设备、新工艺、新的管理模式层出不穷。只要做工程，就一定会碰到新问题，没有人是全知全能的。那么，面对陌生的项目环境和技术应用，即使你不懂，但你有没有自己的一套方法来控制和管理着项目向目标推进？这就是你的项目方法论了。

那么怎么形成自己的方法论呢？方法论的形成一定是在实践中完成的，用一次又一次或大或小的挑战与成功，形成正反馈，再加上总结与反思。有项目方法论的人做项目一定是自信的，培养方法论没有捷径，喊口号是喊不来的，只能是靠自己多想、多做、多总结。

所以这样来看，认知、体系化知识思维和方法论三者是有着强关联的，它们相辅相成，互为补充、互相促进。

目 录

V

第1章　建筑智能化工程知识思维体系

1.1　建筑智能化工程思维体系

和大家分享一下工程技术思维体系，为什么谈思维体系，因为我是受益者。我们工程人员无论是在设计还是施工过程中，严谨、周密、规范，都是对我们的工作要求，这是由工程特性所决定的——一次性和不可复制性。这意味着在工程中不会给我们太多犯错的机会，很多时候犯了错，其代价是高昂的，结果是不可挽回的。

我记得以前在公司，楼下就是公司的设备生产中心，他们的管理看起来非常正规——有明确的工作职能和任务分工，每个人各司其职还都很专业，他们的着装，他们的工具，他们的操作纪律，各种工作流程，墙上的看板，地上的导流线，一切看起来都井然有序。他们每天的早班会、晚班会，质量检查制度等都非常完善。

就两个字：正式！

看得我佩服不已，心想什么时候我带的工程能有这样就好了。后来仔细琢磨了一下，发现工程生产和产品生产是不一样的。在工程上，项目部团队是临时组建的，工程方案是各式各样的，工地是千奇百怪的，工地上接触到的各方关系是鱼龙混杂的，环境和场景一直都在变，不仅是换一个工地就变一次，甚至是随着进度的推进会不停地变化。而生产车间就不一样了，特点就是重复，工作重复、工序重复，甚至动作都是重复重复再重复。在这样的重复过程中，制度和流程是可以被贯彻和优化的，因为他们有大量的时间和精力来做这些事。我觉得有一句话对生产车间的工作来说很贴切：重要的事情简单做，简单的事情重复做，重复的事情认真做。长此以往，管理水平会逐渐提升。从精益管理的角度来看，因为工作一成不变，所以他们甚至有时间琢磨1s内工作的优化提升。他们很少会被突发情况和变化情况干扰，这种情况太少了，如果有，那就再来一遍，等待下一次变化。

工地就不一样了，各种突发事件，各种变化，具体就不展开说了，总之没时间给你从零开始绣花。但是我们的任务又是需要做好工程技术管理，那么怎么办？

需要你自带体系！

你把自身的工程技术体系建立好了，往项目上"套"吧，至少能套个60%吧，这样就好多了。当然自带体系的好处不止于此，图1-1所示为我所总结的工作思维体系带来的益处。

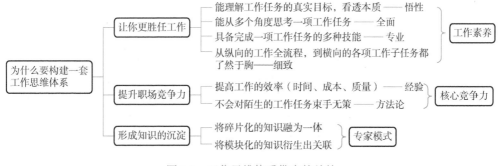

图1-1　工作思维体系带来的益处

图 1-2 所示为弱电工程工作思维体系总结。

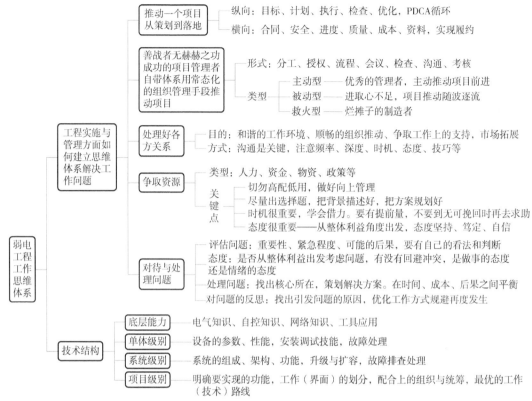

图 1-2　弱电工程工作思维体系总结

1.2　建筑智能化工程技术能力模型

图 1-3 所示为建筑智能化工程技术能力模型。

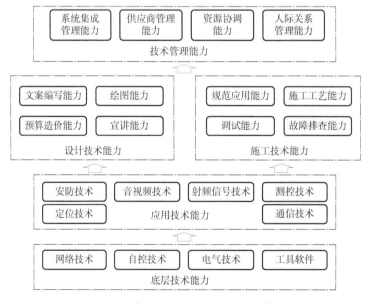

图 1-3　建筑智能化工程技术能力模型

在这里，大家要特别注意底层技术能力的培养。

我最大的感触就是：底层技术能力让我在弱电工程技术方面游刃有余，这四项底层技术能力涵盖了弱电工程各个子系统的理论基础，让我在各种知识系统的学习中能够很快上手，触类旁通。

比如，普遍反映学起来很困难的楼宇自控系统，其实就是自控技术的延伸，这些在楼宇自控章节有详细的描述。再比如，经常应用的门禁系统，其实也是自控技术和网络技术的综合。

稻盛和夫曾说："面对不确定的时代，面对不断变化的竞争，决胜的关键就在于你的底层能力。"比如说，当看到一个弱电系统的方案描述，在脑海中能够迅速反应出它的系统架构和搭建方式，这就是一个优秀技术人员的底层技术能力。一旦有了很强大的底层技术能力，往往就会比别人拥有更高的效率，也更容易达成目标。

排除专业技能，底层技术能力更多指的是面对问题时所展现出的一种近乎本能的素质。很多时候它们都是一种最基础、最容易被忽视的品质。在弱电工程中人与人之间的差距往往就是由于这些不被在意的能力而产生的，一个人的底层技术能力，是其不断提升自我，不断进步的基石。其他能力都要建立在底层技术能力之上，因此，底层技术能力会从根本上决定一个人在行业中发展的上限。

1.3　建筑智能化工程设计思维体系

图 1-4 所示为建筑智能化工程设计思维体系。

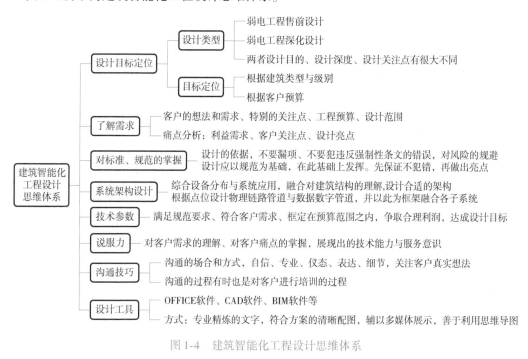

图 1-4　建筑智能化工程设计思维体系

1.4　建筑智能化工程项目管理思维体系

图 1-5 所示为建筑智能化工程项目管理思维体系。

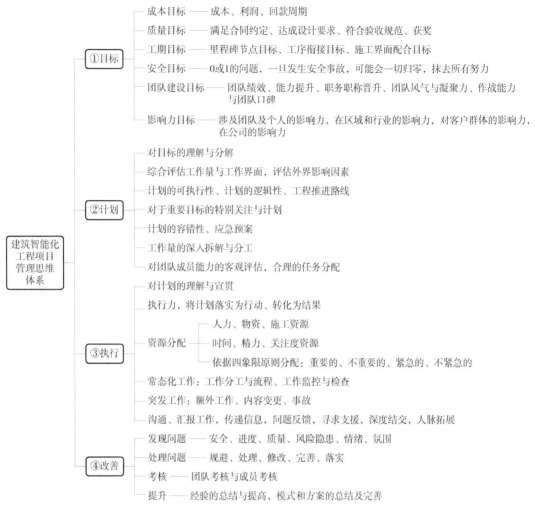

建筑智能化工程项目管理思维体系

①目标
- 成本目标 —— 成本、利润、回款周期
- 质量目标 —— 满足合同约定、达成设计要求、符合验收规范、获奖
- 工期目标 —— 里程碑节点目标、工序衔接目标、施工界面配合目标
- 安全目标 —— 0或1的问题，一旦发生安全事故，可能会一切归零，抹去所有努力
- 团队建设目标 —— 团队绩效、能力提升、职务职称晋升、团队风气与凝聚力、作战能力与团队口碑
- 影响力目标 —— 涉及团队及个人的影响力，在区域和行业的影响力，对客户群体的影响力，在公司的影响力

②计划
- 对目标的理解与分解
- 综合评估工作量与工作界面，评估外界影响因素
- 计划的可执行性、计划的逻辑性、工程推进路线
- 对于重要目标的特别关注与计划
- 计划的容错性、应急预案
- 工作量的深入拆解与分工
- 对团队成员能力的客观评估，合理的任务分配

③执行
- 对计划的理解与宣贯
- 执行力，将计划落实为行动、转化为结果
- 资源分配
  - 人力、物资、施工资源
  - 时间、精力、关注度资源
  - 依据四象限原则分配：重要的、不重要的、紧急的、不紧急的
- 常态化工作：工作分工与流程、工作监控与检查
- 突发工作：额外工作、内容变更、事故
- 沟通、汇报工作，传递信息，问题反馈，寻求支援，深度结交，人脉拓展

④改善
- 发现问题 —— 安全、进度、质量、风险隐患、情绪、氛围
- 处理问题 —— 规避、处理、修改、完善、落实
- 考核 —— 团队考核与成员考核
- 提升 —— 经验的总结与提高，模式和方案的总结及完善

图 1-5 建筑智能化工程项目管理思维体系

第2章 综合布线系统

2.1 综合布线系统知识思维体系

综合布线系统采用标准的缆线与连接器件，将所有语音、数据、图像及多媒体业务系统设备的布线组合在一套标准的布线系统中。其开放的结构可以作为各种不同工业产品的基准，使得配线系统将具有更强的适用性、灵活性、通用性，而且可以以最低的成本随时对设于工作区域的配线设施重新规划。

图 2-1 所示为综合布线系统知识思维体系，可以参考学习。

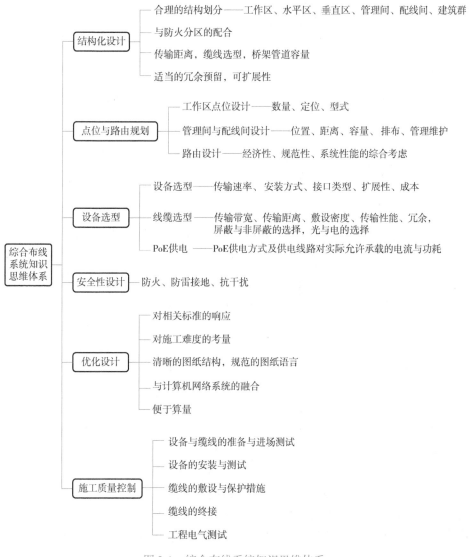

图 2-1 综合布线系统知识思维体系

2.2 综合布线系统结构与组成

2.2.1 数据的旅程，从管道的起点到终点

举个例子，可以想象一下，当您坐在园区 3 号楼 3 楼的某间办公室内，您的办公计算机是如何访问互联网的？它经历了哪些路径？

如果将数据比喻为水，那么综合布线系统就是承载着水的物理管道（图 2-2）。

工作区子系统	1	办公计算机插入网络跳线
	2	网络跳线另一端插入 墙壁上的网络模块
水平子系统	3	网络模块终接网线，网线沿墙穿管敷设
	4	管子接入走廊内的弱电桥架，网线沿桥架敷设
	5	弱电桥架进入楼层弱电间，网线进入网络机柜
管理子系统（网络接入层）	6	网线在机柜网络配线架内终接
	7	网络配线架另一侧插入网络跳线
	8	网络跳线另一端插入接入交换机电口
	9	接入交换机级联口为光口，插入光纤跳线
	10	光纤跳线另一端插入光纤配线架上的光纤耦合器
	11	光纤耦合器另一端插入光缆尾纤，尾纤再与光缆熔接
垂直干线子系统	12	光缆沿贯通各楼层弱电间的垂直桥架敷设
	13	垂直桥架进入某楼层IDF机房，光缆进入机柜
管理子系统（网络汇聚层）	14	光缆在机柜内光纤配线架内熔接，输出光缆尾纤
	15	尾纤通过耦合器对接光纤跳线，跳线插入汇聚交换机光口
	16	汇聚交换机级联口为光口，插入光纤跳线
	17	光纤跳线另一端插入光纤配线架
	18	光纤配线架内光纤熔接，输出光缆
建筑群子系统	19	光缆在园区室外地下管道敷设，进入某建筑MDF机房
	20	光缆进入MDF机房机柜
设备间子系统（网络核心层）	21	光缆在机柜光纤配线架内熔接，输出光纤跳线
	22	光纤跳线插入核心交换机光口
	23	核心交换机通过网络或光纤跳线连接网络出口设备，接入ISP

图 2-2　数据的旅程，从管道的起点到终点

由图 2-2 可见，结构化是综合布线系统的核心优势，综合布线系统自身是完全独立的，与应用系统相对无关，不仅适用于网络系统，也适用于其他应用系统。在使用时，用户可不用定义某个工作区的信息插座的具体应用，只把某种终端设备插入这个信息插座，然后在管理间和设备间的交接设备上做相应的跳线操作，这个终端设备就被接入到各自的系统中了。

2.2.2 综合布线系统结构

综合布线系统结构的典型设置与功能组合如图 2-3 所示。

完整的结构化综合布线系统可分为六个子系统。每个子系统提供模块化和具有灵活性；更改和重排通常仅在两个子系统中进行。不同类型连接、新应用或新标准的配置可能仅涉及几个子系统。

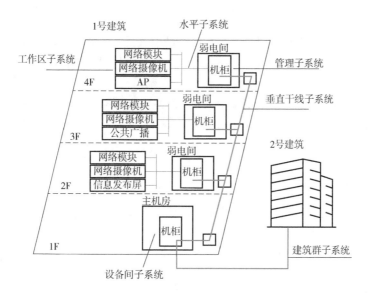

图 2-3 综合布线系统结构图

布线后，以下六个子系统提供完整的集成连接：

1）工作区子系统。

2）水平子系统。

3）管理子系统。

4）垂直干线子系统。

5）建筑群子系统。

6）设备间子系统。

2.2.3 工作区子系统

工作区子系统是办公室、写字间、作业间、技术室等需用电话、计算机终端、电视机、AP、IPC 等设施的区域和相应设备的统称。一个独立需要设置终端设备的区域宜划分为一个工作区。工作区子系统由计算机设备、语音点、数据点、信息插座、底盒、模块、面板和连接到信息插座的跳线组成。系统设计时要考虑 PoE 供电设备的需求。

工作区子系统常用设备：

（1）插座底盒　插座底盒是必需的电工辅助工具，主要用于各类开关及插座的安装。分为明装底盒和暗装底盒。其中 86 型暗盒是最常用的暗装底盒，其尺寸约为 86mm×86mm，适配目前市场最常见尺寸约 86mm×86mm 的信息插座面板。

（2）信息插座　信息插座是连接配线线缆和工作区域跳线的物理接口，一般是安装在墙面上的，也有桌面型和地面型的，主要是为了方便计算机等设备的移动，并且保持整个布线的美观。信息插座可以分为网络插座、语音插座、多媒体插座等，但目前很多语音接口也采用网络插座。其按接口数量可以分为单口插座、双口插座、四口插座等。在综合布线清单编制中通常把信息插座拆分为信息模块和面板两部分。

（3）网络跳线　网络跳线也称为成品网线，指的是网线两头接有水晶头的网线。网络跳线按照速率区分，常用的有百兆超 5 类网络跳线、千兆 6 类网络跳线、万兆超 6 类网络跳线、7 类网络跳线、四万兆 8 类网络跳线；按照结构区分，常用的有非屏蔽网络跳线、单屏蔽网络跳线、双屏蔽网络跳线；按照线规区分，常用的有 23AWG 多股跳线、24AWG 多股跳线、

26AWG 多股跳线。

（4）水晶头 水晶头主要是用于铜缆布线系统的连接头，它的结构尺寸及规格都是有对应的标准的，这个标准就是 IEC 60603 - 7。电话水晶头主要是用于语音系统，是一种用于连接电话线、电话机或者电话交换机的水晶头，也称 RJ11 水晶头；网络水晶头主要用于连接交换机、路由器、服务器、网关、无线 AP、计算机等终端设备以及网络模块、网络配线架等综合布线产品的网络接口，FCC（Federal Communications Commission，美国联邦通信委员会）对它的定义是 RJ45。

2.2.4 水平子系统

水平子系统由配线间至工作区之间的水平电缆、楼层配线设备和跳线构成。水平子系统是信息传输互联网络的重要组成部分，一般由四对非屏蔽双绞线构成星形拓扑结构。网络系统中如果有数据保密或避免磁场干扰需要时，可以采用屏蔽双绞线（STP），如果有大量数据传输需要，可用光缆进行连接。

水平子系统常用设备：网线、光纤，详见后面叙述。

2.2.5 管理子系统

管理子系统位于弱电间，一般由配线设备、交互联设备和输入输出设备（I/O）三部分组成，其主要设备是连接器、机柜、电源、配线架等。管理子系统为其他子系统互连提供手段，它是连接垂直干线子系统和水平子系统的中转站，管理子系统可以采用配线间的跳线方式将网络线路重新进行连接和定位，即使在改动和变更终端设备时也能方便地进行线路变换，从而能够迅速地重新布线。

管理子系统常用设备：

（1）机柜 机柜一般是由冷轧钢板或合金制作，且用来存放计算机和相关控制设备的设备，可以提供对存放设备的保护，屏蔽电磁干扰，有序、整齐地排列设备，方便以后维护设备。不同标准的机柜在结构和部件组成上稍有差异，常见的机柜由前门、机架和后门组成，有些专用的机柜还会包含 PDU（电源分配单元）、电源、散热系统、管理系统等。机柜可分为服务器机柜和网络机柜。机柜高度通常用 U 作为单位，1U = 44.45mm，常见的有 10U/20U/42U 机柜。

（2）配线架 配线架按功能可以分为网络配线架、语音配线架、光缆配线架三种。网络配线架是综合布线系统的管理子系统中非常重要的组件，是实现垂直干线和水平布线两个子系统交叉连接的枢纽，是网线与网络设备连接的桥梁。同时，其可以避免由多次插拔线缆而造成交换机端口的损坏，可以通过更换跳线来快速、灵活地对网络重新配置。某些大型工程为方便布线管理，会采用电子配线架。语音配线架有科隆模块和鱼骨模块两种型式，鱼骨模块又被称为110 配线架。光缆配线架用于光纤保护与熔接出线，可以分为 12 口、24 口、48 口、72 口等多种形式。

（3）理线器 理线器又称为线缆管理器，由理线板和盖板两部分组成，是一种安装于机柜，与配线架配合使用的配件装置。其可以使连接在交换机与配线架之间的跳线变得整齐；可避免因跳线自重，使模块或交换机端口长期处于受力状态，导致网络不稳定或端口受损的情况出现；增加了铜缆跳线或光纤的弯曲半径，保护其免受折损；也便于后期的运维和管理。

（4）跳线 跳线可分为网络跳线和光纤跳线。其中，光纤跳线主要用来做从设备到光纤布线链路的跳接线。其按传输媒介的不同可分为常见的硅基光纤的单模和多模跳线；按连接头结构形式可分为 FC 跳线、SC 跳线、ST 跳线、LC 跳线等；而 MPO/MTP 光纤跳线是目前高速率数据通信系统中常见的光纤跳线之一，如 40G/100G 直连和互连等。MPO/MTP 光纤跳线采用多芯光纤连接器，能容纳 6 ~ 144 根光纤，是目前容量最大的光纤跳线。

2.2.6　垂直干线子系统

垂直干线子系统由连接主设备间（主配线架）和各楼层配线间（配线架）之间的电缆组成，垂直干线子系统在整个配线中起主干作用。

垂直干线子系统作为网络连接的主要通道，有更大的信息传输需求，应具有可靠性高、频带宽、带容大、误码率低、保障性强等优点。

垂直干线子系统和水平子系统都是主要负责信息网络的通信和传输，主要区别有两点：

1）位置不同，垂直干线子系统通常通过弱电井连接各个楼层中的弱电间，它们垂直分布；而水平子系统一般连接工作区设备与弱电间，在每层楼的桥架水平敷设。

2）传输电缆不同，水平子系统传输量较小，一般用四对非屏蔽双绞电缆连接，有特殊需要时选用屏蔽双绞线或光缆。垂直干线子系统有更大的信息传输需求，通常采用光缆或大对数电缆作为传输通道。

垂直干线子系统常用设备：

1）光纤，详见第 2.3.2 节的叙述。

2）大对数电缆：大对数即多对数的意思，是指很多一对一对的电缆组成一小捆，再由很多小捆组成一大捆（更大对数的电缆则再由一大捆大电缆组成一根更大的电缆），一般来说大对数电缆在弱电工程中用作语音主干。

大对数电缆按对绞线类型（屏蔽型 4 对 8 芯线缆）可分成 3 类、5 类、超 5 类、6 类等；按屏蔽层类型可分成 UTP 电缆（非屏蔽）、FTP 电缆（金属箔屏蔽）、SFTP 电缆（双总屏蔽层）、STP 电缆（线对屏蔽和总屏蔽）；按规格（对数）分，有 25 对、50 对、100 对、200 对、300 对等电缆规格，一直到 3000 对；除此之外，还有国标线径 0.5mm 与 0.4mm，以及注油与非注油之分。

大对数电缆的传输距离与对数的多少没有关系，与线径有关系，线径为 0.4mm 的电话电缆每公里损耗为 1.64dB、环阻为 296Ω。如果允许用户线路的最大衰减为 7.0dB，则线径为 0.4mm 的电话电缆在衰减 7.0dB 时，长度可达 4.26km；如果按用户线路（话音）环阻不大于 1700Ω 计算，则线径为 0.4mm 的电话电缆最大通信距离为 5.74km，但此时衰减为 9.42dB。

大对数电缆色谱由 5 种主色和 5 种次色组成：

线缆主色为：白、红、黑、黄、紫，又称为 A 线。

线缆次色为：蓝、橙、绿、棕、灰，又称为 B 线。

5 种主色和 5 种次色又组成 25 种色谱，不管通信电缆对数多大，通常大对数通信电缆都是按 25 对色为一小把标识组成。

图 2-4 所示为 25 对大对数电缆的色谱线序。

50 对通信电缆色谱线序：50 对电缆里有 2 种标识线，前 25 对是用"白蓝"标识线缠着的，后 25 对是用"白橙"标识线缠着的。

以此递延，一组大对数电缆为 25 对，以色带来分组，一共分到 24 组：

①白蓝、白橙、白绿、白棕、白灰。

②红蓝、红橙、红绿、红棕、红灰。

③黑蓝、黑橙、黑绿、黑棕、黑灰。

④黄蓝、黄橙、黄绿、黄棕、黄灰。

⑤紫蓝、紫橙、紫绿、紫棕、紫灰。

线对编号	1	2	3	4	5	6	7	8	9	10	11	12	13
A线 B线	白 蓝	白 橙	白 绿	白 棕	白 灰	红 蓝	红 橙	红 绿	红 棕	红 灰	黑 蓝	黑 橙	黑 绿
线对编号	14	15	16	17	18	19	20	21	22	23	24	25	
A线 B线	黑 棕	黑 灰	黄 蓝	黄 橙	黄 绿	黄 棕	黄 灰	紫 蓝	紫 橙	紫 绿	紫 棕	紫 灰	

图 2-4　25 对大对数电缆的色谱线序

分到 24 组后就有 600 对了，每 600 对再分成一大组，每大组用白、红、黑、黄、紫分别来标示，就可以标示 3000 对线了。

2.2.7　建筑群子系统

建筑群子系统通常由线缆和相应配线设备组成，它是将一个建筑物的线缆延伸到另一个建筑物的通信设备及装置。

建筑群子系统一般采用地下管道方式敷设，布设之前要进行详细的规划，科学布线。管道内双绞电缆或光纤的敷设应遵循入孔要求和电话管道等敷设的相关规定，敷设应遵循通信管道与人手孔等技术和施工的相关规定建筑物距离超过 100m 时应选用光纤连接，在各个分室架设桥架，室外地下管道敷设需预留管孔，并安装电气保护装置。

建筑群子系统常用设备与垂直干线子系统基本相同，主要为光缆或大对数电缆。

2.2.8　设备间子系统

设备间子系统可以视为是一个存放公共设备的场所，是放置进线设备，进行网络管理以及相关人员值班的场所。

设备间子系统主要由建筑物进线设备、计算机网络系统、数字程控交换机（SWITCH）、自动控制中心设备、服务器、语音电话设备、监控管理设备和保安配线设备等组成。设备间子系统主要用来把公共的、多种不同设备连接起来。设备间应该避开强静电、强电磁场等各种干扰，对进出线应该分区和标色，并应该有空调和防火系统。

设备间子系统常用设备有机柜、配线架、理线器。

2.3　综合布线系统核心设备

2.3.1　双绞线

1. 双绞线分类

双绞线采用了一对互相绝缘的金属导线对绞的方式，来抵御频率小于 25MHz 的电磁波干扰。把两根绝缘的铜导线按一定密度互相绞在一起，可以降低信号干扰的程度，每一根导线在传输中辐射的电波会被另一根导线上发出的电波抵消。一般来说，线绞得越密，其抗干扰能力就越强。"双绞线"的名字也是由此而来。

双绞线可分为非屏蔽双绞线（UTP）和屏蔽双绞线（STP）。

双绞线有很多不同的类型，根据 ISO/IEC 11801 标准分类，常见的有：5 类线、超 5 类线、6 类线、超 6 类线、7 类线、8 类线。

超 5 类线普遍用于百兆网络中，超 5 类线的表皮标有"CAT. 5e"的字样。随着新基建对传输速度的高要求，超 5 类线远不能满足 5G 时代所需的标准，即将被淘汰。

随着千兆组网的盛行，6 类线也被称为"千兆网线"，成为常用网线主力军。6 类线提供整体 250MHz 的带宽，6 类线主要用于千兆网络中，传输性能要远高于超 5 类线的标准。6 类线的表皮标有"CAT. 6"的字样，并增加了绝缘十字骨架。

超 6 类线是 6 类线的改进版，最大的传输速率可达万兆。相对于 6 类线，在串扰、衰减、信噪比等方面有了很大的改善。超 6 类线的表皮标有"CAT. 6A"的字样，经常称为 6A 线。

7 类线是一种屏蔽双绞线，主要用于万兆网，传输速率可达 10Gbit/s，可以提供 600MHz 的整体带宽。7 类线中，每一对线都有一个屏蔽层，四对线合在一起又有一个公共的屏蔽层，外观上比常用网线要粗很多。

8 类线是新一代双屏蔽网线，是四万兆的超高速网线。它拥有两个导线对，可支持 2000MHz 的超高宽频，传输速率可达 40Gbit/s。一般用于短距离数据中心的服务器、交换机、配线架以及其他设备的连接。

图 2-5 所示为各类型网线的性能与应用。

类型	超5类线	6类线	超6类线	7类线	8类线
速率	100 Mbit/s	1000 Mbit/s	10 Gbit/s	10 Gbit/s	40 Gbit/s
频率带宽	100 MHz	250 MHz	500 MHz	600 MHz	2000 MHz
传输距离	100m (MAX)	100m (MAX)	100m (MAX)	100m (MAX)	30m (MAX)
导体	4对	4对	4对	4对	4对
线缆类型	屏蔽/非屏蔽	屏蔽/非屏蔽	屏蔽/非屏蔽	双层屏蔽	双层屏蔽
应用	小型工程 监控布线 小办公室	中小型工程 酒店公寓 家装办公	中大型工程 企业建设	数据中心 医教传输 政企智能	数据中心 电竞网咖 高端家装

图 2-5　各类型网线的性能与应用

2. 双绞线优劣的鉴别

在网络出现的问题中，往往最容易忽略的就是网线的问题。一般情况下网络经常出现的一些故障，大部分跟网线有直接关系。

（1）从网线的柔韧性辨别　因网线一般采用纯铜制作，纯铜生产出来的网线摸上去感觉比较软而且手感饱满，可以随意弯曲，弯曲后会慢慢恢复原形。而一些厂商在生产网线时为了降低成本，在铜中添加了其他的金属元素，做出来的网线较硬、不易弯曲、有凹陷感，且在弯曲后不易恢复原状，在使用中容易断线。

（2）从网线的护套材质辨别　网线护套所用的材质也是影响网线使用寿命的重要因素。护套一旦开裂，线芯裸露，网线很容易损坏。有的劣质网线采取回收废料作为外皮，不仅有异味，而且容易老化。而优质网线则会采用环保 PVC 材料，耐磨耐弯折耐拉扯，更加持久耐用。

（3）从网线线芯辨别　平时所用网线的主要材质是纯铜，劣质线芯为铜包铁、杂铜等，而优质线芯为无氧纯铜线芯，电阻小，能高速传导。鉴别时，可以用磁铁来辨别其中是否含有铁，用刀刮观察其色泽是否亮丽，黯淡的很可能是杂铜。除此之外，也可用火烧导体铜表面的方法来辨别，起初其表面会变黑，而内色仍是不变的黄色，而对于优质线芯来说，擦去烧完变黑的部分后铜仍保持原来的颜色。但如果含铁无论怎么擦，它都是暗淡的黑色。劣质网线掺杂铁可降低成本，但会引起电缆电阻不匹配，会缩短传输距离，降低传输速度等。

（4）测网线电阻法判断　如果条件允许，可以采用最直接的方法，用数字万用表的电阻档对网线的相对应芯线进行测量，根据所得阻值得知网线的好坏。

（5）依据网线的标识判断　目前经常使用的网线护套上会印有标识，标记网线外皮的材料、类型、生产厂家等信息，优质网线的标识会非常清晰，容易辨认，不会有锯齿状，模糊不清的情况。

（6）依据网线绞距辨别　好的网线不仅两两对绞紧密而均匀，且四组线之间也是紧密而均匀地对绞在一起，饱满紧密，网线对绞合基本都呈有规律的螺纹状。绞距控制精准，则能有效抵消线对之间的信号串扰，同时能更好地抵御外界的电磁波干扰，保障信号传输的稳定性。

3. 屏蔽双绞线

屏蔽双绞线具有抗干扰、防辐射的作用，在网线内部信号线的外面包裹着一层金属网作为屏蔽层，可以屏蔽掉部分辐射，使系统在电磁干扰环境下能够保持良好的传输性能。一般应用在保密要求较高的单位，以及医院、工厂等强电磁辐射密集的地方。

屏蔽双绞线价格相对较高，安装时要比非屏蔽双绞线电缆，必须配有支持屏蔽功能的特殊连接和施工工艺。安装屏蔽双绞线时，屏蔽双绞线的屏蔽层必须接地。

2.3.2　光纤

1. 光纤的特性

光纤通信系统是以光为载波，利用纯度极高的玻璃拉制成极细的光导纤维作为传输媒介，通过光电变换，用光来传输信息的通信系统。

光纤在数据通信中有很多优势：

1）传输距离大于 100m 时，如果选择使用铜缆，则必须添加中继器或增加网络设备和弱电间，从而增加成本和故障隐患，而使用光纤则可避免这些问题的发生。

2）在特定工作环境（如工厂、医院、空调机房、电力机房等）中，存在着大量的电磁干扰源，光纤可以不受电磁干扰，在这些环境中稳定地运行。

3）光纤不存在电磁泄漏的问题，要检测光纤中传输的信号是非常困难的，因此在保密等级要求较高的地方（如军事、研发、审计、政府等部门）是很好的选择。

4）对带宽的需求较高（达到 1G 以上）的环境，光纤是很好的选择。

光纤通信的实现基于光的全反射原理，当光进入光纤中心传播时，光纤纤芯的折射率 n_1 比包层 n_2 高，而纤芯的损耗比包层低，这样光会发生全反射现象，其光能量主要在纤芯内传输，借助于接连不断的全反射，光可以从一端传导到另一端。

图 2-6 所示为光纤传输原理图。

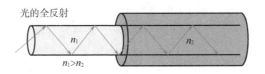

图 2-6　光纤传输原理

2. 光纤的分类

根据光纤内光信号传输模式的不同，光纤可分为多模光纤和单模光纤。

（1）多模光纤　当光纤的几何尺寸远远大于光波波长时，光纤中会存在着几十种乃至几百种传播模式。不同的传播模式具有不同的传播速度与相位，导致长距离传播之后会产生时延、光脉冲变宽等问题。这种现象称为光纤的模式色散。模式色散使多模光纤的带宽变窄，降低了其传输容量，因此多模光纤仅适用于较小容量的光纤通信。多模光纤等级的标准用 OM（Optical Multi-mode）来表示，不同等级传输时的带宽和最大距离不同。按照 ISO/IEC 11801 标准，多模光缆可分为 OM1 光纤、OM2 光纤、OM3 光纤、OM4 光纤和新发布的 OM5 光纤。

图 2-7 所示为多模光纤传输途径。

（2）单模光纤　当光纤的几何尺寸可以与光波长相近时，光纤只允许一种模式在其中传播，其余的高次模全部截止，这样的光纤称为单模光纤。由于它只有一种模式传播，避免了模式色散的问题，故单模光纤具有极宽的带宽，特别适用于大容量的光纤通信。

图 2-8 所示为单模光纤传输途径。

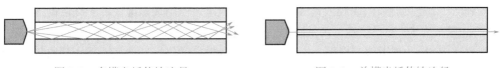

图 2-7　多模光纤传输途径　　　　　图 2-8　单模光纤传输途径

（3）多模光纤与单模光纤的对比　两者的纤芯直径不同，虽然多模光纤与单模光纤的包层直径相同，直径大小都是 $125\mu m$，但多模光纤的纤芯直径远大于单模光纤的纤芯直径，单模光纤的纤芯直径一般是 $9\mu m$，而多模光纤的纤芯直径一般是 $50\mu m$ 和 $62.5\mu m$。

两者的传输距离不同，单模光纤适用于长距离传输，多模光纤适用于短距离传输。单模光纤速度为 100M/s 或 1G/s，传输距离超过 5km；多模光纤典型速度为 100M/s，传输距离为 2km，1G/s 可达 1000m，10G/s 可达 550m。

两者的光源不同，多模光纤一般采用发光二极管（LED）或垂直腔面发射激光器（VCSEL）作为光源，因为 LED 光源能产生许多模式的光（光较分散）；单模光纤一般采用激光器或激光二极管作为光源，因为激光光源能产生单一模式的光，具备高亮度、高功率等优势。

两者的带宽不同，光纤的色散是影响光纤带宽的因素，光纤色散越小，光纤带宽就越宽。单模光纤几乎不存在色散，因此单模光纤的带宽比多模光纤的带宽大。

3. 光纤的损耗

在光纤施工中，对光纤链路进行准确的测量和计算是验证网络完整性及确保网络性能非常重要的步骤。光纤内会因光吸收和散射等造成明显的信号损失（即光纤损耗），从而影响光传输网络的可靠性。

光纤链路损耗包括光纤、连接器、熔接、分路器、法兰等链路中所有连接点的损耗。

同时根据设备发射器和接收器之间的任何差异，以及因设备随时间老化而造成的功率损失，也需要留出一定的冗余度。

（1）光纤衰减损耗　光纤衰减损耗是光纤损耗中最重要的参数之一（表2-1），以dB/km为单位，单模光纤常用的波长是1310nm和1550nm，多模光纤常用波长850nm。

表2-1　光纤衰减标准参考值

光纤类型	多模光纤		单模光纤
	OM3	OM4	G. 657. A1
波长/nm	850	850	1310/1550
最大衰减/（dB/km）	2.4	2.4	0.35/0.21

光纤衰减与长度有直接关系，因此光纤链路中所有光纤长度都需包含在内。

（2）连接器损耗　光纤链路中所有连接器损耗都需包含在内，因此高质量的连接器对光纤链路非常重要（表2-2）。

表2-2　连接器损耗标准参考值

连接器规格	LC		MPO	
光纤类型	单模光纤	多模光纤	单模光纤/多模光纤标损	单模光纤/多模光纤低损
插入损耗/dB	0.2		0.6	0.35

4. 常用光纤接口

光纤接头是用来连接光纤线缆的物理接口，通常有FC、SC、LC、ST等类型。

1）FC，FC连接器采用螺纹锁紧机构，是发明较早、使用最多的一种光纤活动连接器。

图2-9所示为FC光纤接口，其呈圆形，带螺纹，在配线架和光纤终端盒上用得较多。

2）SC，SC是一种矩形的接头，由NTT（日本电报电话公司）研制，不用螺纹连接，可直接插拔，与FC连接器相比具有操作空间小、使用方便的优点。其在低端以太网产品中非常常见。

图2-10所示为SC光纤接口，其呈方形，卡接式，在路由器、交换机上用得较多。

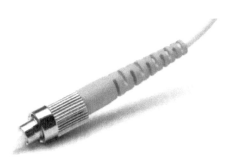

图2-9　FC光纤接口　　　　　　　　　　　图2-10　SC光纤接口

3）LC，LC是由LUCENT（美国朗讯科技公司）开发的一种mini型的SC连接器，具有更小的体积，已广泛在系统中使用，是今后光纤活动连接器发展的一个方向。

图2-11所示为LC光纤接口，其呈方形，卡接式，比SC型的尺寸小，在交换机、光模块中应用较多。

4）ST，ST连接器是由AT&T公司开发的，采用卡口式锁紧机构，主要参数指标与FC和SC连接器相当，通常用在多模器件的连接，与其他厂家设备对接时使用较多。

图2-12所示为ST光纤接口，呈圆形，卡接式，在工业环境的模数光端机中应用较多。

图 2-11 LC 光纤接口

图 2-12 ST 光纤接口

2.3.3 配线架

图 2-13 所示为综合布线系统配线架的分类与应用。

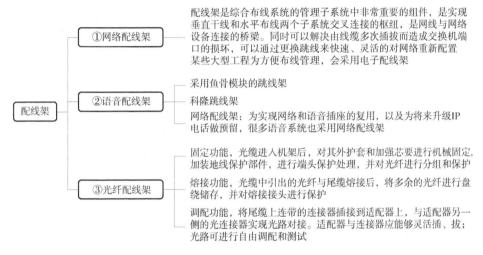

图 2-13 综合布线系统配线架的分类与应用

如同交通枢纽的作用一样，配线架可以全线满足 UTP、STP、同轴电缆、光纤、音视频的需要。综合布线系统主要设备应用示意图如图 2-14 所示。

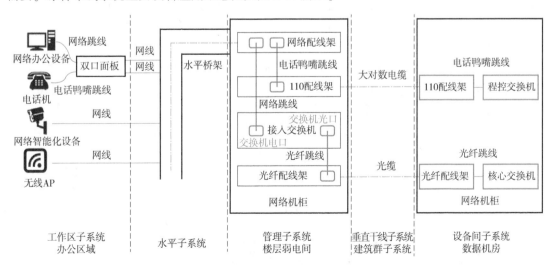

图 2-14 综合布线系统主要设备应用示意图

2.4 智能布线系统

智能布线系统，也称为电子配线架系统，是采用计算机技术及电子配线设备对布线系统跳线的插拔及连接状态进行实时管理的系统，旨在帮助用户实现对整个综合布线系统乃至整个 IT 基础设施的实时监控管理。

智能布线系统通常由硬件和软件两部分组成。

硬件部分一般都由智能配线架、连接跳线、控制主机三部分组成。智能配线架按不同的功能需求，可以分为单模或多模智能光纤配线架，6 类、超 6 类等智能网络配线架；连接跳线主要用于配线架与配线架间以及配线架与设备间的连接，实现对端口和跳线连接状态的实时监测；控制主机属于信号采集与发送设备，用于将智能配线架和连接跳线采集到的状态信息实时反馈给管理软件。

软件部分主要由管理软件和数据库组成，通常单独部署于服务器上，可用于整个综合布线系统的可视化和智能化管理。管理软件与硬件结合，可以实时显示物理链路及设备的在线情况，实现综合布线系统的实时化管理。鉴于现在智能化系统的集成度要求越来越高，智能布线系统的管理软件既要求可以独立部署进行布线系统的管理，也要求可以与其他软件平台兼容，实现 IT 基础设施和网络统一管理的目标。

智能布线系统根据配线架连接工作区信息点和网络设备的方式，可以分为直接连接和交叉连接两种方式。

1. 直接连接

直接连接在链路中只部署一个配线架，通常也称为"单配"方式。配线架模块正面的 RJ45 端口通过跳线连接交换机，背部通过水平线路（即双绞线）连接工作区模块。

这种连接方式的优点是节约成本，缺点是不能检测到交换机端的连接状态，交换机这一侧的跳线是否接入或是否接入错误端口，系统不能判别。

2. 交叉连接

交叉连接方式又称"双配"方式，顾名思义就是在链路中部署了两个配线架。该方式网络交换机的端口会有一根跳线连接到 A 配架模块的后部，工作区模块也通过水平链路连接到 B 配架模块的后部，这两段线路是固定不动的，两端端口的连接也是一一对应的，两段线路通过 A、B 两个配架正面端口来连接，所有的跳接工作只发生在 A、B 配线架的正面端口。

交叉连接可以实现完整的端到端链路的检测，特别是可以探知交换机端有无连接、有无跳接错误，在管理员排除故障时可以节约大量时间。这种方式是 TIA-568.2-D 标准中推荐的方式，也是绝大多数项目广泛采用的方式。

图 2-15 所示为采用交叉连接方式的电子配线架拓扑图。

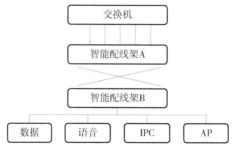

图 2-15　采用交叉连接方式的电子配线架拓扑图

2.5　电气防护与接地

随着各种类型的电子信息系统在建筑物内的大量设置，各种干扰源将会影响到综合布线电缆的传输质量与安全。综合布线电缆与附近可能产生高电平电磁干扰的电动机、电力变压器、射频应用设备等电气设备之间应保持间距，与电力电缆的间距应符合表 2-3 的规定。

表 2-3　综合布线电缆与电力电缆的间距规定

类别	与综合布线接近状况	最小间距/mm
380V 电力电缆 <2kV·A	与缆线平行敷设	130
	有一方在接地的金属槽盒或钢管中	70
	双方都在接地的金属槽盒或钢管中	10
380V 电力电缆 2～5kV·A	与缆线平行敷设	300
	有一方在接地的金属槽盒或钢管中	150
	双方都在接地的金属槽盒或钢管中	80
380V 电力电缆 >5kV·A	与缆线平行敷设	600
	有一方在接地的金属槽盒或钢管中	300
	双方都在接地的金属槽盒或钢管中	150

注：双方都在接地的槽盒中，系指两个不同的线槽，也可在同一线槽中用金属板隔开，且平行长度不大于 10m 的情况。

室外墙上敷设的综合布线管线与其他管线的间距应符合表 2-4 的规定。

表 2-4　室外墙上敷设的综合布线管线与其他管线的间距

其他管线	最小平行净距/mm	最小垂直交叉净距/mm
防雷专设引下线	1000	300
保护地线	50	20
给水管	150	20
压缩空气管	150	20
热力管（不包封）	500	500
热力管（包封）	300	300
燃气管	300	20

综合布线系统应远离高温和电磁干扰的场地，根据环境条件选用相应的缆线和配线设备或采取防护措施，并应符合下列规定：

1）当综合布线区域内存在的电磁干扰场强低于 3V/m 时，宜采用非屏蔽电缆和非屏蔽配线设备。

2）当综合布线区域内存在的电磁干扰场强高于 3V/m，或用户对电磁兼容性有较高要求时，可采用屏蔽布线系统和光缆布线系统。

3）当综合布线路由上存在干扰源，且不能满足最小净距要求时，宜采用金属导管和金属槽盒敷设，或采用屏蔽布线系统及光缆布线系统。

4）当局部地段与电力线或其他管线接近，或接近电动机、电力变压器等干扰源，且不能满足最小净距要求时，可采用金属导管或金属槽盒等局部措施加以屏蔽处理。

在建筑物电信间、设备间、进线间及各楼层信息通信竖井内均应设置局部等电位联结端子板。

综合布线系统应采用建筑物共用接地的接地系统。当必须单独设置系统接地体时，其接地电阻不应大于4Ω。当布线系统的接地系统中存在两个不同的接地体时，其接地电位差不应大于 1V r. m. s。

配线柜接地端子板应采用两根不等长度，且截面面积不小于 $6mm^2$ 的绝缘铜导线接至就近的等电位联结端子板。

屏蔽布线系统的屏蔽层应保持可靠连接、全程屏蔽，在屏蔽配线设备安装的位置应就近与等电位联结端子板可靠连接。屏蔽布线系统的接地做法，一般在配线设备（FD、BD、CD）的安装机柜（架）内设有接地端子板，接地端子与屏蔽模块的屏蔽罩相连通，机柜（架）接地端子板则经过接地导体连至楼层局部等电位联结端子板或大楼总等电位联结端子板。为了保证全程屏蔽效果，工作区屏蔽信息插座的金属罩可通过相应的方式与 TN-S 系统的 PE 线接地，但不属于综合布线系统接地的设计范围。

综合布线系统接地导线选择见表 2-5。

表 2-5　综合布线系统接地导线选择表

名称	楼层配线设备至建筑等电位接地装置的距离	
	≤30m	≤100m
信息点的数量/个	≤75	>75 ≤450
选用绝缘铜导线的截面面积/mm²	6 ~ 16	16 ~ 50

综合布线的电缆采用金属管槽敷设时，管槽应保持连续的电气连接，并应有不少于两点的良好接地。

当缆线从建筑物外引入建筑物时，电缆、光缆的金属护套或金属构件应在入口处就近与等电位联结端子板连接。电缆、光缆的金属护套或金属构件的接地导线接至等电位联结端子板，但等电位接地端子板的连接部位不需要设置浪涌保护器。

当电缆从建筑物外面进入建筑物时，应选用适配的信号线路浪涌保护器。为防止雷击瞬间产生的电流与电压通过电缆进入建筑物的布线系统，对配线设备和通信设施产生损害，甚至造成火灾或人员伤亡的事件发生，应采取相应的安全保护措施。

2.6　光电缆阻燃性能分级与应用

综合布线系统作为智能建筑的神经系统，线材是大楼的重要组成部分，被布放在建筑物的各个角落，所以一旦发生火灾，没有考虑防火要求的布线系统会变成火势蔓延的帮凶，产生大量的有毒浓烟，令人无法判断火源，并将火势带到建筑物的每个角落，严重危害人们的生命安全。基于对消防安全和隐患的重视，布线设计时除了要考虑其本身的电气性能、功能外，系统的防火安全也是一个重要的考虑因素。对于电缆的防火标准，各地区有着不同的要求。但是无论哪个标准，其目标都是一致的——保证智能建筑中布线系统的防火安全。

数据通信线缆的防火主要关注三个问题：线缆燃烧的速度、释放出烟雾的密度和有毒气体强度。

数据通信线缆的保护套在物理上分为两部分：绝缘层和外套。线缆是否具有防火功能主要取决于最外一层护套的材料。

（1）聚氯乙烯（PVC）　容易燃烧且会产生有毒气体。

（2）防火型 PVC　同样可燃且产生有毒气体，但燃点比普通 PVC 材料高。

（3）强制通风级别电缆　燃烧时会释放卤素气体，但其燃点比防火型 PVC 和 LSZH 还要高。

（4）低烟无卤型　燃烧时产生的有毒气体非常少，燃烧的速度很慢。

不同国家根据实际的施工方式及理念，制定了不同的标准，可分为美标（UL）、欧标（IEC）与中国国标（GB）。

大家在工程项目中经常会看到的防火阻燃等级有 CM（OFN）、CMR（OFNR）、CMP（OFNP）、LSZH，还有普通的 PVC 外皮等。

1. UL 标准

UL 是美国保险商实验室（Underwriter Laboratories）的简写，其将线缆的防火等级做了如下规定：

1）增强级 CMP（铜缆）、OFNP 或 OFCP（光纤），适用的安全标准为 UL 910，是等级最高的线缆，这种电缆内含有化学物质，在温度极高的时候释放出少量的有毒气体或蒸气。

2）干线级 CMR（铜缆）、OFNR 或 OFCR（光纤），适用的安全标准为 UL 1666，是等级位居第二的线缆，这种防火级别的线缆没有烟雾或毒性的要求（试验模拟垂直竖井环境），通常在主干线缆上使用这种防火等级的线缆。

3）商用级 CM（铜缆）、OFN 或 OFC（光纤），适用的安全标准为 UL 1581，是级别比较低的线缆，一般用于水平线缆。水平线缆通常都是放在线槽或者管中，所以总体来说在套管的情况下防火等级会明显提高。

4）家居级 CMX（铜缆），这里只有铜缆的等级，没有光纤分类，适用的安全标准为 UL 1581VW-1，是 UL 中级别最低的。家居级电缆一般应用于单独敷设每条线管中的家庭，不应成捆敷设，因为其成捆线缆的火焰蔓延方式和一条线缆有很大的差异。

2. IEC 标准

IEC 即国际电工委员会（International Electrical Commission），是由各国电工委员会组成的世界性标准化组织，其目的是为了促进世界电工电子领域的标准化，欧洲组织一般遵循该标准。IEC 定义了线缆燃烧烟雾浓度测试方法（IEC 61034），气体发散毒性及酸性测试方法（IEC 60754），以及火焰蔓延速度测试方法（IEC 60332）的测试方法。其中，阻燃等级主要由 IEC 60332-1 和 IEC 60332-3 分别用来评定单根线缆垂直布放时的阻燃能力和成束线缆垂直燃烧时的阻燃能力，相比之下，成束线缆垂直燃烧时在阻燃能力的要求上要高得多。IEC 60332-3 中有 A、B、C、D 类四个等级，以评定阻燃等级的优劣。

3. GB 标准

我国结合国标相关标准，根据国情和实际情况，既包括了 CMP 的阻燃性，也考虑了 LSZH 的低烟无卤的特性，并根据阻燃、耐火、烟密度、烟气毒性和耐腐蚀性等制定了现行国家标准《电缆及光缆燃烧性能分级》GB 31247，将燃烧性能分为 A 级、B1 级、B2 级和 B3 级。

表 2-6 为依据现行国家标准《电缆及光缆燃烧性能分级》GB 31247 所划分的光电缆燃烧性能等级。

表 2-6　光电缆燃烧性能等级

燃烧性能等级	说明
A	不燃电缆（光缆）
B$_1$	阻燃 1 级电缆（光缆）
B$_2$	阻燃 2 级电缆（光缆）
B$_3$	阻燃 3 级电缆（光缆）

图 2-16 所示为现行国家标准《电缆及光缆燃烧性能分级》GB 31247 所划分的光电缆燃烧性能等级的试验方法与分级判据。

燃烧性能等级	试验方法	分级判据
A	GB/T 14402	总热值PCS≤2.0 MJ/kg*
B_1	GB/T 31248 （20.5 kW火源） 且	火焰蔓延FS≤1.5m 热释放速率峰值HRR峰值≤30kW 受火1200s内的热释放总量THR_{1200}≤15MJ 燃烧增长速率指数FIGRA≤150W/s 产烟速率峰值SPR峰值≤0.25m²/s 受火1200s内的产烟总量TSP_{1200}≤50m²
	GB/T 17651.2且	烟密度（最小透光率）I_t≥60%
	GB/T 18380.12	垂直火焰蔓延H≤425mm
B_2	GB/T 31248 （20.5 kW火源） 且	火焰蔓延FS≤2.5m 热释放速率峰值HRR峰值≤60kW 受火1200s内的热释放总量THR_{1200}≤30MJ 燃烧增长速率指数FIGRA≤300W/s 产烟速率峰值SPR峰值≤1.5m²/s 受火1200s内的产烟总量TSP_{1200}≤400m²
	GB/T 17651.2且	烟密度（最小透光率）I_t≥20%
	GB/T 18380.12	垂直火焰蔓延H≤425 mm
B_3		未达到B_2级
* 对整体制品及其任何一种组件（金属材料除外）应分别进行试验，测得的整体制品的总热值以及各组件的总热值均满足分级判据时，方可判定为A级		

图 2-16 光电缆燃烧性能等级的试验方法与分级判据

现行国家标准《电缆及光缆燃烧性能分级》GB 31247 中建议使用以"标准名 + 级别名"，而不以材料名称的方法来判断缆线的安全特性。

4. 光电缆阻燃系列燃烧特性代号组合

表 2-7 为依据现行国家标准《阻燃和耐火电线电缆或光缆通则》GB/T 19666 的光电缆阻燃系列燃烧特性代号组合。

表 2-7 光电缆阻燃系列燃烧特性代号组合

系列名称		代号	名称
阻燃系列	含卤	ZA	阻燃 A 类
		ZB	阻燃 B 类
		ZC	阻燃 C 类
		ZD	阻燃 D 类
	无卤低烟	WDZ	无卤低烟单根阻燃
		WDZA	无卤低烟阻燃 A 类
		WDZB	无卤低烟阻燃 B 类
		WDZC	无卤低烟阻燃 C 类
		WDZD	无卤低烟阻燃 D 类

（续）

系列名称		代号	名称
阻燃系列	无卤低烟低毒	WDUZ	无卤低烟低毒单根阻燃
		WDUZA	无卤低烟低毒阻燃 A 类
		WDUZB	无卤低烟低毒阻燃 B 类
		WDUZC	无卤低烟低毒阻燃 C 类
		WDUZD	无卤低烟低毒阻燃 D 类

2.7　施工质量控制

1. 缆线的敷设应符合的规定

1）缆线的形式、规格应与设计规定相符。

2）缆线在各种环境中的敷设方式、布放间距均应符合设计要求。

3）缆线的布放应自然平直，不得产生扭绞、打圈等现象，不应受外力的挤压和损伤。

4）缆线的布放路由中不得出现缆线接头。

5）缆线两端应贴有标签，应标明编号，标签书写应清晰、端正和正确。标签应选用不易损坏的材料。

6）缆线应有余量以适应成端、终接、检测和变更，有特殊要求的应按设计要求预留长度，并应符合下列规定：

①对绞电缆在终接处，预留长度在工作区信息插座底盒内宜为 30 ~ 60mm，电信间宜为 0.5 ~ 2.0m，设备间宜为 3 ~ 5m。

②光缆布放路由宜盘留，预留长度宜为 3 ~ 5m，光缆在配线柜处预留长度应为 3 ~ 5m，楼层配线箱处光缆预留长度应为 1.0 ~ 1.5m，配线箱终接时预留长度不应小于 0.5m，光缆纤芯在配线模块处不做终接时，应保留光缆施工预留长度。

7）缆线的弯曲半径应符合下列规定：

①非屏蔽和屏蔽对绞电缆的弯曲半径不应小于电缆外径的 4 倍。

②主干对绞电缆的弯曲半径不应小于电缆外径的 10 倍。

③2 芯或 4 芯水平光缆的弯曲半径应大于 25mm；其他芯数的水平光缆、主干光缆和室外光缆的弯曲半径不应小于光缆外径的 10 倍。

8）综合布线缆线宜单独敷设，与其他弱电系统各子系统缆线间距应符合设计文件要求。

9）对于有安全保密要求的工程，综合布线缆线与信号线、电力线、接地线的间距应符合相应的保密规定和设计要求，综合布线缆线应采用独立的金属导管或金属槽盒敷设。

10）屏蔽电缆的屏蔽层端到端应保持完好的导通性，屏蔽层不应承载拉力。

2. 采用预埋槽盒和暗管敷设缆线应符合的规定

1）槽盒和暗管的两端宜用标志表示出编号等内容。

2）预埋槽盒宜采用金属槽盒，截面利用率应为 30% ~ 50%。

3）暗管宜采用钢管或阻燃聚氯乙烯导管。布放大对数主干电缆及 4 芯以上光缆时，直线管道的管径利用率应为 50% ~ 60%，弯导管应为 40% ~ 50%。布放 4 对对绞电缆或 4 芯及以下光缆时，管道的截面利用率应为 25% ~ 30%。

4）对金属材质有严重腐蚀的场所，不宜采用金属的导管、桥架布线。

5）在建筑物顶棚内应采用金属导管、槽盒布线。

6）导管、桥架跨越建筑物变形缝处，应设补偿装置。

第3章　计算机网络系统

3.1　计算机网络系统知识思维体系

计算机网络系统的学习应该以应用技术为主，旨在学习构建合理的网络系统并进行调试，设计和调试是网络系统搭建最重要的两项技能。

图 3-1 是计算机网络系统知识思维体系。

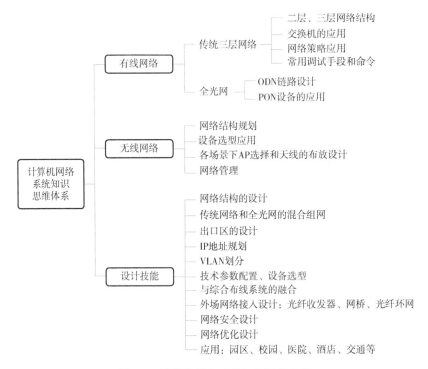

图 3-1　计算机网络系统知识思维体系

3.2　网络基础知识

3.2.1　OSI 七层模型

网络模型不是一开始就有的，在网络刚发展时，网络协议是由各互联网公司自己定义的，比如那时的巨头网络公司每家都有自己的网络协议，各家的协议不能互通。那时候大家觉得这是可以的，但对消费者来说这实际上是技术垄断，你买了这家的设备就不能连接那家的设备，因为他们的协议不是一样的，没有统一的标准来规范网络协议，都是这些公司的私有协议，这样大大地阻碍了互联网的发展。

为了解决这个问题，国际标准化组织 1984 提出了模型标准，简称 OSI（Open System Inter-connection）Model，图 3-2 为 OSI 参考模型及各层的解释。

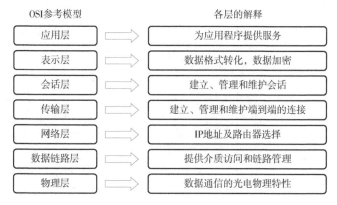

图 3-2　OSI 参考模型及各层的解释

OSI 七层模型是从上往下的，越底层越接近硬件，越往上越接近软件。

这种分层模型是计算机科学中常用的方法，分层直接通过规定好的接口进行交互，每一层其实对它的上层或下层都是一个黑盒，其上层和下层也不关心它内部的实现，只关心它们之间进行交互的接口，接口是规定的信息，要给到什么都是规定好的。

3.2.2　TCP/IP 四层模型

TCP/IP 四层模型是基于 OSI 模型设计的，TCP/IP 通常被认为是一个四层协议系统，这点跟大家所知道的 OSI 七层模型有出入。OSI 是一个标准，TCP/IP 的实现没有完全参照 OSI，它简化了网络结构，原来七层到现在四层，但功能不变。

TCP/IP 模型共有四层，每一层需要下一层的支撑，同时也支撑着上层，顺序从下到上，负责不同的功能。

图 3-3 为 TCP/IP 四层模型及各层的协议。

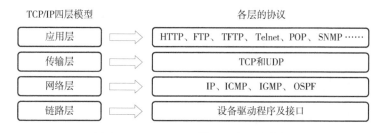

图 3-3　TCP/IP 四层模型及各层的协议

TCP/IP 模型将 OSI 模型由七层简化为四层，传输层和网络层被完整保留，因此网络中最核心的技术就是传输层和网络层技术。

3.2.3　两种模型的对比

从 "TCP/IP" 名字上来看，貌似这只是 TCP 和 IP，但是实际上，这是很多协议的集合。

从概念上来讲，TCP/IP 协议簇则把 OSI 七层模型合并成四层，图 3-4 为 OSI 参考模型与 TCP/IP 四层模型的对比，其对应关系如下：

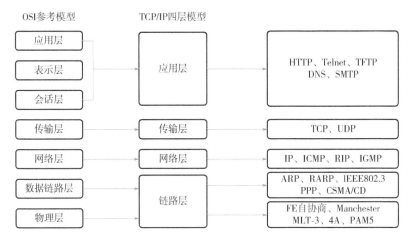

图 3-4 OSI 参考模型与 TCP/IP 四层模型的对比

在每一层都工作着不同的设备，比如常用的二层交换机就工作在数据链路层的，一般的路由器是工作在网络层的。

图 3-5 表明了网络系统中工作在 OSI 参考模型各层的硬件设备。

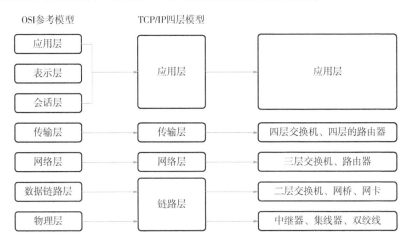

图 3-5 OSI 参考模型每层工作的硬件设备

在每一层实现的协议也各不同，即每一层的服务也不同。

3.2.4 TCP/IP 模型各层主要协议

TCP/IP 协议簇按照层次由上到下，层层包装。最上面的是应用层，这里面有 HTTP、FTP 等我们熟悉的协议。而第二层则是传输层，著名的 TCP 和 UDP 就在这个层次。第三层是网络层，IP 就在这里，它负责对数据加上 IP 地址和其他的数据以确定传输的目标。第四层是数据链路层，这个层次为待传送的数据加入一个以太网协议头，并进行 CRC 编码，为最后的数据传输做准备。

1. IP

IP 是 TCP/IP 协议簇的核心，所有的 TCP、UDP、IMCP、IGMP 的数据都以 IP 数据格式传输。在数据链路层中一般通过 MAC 地址来识别不同的节点，而在 IP 层也要有一个类似的地址标识，这就是 IP 地址。32 位 IP 地址分为网络位和地址位，这样做可以减少路由器中路由表记录的数目，有了 IP 地址，就可以限定拥有相同网络地址的终端都在同一个范围内，那么路由表只需要维护一条这个网络地址的方向，就可以找到相应的终端。

2. ARP 及 RARP

ARP 是根据 IP 地址获取 MAC 地址的一种协议，是一种地址解析协议，原本主机是完全不知道这个 IP 对应的是哪个主机的哪个接口，当主机要发送一个 IP 数据包的时候，会首先查一下自身的 ARP 高速缓存（就是一个 IP-MAC 地址对应表缓存）。如果查询的 IP-MAC 值对不存在，那么主机就向网络发送一个 ARP 广播包，这个广播包里面就有待查询的 IP 地址，而直接收到这份广播包的所有主机都会查询自身的 IP 地址，如果收到广播包的某一个主机发现自身符合条件，那么就准备好一个包含自身的 MAC 地址的 ARP 广播包传送给发送 ARP 广播包的主机。而广播主机拿到 ARP 广播包后会更新自身的 ARP 缓存（就是存放 IP-MAC 地址对应表的地方）。发送广播的主机就会用新的 ARP 缓存数据准备好数据链路层的数据包发送工作。RARP 的工作与此相反，不做赘述。

3. ICMP

IP 并不是一个可靠的协议，它不保证数据被送达，那么自然地，保证数据送达的工作应该由其他的模块来完成。其中一个重要的模块就是 ICMP（网络控制报文）协议。ICMP 不是高层协议，而是 IP 层的协议。

当传送 IP 数据包发生错误，比如主机不可达、路由不可达等，ICMP 将会把错误信息封包，然后传送回给主机。给主机一个处理错误的机会，这也就是为什么说建立在 IP 层以上的协议是可能做到安全的原因。

"Ping" 命令可以说是 ICMP 最著名的应用，是 TCP/IP 协议簇的一部分。利用 "Ping" 命令可以检查网络是否连通，可以很好地帮助我们分析和判定网络故障。

4. TCP/UDP

TCP/UDP 都是传输层协议，但是两者具有不同的特性，同时也具有不同的应用场景，表 3-1 对 TCP 和 UDP 进行了对比分析：

表 3-1 TCP 与 UDP 的对比

名称	TCP	UDP
可靠性	可靠	不可靠
连接性	面向连接	无连接
报文	面向字节流	面向报文
效率	传输效率低	传输效率高
双工性	全双工	一对一、一对多、多对一、多对多
流量控制	滑动窗口	无
拥塞控制	慢开始、拥塞避免、快重传、快恢复	无
传输速度	慢	快
应用场景	对效率要求低，对准确性要求高或者要求有连接的场景	对效率要求高，对准确性要求低的场景

（1）什么时候应该使用 TCP　当对网络通信质量有要求时，例如整个数据要准确无误地传递给对方，这往往用于一些要求可靠的应用，如 HTTP、HTTPS、FTP 等传输文件的协议，POP、SMTP 等邮件传输的协议。

（2）什么时候应该使用 UDP　当对网络通信质量要求不高时，要求网络通信速度能尽量地快，这时就可以使用 UDP。

5. DNS

DNS（Domain Name System，域名系统），因特网上作为域名和 IP 地址相互映射的一个分布式数据库，能够使用户更方便地访问互联网，而不用去记住能够被机器直接读取的 IP 数串。通过主机名，最终得到该主机名对应的 IP 地址的过程称为域名解析（或主机名解析）。

3.2.5　MAC 地址和 IP 地址

1. MAC 地址

MAC（Media Access Control，介质访问控制）地址，或称为物理地址，也称硬件地址，是用来定义网络设备位置的。MAC 地址是网卡出厂时设定的，是固定的（但可以通过在设备管理器中或注册表等方式修改，同一网段内的 MAC 地址必须唯一）。MAC 地址采用十六进制数表示，长度是 6 个字节（48 位），分为前 24 位和后 24 位。

1）前 24 位称为组织唯一标识符（Organizationally Unique Identifier，即 OUI），是由 IEEE（Institute of Electrical and Electronics Engineers，电气与电子工程师协会）的注册管理机构给不同厂家分配的代码，区分了不同的厂家。

2）后 24 位是由厂家自己分配的，称为扩展标识符。同一个厂家生产的网卡中 MAC 地址后 24 位是不同的。

MAC 地址对应于 OSI 参考模型的第二层数据链路层，工作在数据链路层的交换机维护着计算机 MAC 地址和自身端口的数据库，交换机根据收到的数据帧中的"目的 MAC 地址"字段来转发数据帧。

2. IP 地址

IP 地址（Internet Protocol Address），缩写为 IP Adress，是一种在网络上的给主机统一编址的地址格式，也称为网络协议（IP）地址，它为互联网上的每一个网络和每一台主机分配一个逻辑地址。

常见的 IP 地址分为 IPv4 与 IPv6 两大类，当前广泛应用的是 IPv4，目前 IPv4 几乎耗尽，下一阶段必然会进行版本升级到 IPv6。如无特别注明，本书提到的 IP 地址指的是 IPv4。

IP 地址对应于 OSI 参考模型的第三层网络层，工作在网络层的路由器根据目标 IP 和源 IP 来判断是否属于同一网段，如果是不同网段，则转发数据包。

传统 IP 地址是一个 32 位二进制数的地址，既 IPv4，由 4 个 8 位字段组成。IPv6 采用 128 位地址长度，8 个十六进制。

每个 IP 地址都包含两部分：网络 ID 和主机 ID。网络 ID 标识在同一个物理网络上的所有主机，同时位数决定了可以分配的网络数目。

然而，由于整个互联网所包含的网络规模可能比较大，也可能比较小，设计者选择了一种灵活的方案：将 IP 地址空间划分成 5 种不同的类别，每一类具有不同的网络号位数和主机号位数，分别表示不同的网络数和该网络下能容纳的主机位数。

（1）A 类地址（大规模网络）　一个 A 类 IP 地址由 1 个字节的网络地址和 3 个字节的主机地址组成。网络地址的最高位必须是"0"，最高字节网络的地址范围为 00000000 ～ 01111111；转化为 10 进制，地址范围为 1.0.0.0 ～ 126.0.0.0；默认的子网掩码为 255.0.0.0。

数量：A 类地址适用于大型网络，数量较少，只有 126 个，每个 A 类网络能容纳的主机数目非常庞大，可以连接 16777214 台主机。

应用：A 类地址分配给规模特别大的网络使用。

（2）B 类地址（中等规模网络）　一个 B 类 IP 地址由 2 个字节的网络地址和 2 个字节的主机地址组成，网络地址的最高位必须是 10，最高字节网络的地址范围为 10000000.00000000 ~ 10111111.11111111；转化为十进制，地址范围为 128.0.0.0 ~ 191.255.255.255；默认的子网掩码为 255.255.0.0。

数量：可用的 B 类网络有 $2^8 \times 64$ 个，约有 1.6 万个。每个网络能容纳的主机有 2^{16} 个，约 6 万多个。

应用：B 类地址一般分配给中型网络。

（3）C 类地址（小规模局域网）　一个 C 类地址由 3 个字节的网络地址和 1 个字节的主机地址组成，网络地址的最高位必须是 "110"，最高字节网络的地址范围为 11000000.00000000.00000000 ~ 11011111.11111111.11111111；转化为十进制，地址范围为：192.0.0.0 ~ 223.255.255.255；默认的子网掩码为 255.255.255.0。

数量：可用的 C 类网络有 $2^{16} \times 32$ 个，约有 209 万个。每个网络能容纳的主机个数 254 个。

应用：C 类地址一般分配给小型网络，如一般的局域网和校园网，它连接的主机数量比较少，且将用户分为若干段进行管理。

（4）D 类地址（多播）　D 类地址范围从 224 ~ 239。其 IP 地址第一个字节以 "1110" 开始，它是一个专门保留的地址。它并不指向特定的网络，目前这一类地址被用在多点广播（Multicast）中。多点广播地址用来一次寻址一组计算机，它标识共享同一协议的一组计算机。

（5）E 类地址（保留）　E 类地址范围从 240 ~ 254，以 "11110" 开始，为将来使用保留。全零（"0.0.0.0"）地址对应于当前主机。全 "1" 的 IP 地址（"255.255.255.255"）是当前子网的广播地址。

除去特殊作用的 D、E 两类，剩下的 A、B、C 三类地址是常见的 IP 地址段。在这三类地址中，绝大多数的 IP 地址都是公有地址，需要向国际互联网信息中心申请注册。

在 IPv4 地址协议中预留了 3 个 IP 地址段，作为私有地址，供组织机构内部使用。这三个地址段分别位于 A、B、C 三类地址内：

A 类地址：10.0.0.0 ~ 10.255.255.255。

B 类地址：172.16.0.0 ~ 172.31.255.255。

C 类地址：192.168.0.0 ~ 192.168.255.255。

3.3　交换机基础知识

交换机是计算机网络系统中的核心设备，作为初学者学习交换机的基础知识，主要从制式、功能、端口数量、端口带宽、交换容量、包转发率等方面来了解。

3.3.1　交换机工作层级

按照 OSI 的七层网络模型，交换机可以分为二层交换机和三层交换机。根据交换机支持的协议，还有不常见的四层交换机和七层交换机。

1. 二层交换机

基于 MAC 地址工作的第二层交换机最为普遍，用于网络接入层和汇聚层。

二层交换机工作在 OSI 参考模型的第二层（数据链路层），识别数据包中的 MAC 地址信息，根据 MAC 地址进行转发，并将这些 MAC 地址与对应的端口记录在自身内部的一个地址表中。其主要功能包括物理编址、错误校验、帧序列以及流控。因此，二层交换机需要强大的数据识别和转发能力。

2. 三层交换机

基于 IP 地址和协议进行交换的第三层交换机普遍应用于网络的核心层和汇聚层。

三层交换机是具有三层交换功能的设备，即带有第三层路由功能的第二层交换机，但它是二者的有机结合，并不是简单地把路由器设备的硬件及软件叠加在局域网交换机上。传统交换技术是在 OSI 网络标准模型第二层数据链路层进行操作，而三层交换机是为 IP 设计的，接口类型简单，拥有很强的二层包处理能力，它既可以工作在协议第三层替代或部分完成传统路由器的功能，同时又具有几乎第二层交换的速度。

三层交换机的最重要作用是加快大型局域网内部的数据交换，能够做到一次路由，多次转发。

3.3.2 物理接口

1. 电口

电口主要是指 RJ45 接口，这一接口是网络设备中最为常见的接口，属于双绞线以太网接口类型。这种接口在 10Base-T 以太网、100Base-TX 以太网、1000Base-TX 以太网中都可以使用，传输介质都是双绞线。

2. 光口

光口是光纤接口的简称。光纤接口是用来连接光纤线缆的物理接口。其原理是利用光从光密介质进入光疏介质会发生全反射的物理特性。其通常有 LC、SC、ST、FC 等类型。

3. 光电复用接口

光电复用接口，也称 Combo 口，是由设备面板上的两个以太网口（一个光口和一个电口）组成。光电复用既可以作为电口使用网线进行数据传输，也可以作为光口安装光模块，然后接上光纤进行远距离传输。Combo 电口与其对应的光口在逻辑上是光电复用的，用户可根据实际组网情况选择其中的一个使用，但两者不能同时工作。

3.3.3 光模块

光模块（Optical Modules）作为光纤通信中的重要组成部分，可以插在交换机或服务器中使用，是实现光信号传输过程中光电转换和电光转换功能的光电子器件。

光模块工作在 OSI 模型的物理层，是光纤通信系统中的核心器件之一。它主要由光电子器件（光发射器、光接收器）、功能电路和光接口等部分组成，主要作用就是实现光纤通信中的光电转换和电光转换功能。

图 3-6 为光模块工作原理图。

发送接口输入一定码率的电信号，经过内部的驱动芯片处理后由驱动半导体激光器（LD）

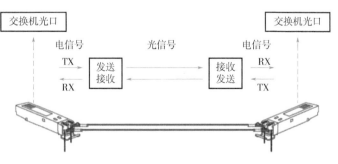

图 3-6 光模块工作原理

或者 LED 发射出相应速率的调制光信号,通过光纤传输后,接收接口再把光信号由光探测二极管转换成电信号,并经过前置放大器后输出相应码率的电信号。

GBIC、SFP、SFP +、SFP28、QSFP、QSFP +、QSFP28 都是光模块的封装标准,是区分光模块的主要方式。

图 3-7 为光模块的五种组网方式。

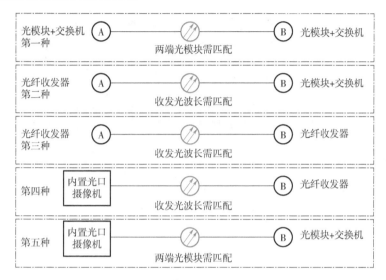

图 3-7　光模块的五种组网方式

3.3.4　端口数量

对于盒式交换机来说,其可以提供的端口数量,每一种型号基本是固定的,一般提供 24 个或 48 个接入口,2 到 4 个上连接口。

框式交换机则跟配置的单板数量有关,一般指配置最高密度的接口板时每个机框能够支持的最大端口数量。

在选择交换机时需要基于当前的业务情况和未来的可扩展性来决定。

3.3.5　端口速率

当前交换机提供的端口速率有 100Mbit/s、1000Mbit/s、10Gbit/s、25Gbit/s 等。

3.3.6　交换容量

交换容量是交换机接口处理器(或接口卡)和数据总线之间所能吞吐的最大数据量,也称为背板带宽或交换带宽。

交换容量标志了交换机总的数据交换能力,单位为 Gbit/s。一台交换机的交换容量越高,所能处理数据的能力就越强,但同时设计成本也会越高。所有端口容量端口数量之和的两倍应该小于交换容量,从而实现全双工无阻塞交换。

3.3.7　包转发率

包转发率也称为接口吞吐量,是指通信设备某接口上的数据包转发能力,单位通常为

"pps"（packet per second）。交换机的包转发率一般是实测的结果，代表交换机实际的转发性能。包转发率的衡量标准是以单位时间内发送 64 字节的数据包（最小包）的个数作为计算基准的。

3.3.8 网管功能

按交换机是否支持网络管理功能，可以将交换机分为网管型和非网管理型两大类。

网管型交换机通过管理端口执行监控交换机端口、划分 VLAN、设置 trunk 端口等功能。由于网管型交换机具备 VLAN、CLI、SNMP、IP 路由、QoS 等功能，故它经常被使用在网络的核心层，特别是大型复杂的数据中心。

非网型管交换机是一种即插即用的以太网交换机，它对数据是不做直接处理的。由于非网管型交换机不需要任何设置，插上网线即可使用，也被称之为傻瓜型交换机。

3.3.9 堆叠技术

堆叠是指将多台交换机连接起来，进行必要的配置后，虚拟化成一台"分布式交换机"。使用堆叠技术可以实现多台交换机的协同工作和统一管理，对外表现就像一台交换机一样。

1. 交换机堆叠后的效果

1）带宽充分利用并成倍增加，堆叠可实现跨交换机的链路聚合，不用阻塞端口，使链路带宽倍增，实现负载均衡，并且大大提高网络的可靠性。

2）简化网络拓扑，减少网络故障，不需要配置生成树和 VRRP，所以不存在收敛带来的业务中断。

3）大大缩短故障恢复时间，堆叠组中成员之间的故障切换为毫秒级别。

4）简化管理，多台设备在逻辑上成为一台设备，管理员可统一进行管理。

2. 堆叠连接拓扑

堆叠连接拓扑有两种：链形连接和环形连接。

（1）链形连接　链形连接首尾不需要有物理连接，适合长距离堆叠。缺点是可靠性低，其中一条堆叠链路出现故障，就会造成堆叠分裂。图 3-8 为交换机链形堆叠连接。

图 3-8　交换机链形堆叠连接

（2）环形连接　环形连接首尾需要有物理连接，不适合长距离堆叠。环形堆叠可靠性高，其中一条堆叠链路出现故障，环形拓扑变成链形拓扑，不影响堆叠系统正常工作；同时堆叠链路带宽利用率高，数据能够按照最短路径转发。图 3-9 为交换机环形堆叠连接。

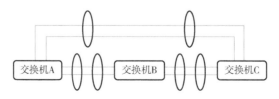

图 3-9　交换机环形堆叠连接

确定出堆叠的连接方式和连接拓扑，完成成员交换机之间的物理连接之后，所有成员交换机上电。此时，堆叠系统开始进行主交换机的选举。在堆叠系统中每台成员交换机都具有一个确定的角色，其中，主交换机负责管理整个堆叠系统。

3.4　园区网络

园区网络顾名思义是指一个园区内的网络。园区一般包含多栋建筑，如医院、学校、政府单位的网络都可以称为园区网络。后来园区网络使用比较广泛，不一定是针对一个园区，一栋楼或者一层楼甚至是几个办公室也可以称为小型园区网络，或者称为企业网。与园区网络相对的还有数据中心网络、运营商网络、分支机构或移动办公网络等。

园区网络系统设计的任务就是要决定采用什么样的组网技术，如何对整个网络进行规划设计，还有设备选型。从组网技术上看，目前基本上最流行的组网技术仍然是以太网技术，主要是千兆以太网和万兆以太网技术。不过近些年来，基于全光架构的无源光局域网（POL）应用也非常广泛。

在进行组网方案设计时，要考虑楼宇的分布情况、网络机房的设计、信息点的位置以及综合布线系统的规划、弱电间和设备间的设计，要对整个网络进行一个总体上的规划布局。实际上在设计和规划综合布线系统和网络核心机房之后，就已经将网络规划为一个以网络核心机房为中心的、呈星形辐射状的网络架构，即形成一个从核心机房到各弱电机房辐射的一个网络拓扑结构。

完整的园区网包含交换、路由、安全、无线、网络优化、网络管理。

三层网络架构是现在网络构成方式的一个结构分层，采用层次化架构，也就是将复杂的网络设计分成三个层次——接入层、汇聚层和核心层。

在实际应用中，可以根据网络规模和业务的需要，灵活选择二层或三层网络结构。

3.4.1　二层网络结构

在传输距离较短，且核心层有足够多的接口能直接连接接入层的情况下，汇聚层是可以被省略的，采用二层网络结构。这样的做法比较常见，一来可以节省总体成本，二来能减轻维护负担，网络状况也更易监控。

图 3-10 为二层网络结构。

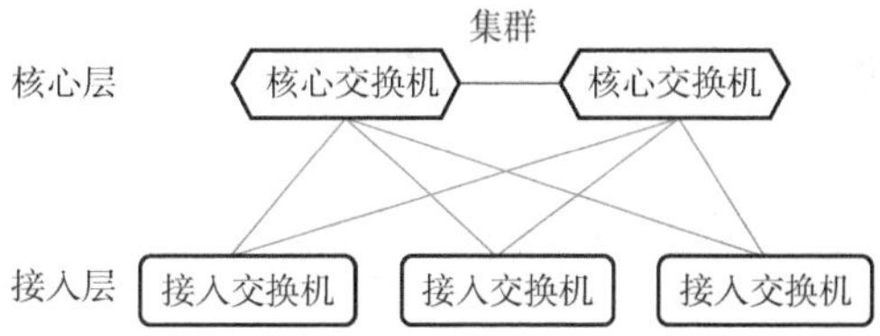

图 3-10　二层网络结构

总体来看，二层网络结构的组网简单，网元数量少，网络故障点少，适用于规模较小的园区；三层网络结构的组网复杂，网元数量多，故障点也多，适用于规模比较大的园区。

3.4.2　三层网络结构

三层网络结构可以组建大型的网络，将复杂的网络设计分成三个层次——接入层、汇聚层和核心层。这三个层次分别侧重于某些特定的功能：核心层主要用于网络的高速交换主干，汇聚层着重于提供基于策略的连接，而接入层则负责将包括计算机、AP、IPC 等在内的工作站接入到网络。这样的设计能够将一个复杂的、大而全的网络分成三个层次进行有序的管理。

图 3-11 为三层网络结构。

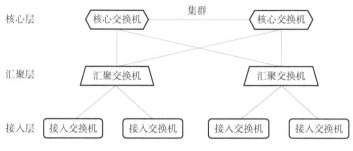

图 3-11　三层网络结构

需要明确一个概念就是：接入交换机、汇聚交换机与核心交换机并非交换机的种类或者属性，只是由其所执行的任务来划分的。

核心层，整个网络的支撑脊梁和数据传输通道，重要性不言而喻。因此在整个三层网络结构中，核心层的设备要求是最高的，必须配备高性能的数据冗余转接设备和防止负载过剩的均衡负载设备，以降低各核心交换机所需承载的数据量。

汇聚层，连接网络的核心层和各个接入的应用层，在两层之间承担"媒介传输"的作用。汇聚层应该具备的功能有：实施安全功能（划分 VLAN 和配置 ACL）、工作组整体接入功能、虚拟网络过滤功能。因此，汇聚层设备应采用三层交换机，提供基于策略的连接。

接入层，面向对象主要是终端计算机与设备，为客户终端提供接入功能。

3.4.3　小型园区网络部署

小型园区网络应用于接入用户数量较少的场景，一般支持几个至几十个用户。网络覆盖范围也仅限于一个地点，网络不分层次结构。网络建设的目的常常就是为了满足内部资源互访。

小型园区网络特点：用户数量较少、仅单个地点、网络无层次性、网络需求简单。

图 3-12 为小型园区网络典型架构。

3.4.4　中型园区网络部署

中型园区网络能够支撑几百至上千用户的接入。中型园区网络引入了按功能进行分区的理念，也就是模块化的设计思路，但功能模块相对较少，一般根据业务需要进行灵活分区。

中型园区网络特点：规模中等、使用场合最多、功能分区、一般采用三层网络结构。

图 3-13 为中型园区网络典型架构。

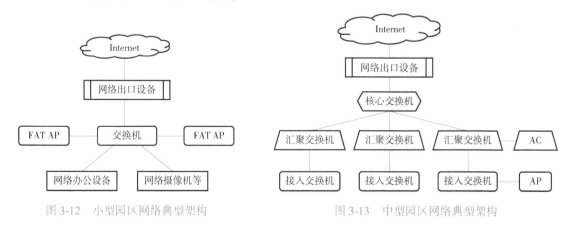

图 3-12　小型园区网络典型架构　　　图 3-13　中型园区网络典型架构

3.4.5　大型园区网络部署

大型园区网络可能是覆盖多幢建筑的网络，也可能是通过 WAN 连接一个城市内的多个园区的网络。一般会提供接入服务，允许出差员工通过 VPN 等技术接入公司内部网络。

大型园区网络特点：覆盖范围广、用户数量多、网络需求复杂、功能模块全、网络层次丰富。

图 3-14 为大型园区网络典型架构。

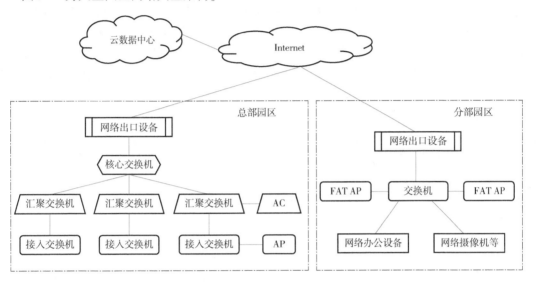

图 3-14　大型园区网络典型架构

3.4.6　主要应用技术与协议

图 3-15 为园区网络主要应用技术与协议。

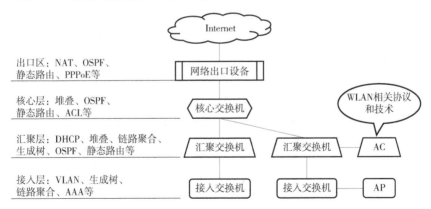

图 3-15　园区网络主要应用技术与协议

1. NAT

NAT 是指 Network Address Translation，即网络地址转换。NAT 技术主要用于实现内部网络的主机访问外部网络。一方面 NAT 缓解了 IPv4 地址短缺的问题，另一方面 NAT 技术让外网无法直接与使用私有地址的内网进行通信，提升了内网的安全性。

2. OSPF

OSPF 路由协议不仅是一种开放式最短路径优先协议,更是一种链路状态路由协议。而所谓的链路状态,主要是指链路状态信息,包含接口 IP 地址、网络类型、接口对象、对端 IP 地址、接口的开销等。OSPF 路由协议就可以根据这些链路状态信息和 SPF 算法计算出全网的拓扑,简单来说就是 OSPF 可以以此获得一张全网地图,最后路由器就可以根据这张全网地图来转发数据报文。

3. 路由

路由是指数据包在网络中经过的路径,就是数据从一台设备到另外一台设备经过的路。每个路由器都必须有一条路由才能知道将流量发送到哪里,当路由器从 LAN 或 WAN 接收到数据包时,它必须知道需要传递该数据包的"下一跳","下一跳"是指目标路由器的 IP 地址。静态路由是由网络管理员手动创建的路由,静态路由通常用于较小的网络,在静态路由中,路由器的路由表条目由网络管理员手动填写。

4. ACL

ACL(Access Control List,访问控制列表)是一种基于包过滤的访问控制技术。它可以根据设定的条件对接口上的数据包进行过滤,允许其通过或丢弃。访问控制列表被广泛地应用于路由器和三层交换机,借助于访问控制列表,可以有效地控制用户对网络的访问,从而最大限度地保障网络安全。ACL 能够提供基本的数据包过滤,不仅能拒绝不希望的访问连接,同时又能保证正常的访问。除此之外,ACL 还可以限制网络流量,提高网络性能;提供数据流控制;为网络访问提供基本的安全层,决定转发或者组织哪些类型的数据流。

5. DHCP

DHCP(Dynamic Host Configuration Protocol,动态主机配置协议)是一种网络管理协议,用于集中对用户 IP 地址进行动态管理和配置。在 IP 网络中,每个连接 Internet 的设备都需要分配唯一的 IP 地址。DHCP 使网络管理员能从中心节点监控和分配 IP 地址。当某台计算机移到网络中的其他位置时,能自动接收新的 IP 地址。DHCP 实现的自动化分配 IP 地址不仅减少了配置和部署设备的时间,同时也降低了发生配置错误的可能性。另外 DHCP 服务器可以管理多个网段的配置信息,当某个网段的配置发生变化时,管理员只需要更新 DHCP 服务器上的相关配置即可,实现了集中化管理。

6. 链路聚合

链路聚合(Link Aggregation),是指将多个物理端口汇聚在一起,形成一个逻辑端口,以实现出/入流量吞吐量在各成员端口的负荷分担,交换机根据用户配置的端口负荷分担策略决定网络封包从哪个成员端口发送到对端的交换机。链路聚合的优势包括:增加带宽,链路聚合接口的最大带宽可以达到各成员接口带宽之和;提高可靠性,当某条活动链路出现故障时,流量可以切换到其他可用的成员链路上,从而提高链路聚合接口的可靠性;负载分担,在一个链路聚合组内,可以实现在各成员活动链路上的负载分担。

7. STP

STP(Spanning Tree Protocol,生成树协议),可应用于计算机网络中树形拓扑结构的建立,因为树形结构中任意两个节点,有且只有一条路径,所以可以消除环路。因此 STP 的主要作用是防止网络中的冗余链路形成环路工作,当冗余链路给交换机带来环路时,会出现广播风暴、MAC 地址表振荡、多帧复制等问题。而 STP 可以消除环路,即有链路备份时,当活动路径发生故障,才激活备份链路。

3.4.7 网络的划分

中、大型园区网络系统可根据业务功能划分为内网、外网、设备网和无线网，部分要求高的园区如医院还会将无线网划分为外网无线和内网无线，以满足不同的使用要求。

典型网络划分方式有：

外网：实现 Internet 连接，内部信息和外部信息的相互交流。

内网：园区内部办公自动化、行政管理等信息的传输处理等。

设备网：也称智能化专网，实现多媒体信息发布、门禁、楼宇自控、视频监控等信息与图像的传输。

无线网：移动终端设备使用。

3.4.8 网络的隔离

出于安全考虑，园区外网、内网、设备网和无线网之间需要采取隔离技术。

网络隔离的场景并不是要完全隔断，还是需要进行必要的数据交换。如果某台设备完全不需要和外界通信，那它肯定是最安全的，但实际的业务系统中基本不存在这样的孤立系统，所以网络隔离的核心是保证安全可控的数据交换。

不同的网络隔离技术进行数据交换的机制也不一样，大体上可以分为两大类：物理隔离和逻辑隔离。

物理隔离是指各自建设完全独立的网络系统，网络之间没有物理通道，进行数据交换时需要经过中介进行"摆渡"，使用私有协议或特制通道进行数据交换，代表产品是网闸。

逻辑隔离则允许网络之间建立连接通道，通过软件技术手段对传输的数据进行筛查控制，最典型的就是基于 ACL 五元组（源 IP、源 Port、目的 IP、目的 Port 和传输协议）的访问控制。逻辑隔离的产品比较多，代表产品包括路由器、防火墙、交换机等，大都支持某种方式的逻辑隔离。

主要隔离技术包括：路由隔离、防火墙隔离、网闸隔离、VLAN 隔离、VPN 隔离。

3.4.9 VLAN 技术

VLAN（Virtual Local Area Network，虚拟局域网）是一种将物理的局域网设备在逻辑上划分成多个广播域，从而实现虚拟工作组的数据交换技术。不是所有交换机都具有此功能，只有网管交换机才具有此功能。

1. 划分 VLAN 的原因

早期的以太网是为小型而简单的网络而设计的局域网技术，是基于 CSMA/CD（Carrier Sense Multiple Access/Collision Detection），并采用共享介质的总线技术。随着时间的推移，局域网承载的数据类型越来越多，包括图形、语音和视频，也面临更加突出的问题：

（1）产生冲突 网络中多台主机同时发送数据，造成冲突。主机越多，冲突越严重。

（2）产生广播 网络中任意一台主机发送的数据都会被发送到其他所有主机，形成广播。主机越多，广播越泛滥。

（3）加剧数据安全的隐患 网络中所有主机共享一台传输通道，无法有效控制数据安全。数据越复杂，数据安全的隐患越大。

图 3-16 为未划分 VLAN 的网络示意图。

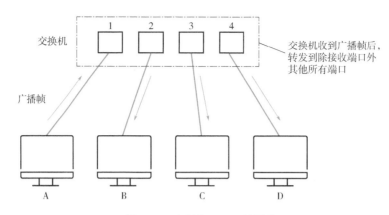

图 3-16　未划分 VLAN 的网络

VLAN 技术可以把一个 LAN 划分成多个逻辑的 VLAN，每个 VLAN 是一个广播域，VLAN 内的主机间通信就和在一个 LAN 内一样，而 VLAN 间则不能直接互通，广播报文就被限制在一个 VLAN 内。

图 3-17 为划分 VLAN 的网络示意图。

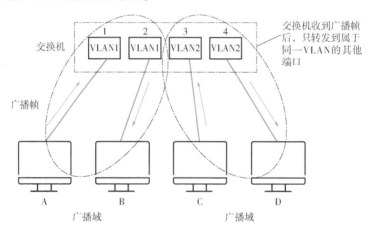

图 3-17　划分 VLAN 的网络

因此，VLAN 具备以下优点：

（1）限制广播域　广播域被限制在一个 VLAN 内，节省了带宽，提高了网络处理能力。增强局域网的安全性。不同 VLAN 内的报文在传输时相互隔离，即一个 VLAN 内的用户不能和其他 VLAN 内的用户直接通信。

（2）提高了网络的健壮性　故障被限制在一个 VLAN 内，本 VLAN 内的故障不会影响其他 VLAN 的正常工作。

（3）灵活构建虚拟工作组　用 VLAN 可以划分不同的用户到不同的工作组，同一工作组的用户也不必局限于某一固定的物理范围，网络构建和维护更方便灵活。

2. VLAN 的划分

（1）基于接口划分 VLAN　根据交换机接口分配 VLAN ID，配置简单，可以用于各种场景；但是成员移动需重新配置 VLAN。

（2）基于 MAC 划分 VLAN　根据报文的源 MAC 地址分配 VLAN ID，经常用在用户位置变化，不需要重新配置 VLAN 的场景；但是需要预先定义网络中所有成员。

（3）基于子网划分 VLAN　根据报文的协议类型分配 VLAN ID，适用于对具有相同应用或服务的用户进行统一管理的场景；但是要求网络中的用户分布需要有规律，且多个用户在同一个网段。

（4）基于协议划分 VLAN　根据报文的协议类型分配 VLAN ID，适用于对具有相同应用或服务的用户，进行统一管理的场景；但是需要交换机分析各种协议的格式并进行相应的转换，消耗较多的资源，速度上稍具劣势。

（5）基于策略划分 VLAN　根据指定的策略（如匹配报文的源 MAC、源 IP 和端口）分配 VLAN ID，适用于对安全性要求比较高的场景；但是针对每一条策略都需要手工配置。

3.4.10　VPN 技术

VPN（Virtual Private Network）指虚拟专用网络，VPN 的基本技术原理就是把需要经过公共网传递的报文加密处理后，再由公共网络发送到目的地。利用 VPN 技术能够在不可信任的公共网络上构建一条专用的通道。经 VPN 传输的数据在公共网上具有保密性。

在没有 VPN 之前，企业的总部和分部之间的互通都是采用运营商的 Internet 进行通信，那么 Internet 中往往是不安全的。那么有没有一种技术既能实现总部和分部间的互通，也能够保证数据传输的安全性呢？

一开始想到的是专线，在总部和分部拉条专线，但是这个专线的费用十分昂贵，而且维护也很困难。有没有成本更低的方案呢？那就是 VPN。VPN 通过在现有的 Internet 中构建专用的虚拟网络，实现企业总部和分部的通信，解决了互通、安全、成本的问题。

虚拟专用网络是在公用网络上建立专用网络的技术。由于整个 VPN 网络中的任意两个节点之间的连接并没有传统专网所需的端到端的物理链路，而是架构在公用网络服务商所提供的网络平台，所以称之为虚拟网。

开启 VPN 后，当在外面访问公司内网的办公网站时，不再直接访问公司内网的服务器，而是去访问 VPN 服务器，并给 VPN 服务器发一条指令"我要访问办公网站"。VPN 服务器接到指令后，代替访问办公网站，收到公司办公网站的内容后，再通过"秘密隧道"将内容回传，这样就通过 VPN 成功访问到需要的内网资源了。

图 3-18 为 VPN 工作原理图。

图 3-18　VPN 工作原理图

针对不同的需求，VPN 还能提供更有针对性的应用场景，比如：

远程接入 VPN：用于异地办公的员工访问公司内网。

内联网 VPN：将企业总部和外地分公司通过虚拟专用网络连接在一起。

外联网 VPN：将一个公司与另一个公司的资源进行连接，与合作伙伴企业网构成外联网。

实现 VPN 的关键技术主要有隧道技术、加/解密技术、密钥管理技术和身份认证技术。最关键部分是在公网上建立虚信道，而建立虚信道是利用隧道技术实现的，IP 隧道的建立可以在链路层和网络层。

VPN 的主要隧道协议有 PPTP、L2TP、IPsec、SSL VPN 和 TLS VPN。

3.4.11 网络出口规划

在园区网络系统中，园区网络的出口需要和运营商的网络进行对接，从而提供 Internet 服务。出口区是园区内部网络到外部网络的边界，用于实现内部用户接入到公网，外部用户（包括客户、合作伙伴、分支机构、远程用户等）接入到内部网络的功能。数据中心区是部署服务器和应用系统的区域，为企业内部和外部用户提供数据和应用服务。在和运营商网络对接的时候，一般采用如下三种方式：

1）单一网络出口结构。

2）同运营商多出口结构。

3）多运营商多出口结构。

图 3-19 为园区网络出口结构类型。

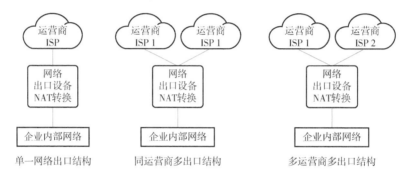

图 3-19　园区网络出口结构类型

1. 单一网络出口结构

终端用户接入到交换机，交换机直连出口设备，出口设备连接一家运营商 Internet，防火墙上做 NAT 公私网的地址转换。

单一出口的网络可靠性不高，一般用在小型网络中，其网络成本低，结构简单。

对于只有一个出口的企业来说，一般使用静态配置的缺省路由指向互联网；对于运营商来说，因为存在信任边界的问题，所以一般也采用静态路由进行回指。

2. 同运营商多出口结构

同运营商多出口结构组网，企业边界出口设备连接同一个运营商的多个出口；同运营商多出口的网络可靠性比单出口要高，提供了冗余，一般用在中小型网络中。

内部用户访问 Internet 双出口都是连接到同一个运营商，一般会同时提供两个链接地址，但是地址池还是一个。用户需要访问 Internet 时需要在防火墙上做 NAT 映射，将内网地址映射成地址池中的公网 IP 地址。

但是这里和单出口相比存在一个问题，出方向的时候由于有两条链路需要进行选路。这里的选路可以采用：

主备的方式：浮动静态路由实现。主备通过配置浮动的静态路由实现，当主出口故障后，浮动静态路由生效，流量可以走备用接口。

负载分担的方式：等价静态路由实现。通过配置等价缺省静态可以实现出流量的负载分担；由于是同一家运营商，网络质量基本一致，因此尽量选择负载分担的方式，充分利用带宽。

对于同运营商多出口的企业来说，一般使用静态配置的等价缺省路由指向互联网，实现出口流量的负载分担。

对于运营商来说，因为存在信任边界的问题，一般还是不会与企业用户之间运行动态路由协议，对于访问企业的数据流，基本不会做特别的控制，按照自身网络路由协议的计算传送到相应的接口即可。

3. 多运营商多出口结构

多运营商多出口结构组网，出口设备连接多个运营商的网络，多运营商多出口结构组网可靠性是最高的，提供了冗余。其成本较高，一般用在大型网络中。

内部用户访问 Internet 时，双出口都是连接到不同运营商的，每个运营商会提供一个链接地址，一个地址池。

两个运营商之间一般会存在数据通路，但是这个通路一般不会存在于本地，而会在核心层面；而且两个运营商之间的连接不如运营商内部的连接强壮。所以当流量在运营商之间贯穿的时候，服务质量会出现较大的劣化。因此需要避免这种情况。

用户访问 Internet，需要在防火墙上做 NAT 映射，将内网地址映射成地址池中的公网 IP 地址。但是这里需要考虑一个问题，出方向的时候由于有两条链路，所以需要进行选路。当内网中出现访问外网的数据流量时，首先得指向正确的链路，防止流量走向错误的方向导致质量劣化。因为企业与运营商之间一般使用静态路由，所以这部分的实现需要收集运营商的公网地址空间。

因为 NAT 的关系，返回流量其实是由地址池的选择决定的。如果出向流量选择的 NAT 地址池是由 ISP1 提供的，则返回流量必然使用 ISP1 的链路。所以 NAT 地址池与数据流的出端口需要绑定。

内部服务器需要对外提供服务，那么就需要给服务器分配一个公网地址，在防火墙上使用静态 NAT 将内网服务器地址映射到公网地址上，从而对外提供服务。在这里由于对接了两家运营商，则需要将服务器内网地址映射到两个运营商的公网地址。

4. NAT 技术

随着 Internet 的发展和网络应用的增多，有限的 IPv4 公有地址已经成为制约网络发展的瓶颈。为解决这个问题，NAT（Network Address Translation，网络地址转换）技术应需而生。NAT 技术主要用于实现内部网络的主机访问外部网络。一方面 NAT 技术缓解了 IPv4 地址短缺的问题，另一方面 NAT 技术让外网无法直接与使用私有地址的内网进行通信，提升了内网的安全性。

NAT 技术工作的原理是对 IP 数据报文中的 IP 地址进行转换，一般部署在网络出口设备如路由器或防火墙上。通过私有地址的使用并结合 NAT 技术，可以有效节约公网 IPv4 地址。

典型的 NAT 组网模型通常划分为私网和公网两部分，各自使用独立的地址空间。私网使用私有地址，而公网使用公网地址。为了让主机 A 和 B 访问互联网上的服务器 Server，需要在网络边界部署一台 NAT 设备用于执行地址转换。

图 3-20 为园区网络中 NAT 设备应用示意图。

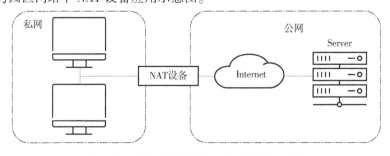

图 3-20　园区网络中 NAT 设备应用示意图

NAT 的典型应用场景：在私有网络内部（园区、家庭）使用私有地址，出口设备部署 NAT，对于"从内到外"的流量，网络设备通过 NAT 将数据包的源地址进行转换（转换成特定的公有地址），而对于"从外到内"的流量，则对数据包的目的地址进行转换。

NAT 设备通常是路由器或防火墙。

（1）静态 NAT　静态 NAT 是指每个私有地址都有一个与之对应并且固定的公有地址，即私有地址和公有地址之间的关系是一对一映射。

静态 NAT 支持双向互访，私有地址访问 Internet 经过出口设备 NAT 转换时，会被转换成对应的公有地址。同时，外部网络访问内部网络时，其报文中携带的公有地址（目的地址）也会被 NAT 设备转换成对应的私有地址。

（2）动态 NAT　静态 NAT 严格的一对一地址映射会导致即使内网主机长时间离线或者不发送数据时，与之对应的公有地址却仍处于使用状态。为了避免地址浪费，动态 NAT 提出了地址池的概念，即所有可用的公有地址组成地址池。当内部主机访问外部网络时，临时分配一个地址池中未使用的地址，并将该地址标记为"In Use"。当该主机不再访问外部网络时，回收分配的地址，重新标记为"Not Use"。

（3）NAPT　动态 NAT 选择地址池中的地址进行地址转换时不会转换端口号，即 No-PAT（No-Port Address Translation，非端口地址转换），公有地址与私有地址还是一对一的映射关系，无法提高公有地址利用率。NAPT（Network Address and Port Translation，网络地址端口转换）从地址池中选择地址进行地址转换时不仅转换 IP 地址，同时也会对端口号进行转换，从而实现公有地址与私有地址的一对多映射，能够有效提高公有地址利用率。

3.4.12　路由器与防火墙的应用

防火墙和路由器、交换机一样都是网络中不可或缺的设备。

图 3-21 为园区网络出口区结构示意图，即交换机、防火墙、路由器的使用。

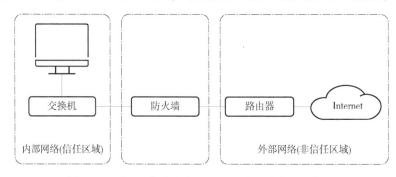

图 3-21　园区网络中交换机、防火墙、路由器的使用

1）交换机的作用是接入终端和汇聚内部路由，负责二三层报文的转发，构建一个内部的园区网络。

2）路由器的作用是路由寻址和转发，构建外部连接网络。

3）防火墙的作用是流量控制和安全防护，区分和隔离不同安全区域。

1. 路由器（Router）

路由器是连接因特网中各局域网、广域网的设备，它会根据信道的情况自动选择和设定路由，以最佳路径，按前后顺序发送信号。

简单来说，路由器就是把同一个 IP 地址给不同的计算机使用。当某台计算机想要连接网络的时候，会通过路由器，做出地址转换之后，连接到互联网，路由器起的是通信的作用。路由器可以减少网络混乱。若没有路由器，广播将转发到每个设备的每个端口，并由每个设备处理。

现在的路由器也集成了部分防火墙的基础安全功能，但重点还是在路由器上，广域网优化等还是防火墙无可替代的功能，而且表项更加丰富，能支持超大规模网络。

2. 防火墙

防火墙顾名思义，也就是隔离、防火的意思，在网络世界里，防火墙主要起的就是隔离的作用。

数据通常在网络空间中的计算机与服务器和路由器之间进行交换，而防火墙存在的目的，就是监视此数据（以数据包的形式发送）并检查是否安全。防火墙通过确定数据包是否符合已经建立的规则来做到这一点。根据这些规则，数据包被拒绝或接受，从而达到隔离过滤的效果。

防火墙不但用于防范外网，还对企业内网的 DoS 攻击或非法访问等起作用，后来也逐步发展到防范从内部网络向互联网泄露信息、把内部网络作为攻击跳板等行为。

防火墙也集成了很多路由功能，但它的本质是安全设备。

3.5　全光网络

近年来，行业的智能化和信息化呈现加速发展趋势，高清视频会议、云服务、移动办公等应用几乎成为企业标配。与此同时，带宽升级、泛在接入、物联网融合等网络新要求也变得越来越迫切，介质升级成为企业解决网络难题的一个新选择。

全光网络理论上指的是网络传输和交换过程全部通过光纤实现的网络，因为在网络传输和交换的过程中信号始终以光的形式存在，不必在其中实现电光和光电的转换，因此能大大提高网速。

3.5.1　PON 工作原理

PON 采用的是点到多点（P2MP）的网络架构。PON 网络主要由 OLT、ODN 和 ONU 三个部件构成，是一个二层网络架构，网络中只有两端的 OLT 和 ONU 部件是有源部件，中间的 ODN 网络都是无源部件，OLT 统一对所有的 ONU 进行管理。

PON 工作原理：PON 使用波分复用（WDM）技术，同时处理双向信号传输。PON 系统上行方向和下行方向采用波分复用技术使不同波长在同一个 ODN 网络上传输，实现单纤双向传输。如 GPON 上行方向采用 1290 ~ 1330nm 的波长，下行方向采用 1480 ~ 1500nm 的波长。

3.5.2　POL 全光网络

PON 的介质和架构优势同样适用于行业园区场景的局域网建设，POL（Passive Optical Local Access Network，无源光纤局域网）便是一种新型园区网络建网方式。它是基于 PON 技术的企业局域网，通过光纤提供融合的数据、语音、视频。

图 3-22 为园区全光网结构示意图，即 POL 结构示意图。

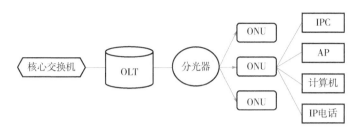

图 3-22　POL 结构示意图

POL 全光网络，由核心交换机、OLT、ODN、ONU、业务终端等组成，每一个设备都有其重要的作用，其中 OLT、ODN、ONU 是 POL 较为关键的三个设备。

图 3-23 为 POL 全光网络组成。

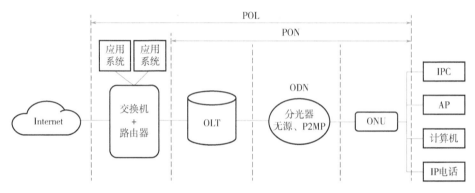

图 3-23　POL 全光网络组成

1. OLT

OLT 是光接入网的核心部件，相当于传统通信网中的交换机或者路由器，也是一个多业务提供平台。一般放置在园区中心机房，提供面向用户的无源光纤网络的光纤接口。

OLT 主要实现的功能：上连上层网络，完成 PON 网络的上行接入，通过 ODN 网络（由光纤和无源分光器组成）下连用户端设备 ONU，实现对用户端设备 ONU 的控制、管理和测距功能。

2. ODN

ODN 是基于 PON 设备的光缆网络，在 OLT 和 ONU 间提供光传输通道，图 3-24 所示为ODN 系统构建示意图。

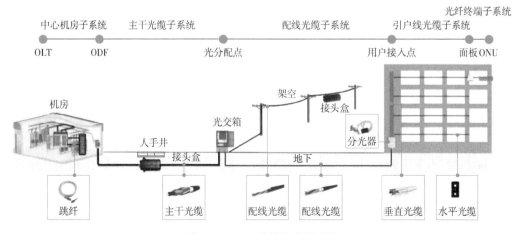

图 3-24　ODN 系统构建示意图

ODN 网络通常分为五个子系统：

（1）中心机房子系统　位于中心机房内，包含从 OLT 出来的大量光纤跳纤的管理和维护，以及大芯数室外光缆的端接，通常包含大容量的光缆配线架产品。

（2）主干光缆子系统　ODN 中从 OLT 到光分配点的光纤链路，节点设备通常包含室外交接箱和接头盒。

（3）配线光缆子系统　ODN 中从光分配点到用户接入点的光纤链路，通常包含交接箱、分光器、分纤箱等。

（4）入户线光缆子系统　ODN 中从用户接入点到用户光纤面板的光纤链路，完成多芯数光缆到单芯入户光缆的转变。

（5）光纤终端子系统　ODN 中从用户光纤面板到用户 ONU 的光纤链路，完成室内布线部分的工作。

3. ONU

ONU（Optical Network Unit，光网络单元）是 PON 上行的接入终端设备，网络侧通过光模块实现上连，光模块通过发射和接收端实现光电信号的转换。根据使用场景，ONU 提供 GE/10GE、POTS、WiFi、USB 等接口以及接入数据、视频、语音等业务。在不影响通信效率和通信质量的前提下，ONU 需要承载尽量多的终端用户和业务，提高网络利用率，降低用户成本。

ONU 在 PON 的点到多点架构下有两个作用：

1）对 OLT 发送的广播进行选择性接收，若需要接收该数据要对 OLT 进行接收响应。

2）对用户需要发送的以太网数据进行收集和缓存，按照被分配的发送窗口向 OLT 发送该缓存数据。

3.6　无线网络

无线局域网 WLAN（Wireless Local Area Network）是一种无线计算机网络，使用无线信道代替有线传输介质连接两个或多个设备形成一个局域网 LAN（Local Area Network），典型部署场景如家庭、学校、校园或企业办公楼等。

WLAN 的运行是建立在有线网之上的，是有线网络的扩充，是终端接入方式和互联方式的改变。在 LAN 和 WLAN 之间除了物理层和数据链路层存在差异之外，其他协议均和以太网遵循一样的网络协议规则。以太网的基本协议如 ICMP、DHCP、ARP、TCP 等以及数据转发规则，在 WLAN 网络中同样是遵循的，没有差异。

3.6.1　WLAN 技术标准的演进

IEEE 802.11ac 和 IEEE 802.11ax 是目前来说比较常用的无线（WiFi）技术标准，最常见的无线标准称为 IEEE 802.11ac，也就是 WiFi 5。

在 2019 年底，推出了 IEEE 802.11ax，也就是 WiFi 6，提供了更强大的功能。

WiFi 6 是下一代 IEEE 802.11ax 标准的简称。随着 WiFi 标准的演进，WFA（WiFi Alliance，国际 WiFi 联盟组织）为了便于 WiFi 用户和设备厂商轻松了解其设备连接或支持的 WiFi 标准，选择使用数字序号来对 WiFi 重新命名。另一方面，选择新一代命名方法也是为了更好地突出 WiFi 技术的重大进步，它提供了大量新功能，包括更大的吞吐量和更快的速度、支持更多的并发连接等。

IEEE 802.11ax 设计之初就是为了适用于高密度无线接入和高容量无线业务，比如室外大型公共场所、高密场馆、室内高密无线办公、电子教室等场景。因为随着视频会议、无线互动VR、移动教学等业务应用越来越丰富，WiFi 接入终端越来越多。IoT 的发展更是让越来越多的智能家居设备接入到 WiFi 网络。因此，WiFi 网络仍需要不断提升速率，同时还需要考虑是否能接入更多的终端，适应不断扩大的客户端设备数量以及不同应用的用户体验需求（表 3-2）。

表 3-2 WLAN 技术标准的演进

协议	年份	工作频段/GHz	最高传输速率
IEEE 802.11	1997	2.4	2Mbit/s
IEEE 802.11a	1999	5	54Mbit/s
IEEE 802.11b	1999	2.4	11Mbit/s
IEEE 802.11g	2003	2.4	54Mbit/s
IEEE 802.11n（WiFi 4）	2009	2.4/5	600Mbit/s
IEEE 802.11ac（WiFi 5）	2013	5	6.9Gbit/s
IEEE 802.11ax（WiFi 6）	2019	2.4/5	9.6Gbit/s

3.6.2 WLAN 工作频段

WLAN 使用的是 ISM 频段，ISM 是由国际电信联盟（ITU）定义的免费开放给工业（Industrial）、科学（Scientific）、医疗（Medical）使用的频段。该频段不需要申请许可，只需要遵守一定的发射功率（功率不能超过 1W）且不对其他频段造成干扰即可，只要设备的功率符合限制，不需要申请许可证（Free License）即可使用这些频段，大大方便了 WLAN 的应用和推广。

目前市场上 AP 主要应用在 2.4G 和 5G 两个频段。

2.4G 所在频段是 2.4 ~ 2.483GHz，共有 83.5MHz 带宽，划分为 13 个信道，每个信道宽 22MHz。

5G 频段的范围是 4.910 ~ 5.875GHz。5G 频段有超过 900MHz 的带宽，是 2.4G 的 10 倍还多，更宽的频谱，在分配上自然也就更方便了。5G 信号支持 20MHz、40MHz、80MHz、160MHz 的信道组合，更宽的信道则可以让信号"跑"得更快。另外，5G 频段信号纯净，很少存在信道占用情况。

2.4G 不相互干扰的信道只有 3 个（1/6/11），并且使用的设备也多，干扰自然要大很多；而 5G 虽然信道不多，但信道间距大，使用的设备也少，干扰自然要小。信号干扰方面，5G 优于 2.4G。

在穿墙覆盖方面，5G 由于频率更高，波长更短，而无线的穿墙覆盖主要是依靠波的衍射能力，波长越短，衍射能力越差，所以穿墙覆盖能力，2.4G 优于 5G。

当前主流 AP 是应用 WiFi 6 协议，同时支持 24.G 和 5G 频段，在实际环境中，我们很多时候选择的都是双频 AP，2.4G 和 5G 搭配使用。

3.6.3 WLAN 工作信道

信道通俗来说就是频率，它决定了无线 AP 是在哪个频率范围内进行通信。

考虑到相邻的两个无线 AP 之间有信号重叠区域，为保证这部分区域所使用的信号信道不能互相覆盖，具体地说信号互相覆盖的无线 AP 必须使用不同的信道，否则很容易造成各个无线 AP 之间的信号相互干扰,从而导致无线网络的整体性能下降。

1. 2.4G 频段的信道划分

2.4G 频段的频带宽度有 83MHz,被划分为 13 个信道,每个信道带宽 22MHz,图 3-25 是
2.4G 的信道图:

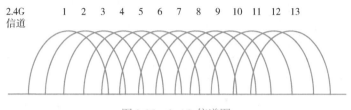

图 3-25　2.4G 信道图

2. 5G 频段信道划分

5G 频段被划分为 13 个信道,频段不连续,36 ~ 64 信道的频带范围是 5.15 ~ 5.25GHz,
149 ~ 165 信道的频带范围是 5.725 ~ 5.845GHz,信道带宽可调,可选择 20MHz 或者 40MHz,
图 3-26 是 5G 的信道图:

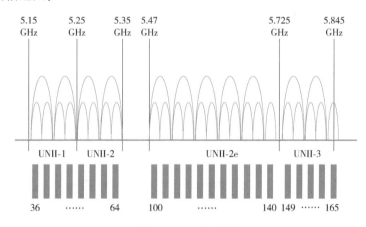

图 3-26　5G 信道图

3. 同频干扰

在无线 WiFi 覆盖工程中,同频干扰是一个不能回避的问题,同频干扰是指两个 AP 工作频
率如果相同,同时收发数据时会产生干扰和延时。

图 3-27 是 2.4G 信道同频干扰示意图。

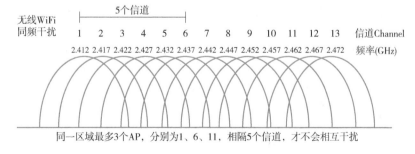

图 3-27　2.4G 信道同频干扰示意图

因此信道规划和功率调整是 WLAN 网络的首要优化方法。如果所有的 AP 都工作在相同信

道，这些 AP 只能共享一个信道的频率资源，造成 WLAN 网络的整体性能降低。WLAN 协议本身提供了一些不重叠的物理信道，可以构建多个虚拟且独立的 WLAN 网络，各个网络单独使用一个信道的带宽，例如使用 2.4G 频段时，可以使用 1、6、11 三个非重叠信道构建 WLAN 网络。

在部署 WLAN 时，为避免相邻 AP 产生同频干扰，多采用蜂窝式信道布局。蜂窝式布局中相邻 AP 间使用不交叠的独立信道，可以有效避免同频干扰。

图 3-28 是 2.4G 信道蜂窝式部署示意图。

完成信道规划就相当于完成了多个虚拟 WLAN 网络的构建。

AP 发射功率的调整需要关注每个虚拟 WLAN 网络，通过调整同一信道 AP 的发射功率来降低 AP 之间的可见度，提高相同信道频谱资源的复用，增强 WLAN 网络的整体性能。

现在 AC 和无线 AP 一般都有信道智能自动优化选择功能。将信道参数设置为 "自动" 或者点击类似 "一键优化" 按钮（不同设备厂商的设置方式略有不同），设备就会自动智能地根据周围环境选择最佳信道。

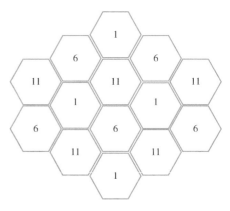

图 3-28　2.4G 信道蜂窝式部署示意图

3.6.4　园区 WLAN 架构

在企业场景下，通常有以下三种 WLAN 的网络类型。

（1）FAT AP 独立部署　FAT AP，又称为胖 AP，独立完成 WiFi 覆盖，不需要另外部署管控设备。但是，由于 FAT AP 独自控制用户的接入，用户无法在 FAT AP 之间实现无线漫游，只有在 FAT AP 覆盖范围内才能使用 WiFi 网络。

因此，FAT AP 通常用于家庭或 SOHO 环境的小范围 WiFi 覆盖，在企业场景已经逐步被 "AC + FIT AP" 和 "云管理平台 + 云 AP" 的模式所取代。

（2）AC + FIT AP 集中式部署　"AC + FIT AP" 的模式目前广泛应用于大中型园区的 WiFi 网络部署，如商场、超市、酒店、企业办公等。AC 的主要功能是通过 CAPWAP 隧道对所有 FIT AP 进行管理和控制。AC 统一给 FIT AP 批量下发配置，因此不需要对 AP 逐个进行配置，大大降低了 WLAN 的管控和维护成本。同时，因为用户的接入认证可以由 AC 统一管理，所以用户可以在 AP 间实现无线漫游。

对于小范围 WiFi 覆盖的场景，本身所需 AP 数量较少，如果额外部署一台 AC 的话，会导致整体无线网络成本较高。这种场景下，如果没有用户无线漫游的需求，建议部署 FAT AP；如果希望同时满足用户无线漫游的需求，建议部署云 AP。

（3）云化部署　云 AP 自身功能和 FAT AP 类似，所以可以应用于家庭 WLAN 或 SOHO 环境的小型组网；同时，"云管理平台 + 云 AP" 的组网结构和 "AC + FIT AP" 的组网结构类似，云 AP 由云管理平台统一管理和控制，所以又可以应用于大中型组网。

WLAN 网络架构分为有线侧和无线侧两部分，有线侧是指 AP 上行到 Internet 的网络使用以太网协议。无线侧是指 STA 到 AP 之间的网络使用 IEEE 802.11 协议。无线侧接入的 WLAN 网络架构为集中式架构。

园区无线网主要是应用集中式架构，又称为瘦接入点（FIT AP）架构。在该架构下，所有无线接入功能由 AP 和 AC 共同完成。

AC 集中处理所有的安全、控制和管理功能，例如移动管理、身份验证、VLAN 划分、射频资源管理和数据包转发等。

FIT AP 完成无线射频接入功能，例如无线信号发射与探测响应、数据加密解密、数据传输确认等。AP 和 AC 之间采用 CAPWAP 进行通信，AP 与 AC 间可以跨越二层网络或三层网络。集中式架构便于管理员的集中管理和维护。

图 3-29 是园区网 WLAN 典型架构图。

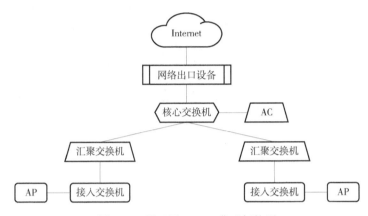

图 3-29　园区网 WLAN 典型架构图

如上图所示，典型的无线网络的组成有 AP 接入点、PoE 交换机、AC 控制器和集中管理平台，其各自的用途如下：

AP 接入点：Access Point 的简称，无线网络的接入设备。这种架构中会应用 FIT AP，可满足用户室内室外、室放室分等各种无线网络覆盖要求。

PoE 交换机：AP 接入点的上连网络设备，为 AP 接入点提供数据交换和电源供应；如果 AC 设备自带 PoE 接口，在只需单台 AC 设备的情况下，则 PoE 交换机可以省略。

AC 控制器：Access Controller 的简称，此设备的用途是管理 AP 接入点，以及无线用户权限的控制。

集中管理平台：管理无线网络设备 AP 和 AC，主要用途为实时监控、告警和数据分析。

3.6.5　小型园区网 WLAN 典型组网应用

小型园区网定位为中小型企业，包括独立的小型园区网，也包括只在分支机构部署 WLAN 的场景。小型园区网 WLAN 部署规模小于大型园区但高于 SOHO。相对于大型 WLAN 网络而言，小型园区网 WLAN 较少考虑网络可靠性，可能因为成本因素而不需要专门的网管设备以及认证服务器。小型园区网由于规模较小，一般采用集中式 AC 方案，可采用独立 AC 设备或者集成 AC 设备的部署方式。

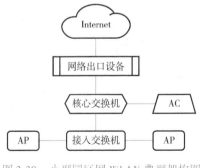

图 3-30　小型园区网 WLAN 典型架构图

图 3-30 是小型园区网 WLAN 典型架构图。

3.6.6　企业分支机构 WLAN 典型组网应用

企业分支机构 WLAN 组网应用在总部与分支均部署了 WLAN 网络且总部需要管理分支机

构 WLAN 网络的场景。企业分支机构根据 AC 部署方式分为大型和小型，与分支机构的网络规模大小没有严格的对应关系。

图 3-31 是中型园区网 WLAN 典型架构图（企业分支机构 WLAN 组网结构）。

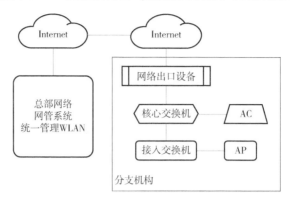

3-31　中型园区网 WLAN 典型架构图（企业分支机构 WLAN 组网结构）

3.6.7　分布式 WLAN 组网典型应用

在酒店房间、校园宿舍、医院病房等多房间的场景中，由于墙体等室内建筑物的阻隔，无线信号的衰减现象较为严重，普通的室内放装型 AP 和室内分布式 AP 无法完全满足低成本、高性能的无线覆盖需求。在这类场景下，可采用敏捷分布式 WLAN 组网架构部署网络以满足此类需求。

分布式 WLAN 组网包括 AC + 中心 AP + RRU，RRU 收发无线报文，并二层透传给中心 AP 进行处理。中心 AP 通过网线连接 RRU，相比于普通 AP 通过馈线连接天线，网线能够提供更长的部署距离，方便在离中心 AP 更远的位置部署 RRU。

如图 3-32 所示，中心 AP 连接 RRU，并为 RRU 提供 PoE 供电。还可在中心 AP 下连接 PoE 交换机，PoE 交换机再连接 RRU，扩展中心 AP 下管理的 RRU 数目。RRU 和其接入的中心 AP 之间需要是二层可达的组网并且必须是树形组网。

图 3-32 是分布式 WLAN 典型架构图。

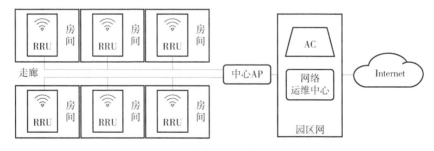

图 3-32　分布式 WLAN 典型架构图

3.6.8　WLAN 规划设计

1. 覆盖设计

覆盖设计是针对无线网络覆盖的普通区域、简单区域或 VIP 区域进行设计规划，保证每个区域覆盖范围内的信号强度能满足用户的要求，并且解决相邻 AP 间的同频干扰问题。单个 AP

无线信号覆盖范围有限，需要部署多个 AP 实现完整的网络覆盖。每个 AP 的覆盖范围可以通过计算和工具仿真的方式得出合适的结果。

在不考虑干扰、线路损耗等因素时，接收信号强度的计算公式为：

接收信号强度 = 射频发射功率 + 发射端天线增益 – 路径损耗 – 障碍物衰减 + 接收端天线增益。

从信号强度的计算公式可以得知，通过提高射频发射功率、发射端天线增益，减少障碍物衰减可以有效增强信号强度。但是射频发射功率、发射端天线增益受限于硬件设备和有关规定，不能无限提升，其取值需要参照不同硬件设备和有关要求在可行的范围内变化。AP 布放时应尽量避免或减少障碍物的遮挡，以减少障碍物引起的信号衰减。路径损耗则直接影响 AP 的覆盖范围。通过公式初步计算出单个 AP 的覆盖距离，然后设计多个 AP 共同组成完整的网络覆盖。

2. 信道规划

由于需要使用多个 AP 组成完整的网络覆盖，为避免无线网络覆盖区域出现覆盖盲区，保证无线网络的漫游体验，相邻 AP 间网络不可避免地会出现重叠覆盖区，一般需保留 10% ~ 15% 的重叠缓冲区域。为减少重叠区域内的同频干扰，需要规划相邻 AP 使用互不干扰的射频频段。

信道规划通常建议如图 3-33 所示的蜂窝覆盖部署方式：

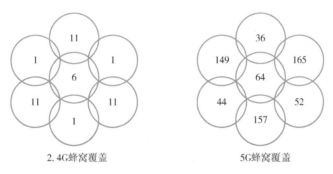

2.4G蜂窝覆盖　　　　　　5G蜂窝覆盖

图 3-33　信道规划图

3. 网络容量设计

网络容量设计是根据无线终端的带宽要求、终端数目、并发率、单 AP 性能等数据来设计部署网络所需的 AP 数量，确保无线网络性能可以满足所有终端的上网业务需求。

网络容量设计的参数：

（1）单终端带宽　不同类型的终端，使用不同网络业务的终端，对带宽的要求不一样。如观看高清视频的终端，其带宽要求会大于仅浏览网页的终端。需要根据终端的业务和类型，合理规划出足够使用的带宽，以免出现带宽不够用或者浪费的情况。

（2）终端数目　终端数目是网络计划容纳的终端总数，需要用户根据其网络规划提供准确的数目。

（3）并发率　并发率是指同一时间内使用网络的终端占总终端数目的比例，通常和终端数目一起计算出同一时间使用网络的平均终端数。

（4）单 AP 性能　不同款型的 AP，不同场景推荐的典型并发接入终端数不一样。

4. AP 布放原则

各场景下 AP 布放原则基本一致，需考虑以下四点：

1）减少无线信号穿越的障碍物数目，如果不能避免穿越，则尽量垂直穿越墙壁、天花板等障碍物，尤其避免金属障碍物遮挡。

2）AP 的正面正对网络覆盖区域。

3）AP 远离干扰源。

4）安装美观，尤其对美观性要求较高的区域，可以增加美化罩或者安装在非金属天花板内部。

3.6.9　高密场景的部署应用

在无线网络覆盖部署中，有一类场景的解决方案一直比较棘手，那就是机场、车站、演唱会厅、会场、展览展会厅等高密环境。这类环境的共同特点是部署难度大、空间大，终端用户过多，用户流动性大，信道质量差，业务类型复杂。

针对以上难点需要对 AP 的部署做针对性的调整。

1）AP 部署在尽量靠近用户的地方。部署 AP 时，应该尽量降低 AP 之间的可见度，同时增加 AP 与客户端之间的信号强度。

2）有些场景（如火车站）的建筑物高度比较高，经常超过 10m，所以 AP 安装在顶部是不合适的。一方面 AP 之间的可见度比客户端到 AP 的信号还高，另一方面 AP 到达客户端的信号强度会差一些。AP 应尽量部署在较低的地方。

3）尽量利用场景中的小型建筑物体隔离 AP，提高空间重用率。如在大型的会议场景中，人体就是最好的隔离信号遮挡物，可将 AP 布放在座椅的下方，既可满足周边小规模人群的无线接入，又可降低对周边 AP 的干扰。

4）空旷无遮挡室的高密环境，可以使用定向天线来提高 AP 隔离度。如果场景中没有内部建筑物体隔离空间，用户所在区域之间都是空旷的，无遮挡的，则需要使用定向天线来提高 AP 隔离度，这既可以提高 AP 和客户端之间的信号强度，又可以增强抗干扰性。天线安装位置尽量靠近要覆盖的目标人群，尽量不要安装在地面上，因为人群对信号的遮挡和干扰很大。

5）如果不是硬性要求，不要试图覆盖所有区域。保证人群主要活动区域能够正常使用就好，因为更多的 AP 意味着信道之间干扰也越大。

6）使用高密 AP 设备。

需要澄清的是，很多人认为高密 AP 的单 AP 接入用户数要比普通 AP 多，实际上，如果高密 AP 和普通 AP 均为双射频 AP 且 MIMO 相同，单个 AP 的接入用户数基本相同。所以目前高密 AP 基本有两种做法。

做法一：

如图 3-34 所示，在高密场景下，为了能够提供更多的接入用户数，并不是利用单个高密 AP 接入更多的用户，而是高密 AP 使用了小角度天线，相比于普通场景，在相同空间内能够部署更多的 AP，且 AP 之间的干扰较小，从而提供了更大的空口接入带宽，通过这样的方式来满足高密场景下更多用户的接入。

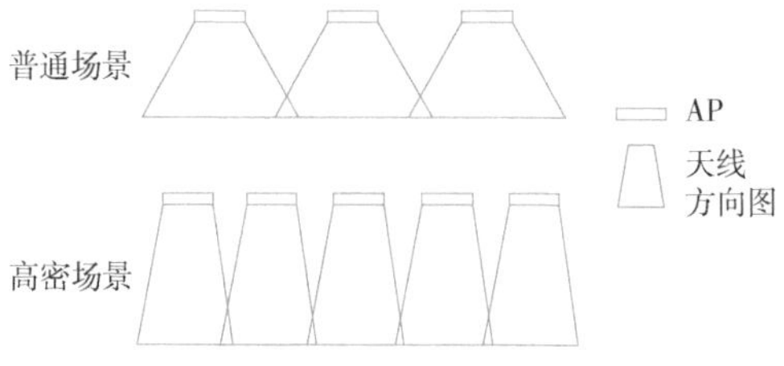

图 3-34　高密 AP 技术原理图

图 3-34 展示了小角度天线高密 AP 的技术原理。

做法二：

采用多频 AP，提高带机量。比如采用四频 AP（2 个 2.4GHz + 2 个 5GHz），无线带机量可以成倍增加。

3.7　网络安全技术

3.7.1　等保 2.0

《中华人民共和国网络安全法》第二十一条明确规定："国家实行网络安全等级保护制度。"为了贯彻落实《中华人民共和国网络安全法》，适应云计算、移动互联、物联网、工业控制和大数据等新技术、新应用情况下的网络安全等级保护工作，2019 年 5 月正式发布《信息安全技术　网络安全等级保护基本要求》，开启了等保 2.0 的时代。

等保 2.0 的基本框架包含了安全技术要求和安全管理要求两大部分，分别从安全技术措施和安全管理措施上对被保护对象提出了具体的安全防护与管理要求。

技术要求措施包括安全物理环境、安全通信网络、安全区域边界、安全计算环境以及安全管理中心共五个方面的技术防护要求。

管理要求措施包括安全管理制度、安全管理机构、安全管理人员、安全建设管理及安全运维管理共五个方面的安全管理要求。

等保 2.0 基本框架如图 3-35 所示：

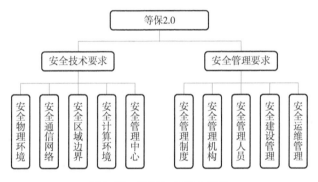

图 3-35　等保 2.0 基本框架

等保 2.0 充分体现了一个中心、三重防御的网络安全管理思想。一个中心指"安全管理中心"，三重防御指"安全计算环境、安全区域边界、安全网络通信"，同时等保 2.0 强化可信计算安全技术要求的使用。

等保 2.0 建设实施的具体工作流程包含五个阶段，分别是对象定级与备案、总体安全规划、安全设计与实施、安全运行与维护以及定级对象终止。

3.7.2　等保 2.0 技术保护方案规划

等保 2.0 技术保护方案主要由安全管理中心建设、安全通信网络建设、安全区域边界建设以及安全计算环境建设四个部分组成。

1. 安全管理中心

安全管理中心主要实现安全技术体系的统一管理，包括系统管理、安全管理、审计管理和集中管控。同时，对全网按照权限划分提供管理接口。其主要包括大数据安全、IT 运维管理、堡垒机、漏洞扫描、网站监测预警、等保安全一体机、等保建设咨询服务等安全设备和安全服务。其建设要点包括对安全进行统一管理与把控、集中分析与审计以及定期识别漏洞与隐患。

2. 安全通信网络

安全通信网络主要实现在网络通信过程中的机密性、完整性防护，重点对定级系统安全计算环境之间信息传输进行安全防护。安全通信网络包括网络架构、通信传输、可信验证，主要包括下一代防火墙、VPN 设备、路由器和交换机等设备。其建设要点主要是构建安全的网络通信架构，保障信息的传输安全。

3. 安全区域边界

安全区域边界主要实现在互联网边界以及安全计算环境与安全通信网络之间的双向网络攻击的检测、告警和阻断。

安全区域边界包括：边界防护、访问控制、入侵防范、恶意代码和垃圾邮件防范、安全审计、可信验证。其主要包括下一代防火墙、入侵检测/防御、上网行为管理、安全沙箱、动态防御系统、身份认证管理、流量安全分析、WEB 应用防护以及准入控制系统等安全设备。其建设要点包括强化安全边界防护、入侵防护以及优化访问控制策略。

4. 安全计算环境

安全计算环境主要是对单位定级系统的信息进行存储处理并且实施安全策略保障信息在存储和处理过程中的安全。安全计算环境包括：身份鉴别、访问控制、安全审计、入侵防范、恶意代码防范、可信验证、数据完整性、数据保密、数据备份恢复、剩余信息保护、个人信息保护。其主要安全设备有入侵检测/防御、数据库审计、动态防御系统、网页防篡改、漏洞风险评估、数据备份、终端安全。其建设要点为强调系统及应用安全、加强身份鉴别机制与入侵防范。

图 3-36 为等保 2.0 网络拓扑结构设计。

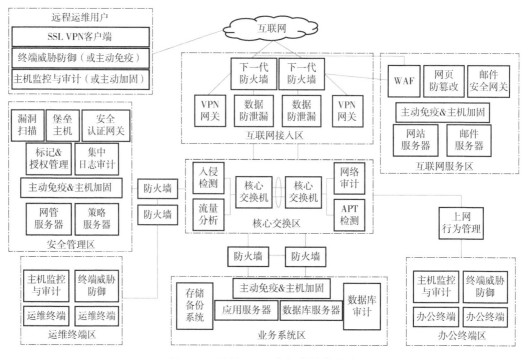

图 3-36　等保 2.0 网络拓扑结构设计

如图 3-36 所示，其中安全通信网络主要从通信网络审计、通信网络数据传输完整性保护、通信网络数据传输保密性保护、可信连接验证方面进行防护设计。主要是对通信链路、交换机以及路由器的规划以及配置进行安全优化，对核心设备及主干链路进行冗余部署。

3.7.3　网络安全设备配置

表 3-3 为三级系统安全保护环境基本要求与对应产品。

表 3-3　三级系统安全保护环境基本要求与对应产品

使用范围	基本要求	产品类型举例
安全计算环境	网络结构 VLAN 划分	三层交换机（防火墙）MPLS VPN
	访问控制（权限分离）	主机核心加固系统
	入侵防范（检测告警）	主机入侵检测产品（HIDS）
	备份恢复（数据备份）	设备冗余、本地备份（介质场外存储）
	数据完整性、保密性	VPN 设备
	剩余信息管理	终端综合管理系统
	身份认证（双因素）	证书、令牌、密保卡
	恶意代码防范（统一管理）	网络版主机防病毒软件
安全区域边界	区域边界访问控制（协议检测）	防火墙（IPS）
	资源控制（优先级控制）	带宽管理、流量控制设备
	区域边界入侵检测	IDS
	区域边界恶意代码防范	防病毒网关、沙箱
	区域边界完整性保护	终端综合管理系统
安全通信网络	通信网络安全审计	上网行为管理
	数据传输完整性、保密性保护	VPN 设备
安全管理中心	系统管理	安全管理平台
	审计管理（网络、主机、应用）	安全审计系统

第4章　视频监控系统

4.1　视频监控系统知识思维体系

随着计算机、网络以及图像处理、传输技术的飞速发展，视频监控技术也有了长足的发展，从模拟监控到数字监控再到现在主流的网络高清视频监控，视频监控技术发生了翻天覆地的变化。现在模拟监控的应用已经很少了，只存在于部分模拟高清视频监控系统，因此再过多讲述模拟监控的意义已经不大，本章节主要介绍网络高清视频监控系统。

网络高清视频监控技术，可以实现视频图像信息的高清采集、高清编码、高清传输、高清存储、高清显示。网络高清视频监控系统基于 IP 网络传输技术，提供视频质量诊断等智能分析技术，实现全网调度、管理及智能化应用，为用户提供一套"高清化、网络化、智能化"的视频图像监控系统，满足用户在视频图像业务应用中日益迫切的需求。

图 4-1 为视频监控系统知识思维体系。

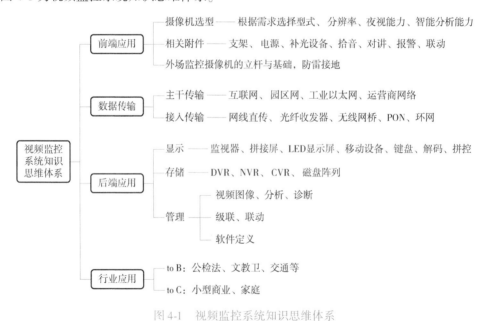

图 4-1　视频监控系统知识思维体系

4.2　视频监控基础知识

4.2.1　帧率、分辨率和码率

帧率是每秒显示图像的数量，在摄像头参数经常会看到这个概念，比如一个摄像头帧率参数 25fps，其实表示的就是 1s 显示 25 个画面；分辨率表示每幅图像的尺寸，即像素数量。如

200W 像素的摄像头，那它的分辨指的就是 1920×1080。码率指的是视频数据的流量。而压缩则是去掉了图像的空间冗余和时间冗余，对于基本上静态的画面场景，可以使用很低的码率获取较好的图像质量；对于剧烈运动的场景，可能很高的码率也得不到好的图像质量。

设置帧率表示想要视频的连续和实时性，设置分辨率表示是想要看到监控画面的尺寸大小，而码流的场景取决于存储、网络及视频应用场景的具体情况。

它们之间的关系如图 4-2 帧率、分辨率和码率之间的关系。

1. 帧率

帧率指的就是 1s 时间里传输、显示图片的帧数，每一帧就是一幅静止的画面，快速连续的多帧就形成了运动的动态效果。帧率单位是 fps，即 frames per second。一般情况下，帧率高于 15fps 人眼不会有明显的卡顿感。高的帧率可以得到更加流畅、逼真的画面。

帧率和监控清晰程度没关系，但决定视频流畅度。帧率越高，每秒的帧数越多，所显示的视频动作画面就会越流畅，码流就需要越大。比如普通的视频监控画面的帧率一般就是 25fps，普通场景下，这个视频画面已经非常流畅。而对于

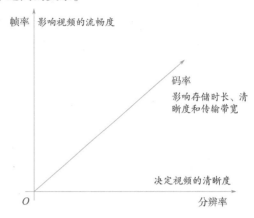

图 4-2　帧率、分辨率和码率之间的关系

高速上的抓拍摄像头，25fps 的帧率往往不够，对快速过来的车辆抓拍往往会形成视频画面拖尾的现象，这就需要配置高帧率摄像头，比如常用的有 120fps 的高帧率工业摄像头。

2. 分辨率

分辨率是图像精细程度的度量方法，指单位长度内包含像素点的数量，代表图像的尺寸或者大小，比如显示器的分辨率，摄像头的分辨率等。

常见的摄像头分辨率主要有 1920×960（960P）和 1920×1080（1080P）。在成像的两组数字中，前者表示图片长度，后者表示图片的宽度，两者相乘就是图片的像素，比如 1920×1080 就表示 200 万像素，长宽比有 4:3 和 16:9，在视频监控中，主要是 16:9 的格式。

分辨率直接决定清晰程度，分辨率越高越清晰。因为视频是由一幅幅图像组成，分辨率越高则图像越清晰，视频自然也就越清晰，所以分辨率是决定视频清晰度的直接因素。

我们所追求的高像素、高清画质实际上就是在追求分辨率这个指标，所以高像素的 IPC 不建议随意调低像素。但如果看到 NVR 上 300W 像素、400W 像素比不上 200W 像素清晰，在 NVR 上预览时是有可能出现的，是由于 NVR 解码能力所致。

3. 码率

码率就是指视频数据在单位时间内的数量大小，也称为码流，是视频编码画面质量控制中最重要的部分，同样的分辨率和帧率下，视频码流越大，画面质量越高，对应的存储容量也就越大。

高清网络摄像头在编码的时候会有 3 个码流产生，分别是主码流、子码流、辅码流，主码流主要用于本地高清录像的存储，子码流主要用于网络视频传输，辅码流主要是手机端 APP 通过移动网络预览视频画面，使用辅码流技术使得通过移网络，手机也能获取流畅的视频图像和视频录像。

在设备的配置中，码率类型可设置为变码率或者定码率。

（1）定码率　视频码率在设定值附近相对固定，不会大范围波动，在分辨率与码率匹配的情况下，可以保证较好的成像效果，推荐使用。

（2）变码率　视频码率在设定值以下根据环境复杂度波动，相对节省存储空间，但在环境有较大变化的情况下，可能会有拖影现象。

4.2.2　焦距、视场角

镜头焦距，是指光学镜片中心到其焦点的距离。焦距直接决定了镜头能看多远和能看多广。一个镜头从物理的角度来讲，焦距和视场角是一一对应的，一个确定的焦距就意味着一个确定的视场角。通常焦距越大，看得越远，但视场角越小。

镜头焦距、安防距离及视场角范围的对应关系见表4-1。

表 4-1　镜头焦距、安防距离及视场角范围的对应关系

焦距/mm	建议最大安防距离/m	一般视场角/(°)
2.8	6	110
3.6	10	85
4	10 ~ 15	75
6	15 ~ 20	53
8	25 ~ 30	40
12	25 ~ 30	25
16	35 ~ 40	20
25	60 ~ 80	12

根据焦距的控制方式，分为三种镜头：定焦镜头、手动变焦镜头和电动变焦镜头。

4.2.3　视频编码标准

目前主流的两种视频编码标准分别为 H. 264 和 H. 265。

H. 264 在 ISO/IEC 中的正式名称为 MPEG-4 AVC 标准；在 ITU-T 中的名称为 H. 264。H. 264 创造性使用多参考帧、多块类型、整数变换、帧内预测等新的压缩技术，使用了更精细的分像素运动矢量（1/4、1/8）和新的环路滤波器，使压缩性能大大提高。

H. 265 是 ITU‒T VCEG 继 H. 264 之后所制定的、新的视频编码标准。H. 265 标准围绕着现有的视频编码标准 H. 264，保留原来的某些技术，同时对一些相关的技术加以改进。新技术的使用可以改善码流、编码质量、延时和算法复杂度之间的关系，达到最优化设置。

H. 265 相对于 H. 264 的优势：

1）在有限带宽下传输相同质量的视频，仅需要一半带宽。

2）一样带宽的情况下，可以传输更高质量的视频，画面更清晰、更细腻。

3）一样的分辨率，由于其更高的压缩率，可以节省一半的存储。

4）能够支持更高分辨率视频播放如 4K 和 8K 的超高清视频。

表 4-2 为 H. 264 与 H. 265 常见分辨率、码率对照表。

表 4-2　H. 264 与 H. 265 常见分辨率、码率对照表

名称	分辨率（像素）	码率（H. 264)/(Mbit/s)	码率（H. 265)/(Mbit/s)
720P	1280 ×720	3	1.8
960P	1280 ×960	3.5	2.1

（续）

名称	分辨率（像素）	码率（H.264）/（Mbit/s）	码率（H.265）/（Mbit/s）
1080P	1920×1080	5	3
3MP	2048×1536	7	4.2
4MP	2560×1440	8	4.8
5MP	2592×2048	10	6
8MP	3264×2448	12	7.2
4K	3840×2160	16	9.6

4.2.4　CCD 与 CMOS

在图像传感器中，主要有 CCD 和 CMOS 两种芯片。早期我们通常认为图像画质优秀的设备都采用 CCD 传感器，而低成本产品则使用 CMOS 传感器。但是新的 CMOS 芯片技术已经克服了早期的技术弱点，传感器的设计上相比老产品提升了低照性能、曝光模式等。

1. CCD

CCD（Charge Coupled Device），即电荷耦合器件，以百万像素为单位。数码相机规格中的多少百万像素，指的就是 CCD 的分辨率。CCD 是一种感光半导体芯片，用于捕捉图形，广泛运用于扫描仪、复印机以及无胶片相机等设备。与胶卷的原理相似，光线穿过一个镜头，将图形信息投射到 CCD 上。但与胶卷不同的是，CCD 既没有能力记录图形数据，也没有能力永久保存下来，甚至不具备"曝光"能力。所有图形数据都会不停留地送入一个"模—数"转换器、一个信号处理器以及一个存储设备（比如内存芯片或内存卡）。

2. CMOS

CMOS（Complementary Metal Oxide Semiconductor），即互补金属氧化物半导体。它是计算机系统内一种重要的芯片，保存了系统引导所需的大量资料。有人发现将 CMOS 加工也可以作为数码相机中的感光传感器，其具备便于大规模生产和成本低廉的特性。

3. CCD 与 CMOS 的区别

CCD 与 CMOS 的区别体现在 4 个方面：

（1）信息读取方式　CCD 电荷耦合器存储的电荷信息，需在同步信号控制下一位一位地实施转移后读取，电荷信息转移和读取输出需要有时钟控制电路和 3 组不同的电源相配合，整个电路较为复杂。CMOS 光电传感器经光电转换后直接产生电流（或电压）信号，信号读取十分简单。

（2）速度　CCD 电荷耦合器需在同步时钟的控制下，以行为单位一位一位地输出信息，速度较慢；而 CMOS 光电传感器采集光信号的同时就可以取出电信号，还能同时处理各单元的图像信息，速度比 CCD 电荷耦合器快很多。

（3）电源及耗电量　CCD 电荷耦合器大多需要 3 组电源供电，耗电量较大；CMOS 光电传感器只需使用一个电源，耗电量非常小，仅为 CCD 电荷耦合器的 $1/10 \sim 1/8$，CMOS 光电传感器在节能方面具有很大优势。

（4）成像质量　CCD 电荷耦合器制作技术起步早，技术成熟，采用 PN 结或二氧化硅（SiO_2）隔离层隔离噪声，成像质量相对 CMOS 光电传感器有一定优势。由于 CMOS 光电传感器集成度高，各光电传感元件、电路之间距离很近，相互之间的光、电、磁干扰较严重，噪声对图像质量影响很大，使 CMOS 光电传感器很长一段时间无法进入实用。近年，随着 CMOS 电路消噪技术的不断发展，为生产高密度优质的 CMOS 图像传感器提供了良好的条件。

要做到高清，还需要在宽动态、自动白平衡、图像的锐利度，以及数字降噪、色彩调整、光线补偿等多方面技术协作。只有在这些综合性能都能够得到很好体现，并且彼此能够相互协调的情况下，才可以说是高清的真正实现。CMOS 与其他图像处理技术的结合要远远超过 CCD，动态范围更高，响应速度也更快，更适合高清监控的大数据量特点。此外，随着技术的发展，CMOS 的灵敏度也得到极大改善，在效果上，如今一些 CMOS 传感器与 CCD 已经不相上下。

4.2.5　模拟摄像机

模拟摄像机工作原理：被摄物体经镜头成像在影像传感器表面，形成微弱电荷并积累，在相关电路控制下，积累电荷逐点移出，经过滤波、放大后输入 DSP（Digital Signal Processor，数字信号处理）进行图像信号处理，最后形成视频信号（CVBS）输出。

模拟摄像机主要由镜头、影像传感器（CCD/CMOS）、ISP（Image Signal Processor，图像信号处理）及相关电路组成。

图 4-3 为模拟摄像机结构：

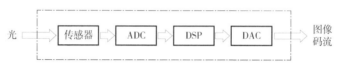

图 4-3　模拟摄像机结构

4.2.6　网络摄像机

网络摄像机工作原理：被摄物体经镜头成像在影像传感器表面，形成微弱电荷并积累，在相关电路控制下，积累电荷逐点移出，经过滤波、放大后输入 DSP 进行图像信号处理和编码压缩，最后形成数字信号输出。

网络摄像机主要由镜头、影像传感器（CCD/CMOS）、ISP、DSP 及相关电路组成。

图 4-4 为网络摄像机结构：

图 4-4　网络摄像机结构

4.2.7　ONVIF 协议

ONVIF 原意为开放型网络视频接口论坛，即 Open Network Video Interface Forum，是安讯士、博世、索尼等多家公司在 2008 年共同成立的一个国际性开放型网络视频产品标准网络接口的开发论坛，后来由这个技术开发论坛共同制定的开放性行业标准，习惯性简称为 ONVIF 协议。ONVIF 标准的建立就是为了解决网络视频监控产品之间的兼容问题。ONVIF 标准致力于通过全球性的开放接口标准来推进网络视频在安防市场的应用，这一接口标准将确保不同厂商生产的网络视频产品具有互通性。

ONVIF 标准为网络视频设备之间的信息交换定义通用协议，包括装置搜寻、实时视频、音频、元数据和控制信息等。解决了不同厂商之间开发的各类设备不能接入使用的难题，即最终能够通过 ONVIF 这个标准化的平台实现不同产品之间的集成。

4.3　网络高清视频监控系统

网络高清视频监控系统能够为用户提供更清晰的图像和细节，让视频监控变得更有使用价值；同时以建设全 IP 监控系统为目标，让用户可通过网络中的任何一台计算机来观看、录制和管理实时的视频信息，且系统组网便利，结构简单，新增监控点或客户端都非常方便。

系统采用高清视频监控技术，实现视频图像信息的高清采集、高清编码、高清传输、高清存储、高清显示；系统基于 IP 网络传输技术，提供视频质量诊断等智能分析技术，实现全网调度、管理及智能化应用，能够为用户提供一套"高清化、网络化、智能化"的视频图像监控系统，满足用户在视频图像业务应用中日益迫切的需求。

整个系统从逻辑上可分为视频前端系统、传输网络、后端应用管理平台三部分内容。图 4-5 为典型视频监控系统结构图。

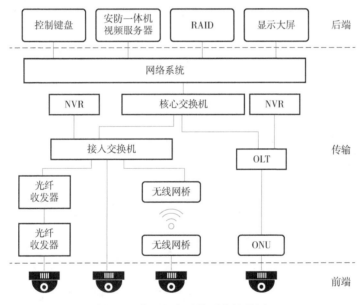

图 4-5　典型视频监控系统结构图

4.4　系统前端

视频监控系统前端设备以监控摄像机为核心。

前端摄像机选型应根据不同应用场景的不同监控需求，选择不同类型或者不同组合的摄像机，可以固定枪机与球机搭配使用、交叉互动的原则来选择，以保证监控空间内的无盲区、全覆盖，同时根据实际需要配置前端基础配套设备如防雷器、设备箱等，以及视频传输设备和线缆。

针对具体监控点位的实际情况，摄像机、补光灯（选配）安装于监控立杆上，网络传输设备、光纤收发器、防雷器、电源等部署于室外机箱。

4.4.1 监控摄像机分类

1. 根据使用环境

（1）室内用摄像机　为了不影响到室内的整体装修环境，室内监控摄像头在外观上通常会比较时尚小巧，外观考虑有利于散热。

（2）室外用摄像机　以红外摄像机为主，设计上利于防水、防雾和防污物附着。

2. 根据摄像机外形

（1）球形摄像机　轻巧、美观，具有一定隐蔽性，适用于很多场合。球机可以360°旋转，半球是固定位置。

（2）枪形摄像机　镜头可以自主选择，可扩展性较高，监控距离较远，应用很广，但不具备变焦和旋转功能，只能完成一个角度固定距离的监视。

（3）半球形摄像机　体积小巧，外形美观，比较适合室内办公场所使用。

图4-6为各外观类型摄像机。

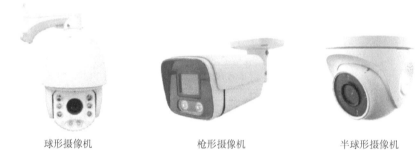

球形摄像机　　　　　　枪形摄像机　　　　　　半球形摄像机

图 4-6　各外观类型摄像机

3. 根据传输信号

（1）模拟摄像机　通过视频线传输视频信号，和硬盘录像机配合使用，将图像存储在硬盘录像机。

（2）网络摄像机　网线连接，需要独立 IP 地址，画质高清，随着像素的提高可以达到更清晰的效果，业内简称 IPC。

（3）同轴高清摄像机　摄像机是网络摄像机，可以利用现有视频线传输，不用重新布线，节省成本；也可以用网线传输，是一种过渡产品。

4.4.2 全景摄像机

全景摄像机可分为两种，其一是由单传感器配套特殊的超广角鱼眼镜头，并依赖图像校正技术还原图像的鱼眼全景摄像机。出色的性价比令此类产品占据市场主流份额，但鱼眼镜头的特殊性会造成对传感器像素的必然浪费，并且其画面边缘畸变部分难以达到高清晰度，亦即限制了监控范围内的清晰度覆盖面积。

另一种产品由多个传感器配合特制镜头组合实现全景功能，这类多镜头拼接全景摄像机因为各个传感器得到的都是常规矩形图像，故而不需要进行矫正操作，但相应的需要另一套可实现画面无缝拼接的算法软件，并且其对整套方案需求较高，亦即对镜头视场角与安装位置的设定都有严格要求。

4.4.3　枪球联动摄像机

枪球联动摄像机由全景枪机和跟踪球机组成，同时输出两路图像，一路为固定图像，另一路为智能目标跟踪图像。负责跟踪的球机采用先进的复杂环境运动物体检测技术和多目标跟踪技术，能够侦测锁定被监控区域中的所有目标，自动识别视觉范围内物体运动的方向，并自动控制云台对移动物体进行追踪，持续地将移动目标准确保持在画面中央，整个跟踪过程平滑无跳跃感。再辅以自动变焦镜头，能对不同大小的目标自动调节画面放大倍数，保障图像的有效性，在系统覆盖区域内达到"人看脸、车看牌"的水平。目标物体在进入枪球联动系统视线范围内直至离开的这段时间中，物体所有动作都被清晰地传往监控值班中心，为值班中心调度提供了可靠的证据。

枪形摄像机（固定摄像机）和球形 PTZ 摄像机之间的联动是利用固定摄像机取"全景"画面，PTZ 摄像机做细节的自动/手动跟踪功能，这种组合的模式就有比较多的解决方案。采用 4 个或 8 个固定镜头来达到 180°/360°的覆盖范围（每两个镜头成像画面有重叠），再加 1 个 PTZ 摄像机，利用内置的智能分析，可以实现更多的功能。

4.4.4　热成像摄像机

热成像摄像机（以下简称热像仪）是一种通过接受物体发出的红外线来显示的摄像机。任何有温度的物体都会发出红外线，热像仪就是接收物体发出的红外线，通过有颜色的图片来显示被测量物表面的温度分布，根据温度的微小差异来找出温度的异常点，从而起到警示的作用。其具有全意识，白天夜间都可正常使用，极端天气可使用，可看穿雾、雨、烟等障碍，一切发热物体都无处可藏的特点。

热像仪的核心是热像仪，它是一种能够探测极微小温差的传感器，将温差转换成实时视频图像显示出来。但是只能看到人和物体的热轮廓，看不清物体的真实面目。同一目标的热图像和可见光图像是不同，它不是人眼所能看到的可见光图像，而是目标表面温度分布图像，或者说，红外热图像是人眼不能直接看到目标的表面温度分布，变成人眼可以看到的代表目标表面温度分布的热图像。

从结构上分析，热像仪与可见光摄像机的结构组成基本相同，主部件包含镜头、探测器、电路、软件、外壳等。根据不同的产品形态，增加一些护罩、云台等。但红外热像仪采用的镜头和探测器与可见光有较大差异。

应用场景：煤矿、森林防火、工业应用、环境保护、安全防范。

4.4.5　防爆摄像机

一些特殊行业对监控也有特别要求，化工、石油、煤炭等职业作业环境中有爆炸性风险气体或许粉尘的存在，因而装置防爆摄像机是十分必要的，确保工业出产安全环境，是防爆监控摄像机存在的首要含义。

以现在的防爆摄像机市场来看，其可分为本安型、正压型、隔爆型。

1）本安型防爆摄像机是从限制电路中的能量入手，摄像机内部通过可靠的控制电路参数将潜在的火花能量降低到可点燃规定的气体混合物能量以下，导线及元件表面发热温度限制在规定的气体混合物的点燃温度之下。在摄像机内部的所有电路都是在标准规定条件（包括正常工作和规定的故障条件）下，产生的任何电火花或任何热效应均不能点燃规定的爆炸性气体环境的本质安全电路。

2）正压型防爆摄像机，在摄像机内保持持续的空气或充入惰性气体，以限制可燃性混合物通过外壳进入摄像机内部。

3）目前市场上防爆摄像机最常见的是一种"隔爆型"，它是把摄像机中可能点燃爆炸性气体混合物的部件全部封闭在一个外壳内，其外壳能够承受通过外壳任何接合面或结构间隙，渗透到外壳内部的可燃性混合物在内部的爆炸且不损坏，从而达到隔爆目的。

安装防爆摄像机需要注意的事项：

1）电源需要安装在防爆电源箱里。

2）摄像机防爆软管与镀锌钢管的连接。

3）防爆摄像机的进线口，必须用橡胶密封圈密封，禁止采用填充密封胶泥、石棉绳等其他方法代替；禁止在腔体内填充任何物质而失去防爆性能；禁止为了连接方便，将进线口处的密封圈及与之相配的压紧螺母弃除；禁止多股单根导线合并后经单孔弹性密封圈进入进线口。橡胶密封圈上的油污应擦洗干净，以免老化变质。

图 4-7 为防爆摄像机安装示意图。

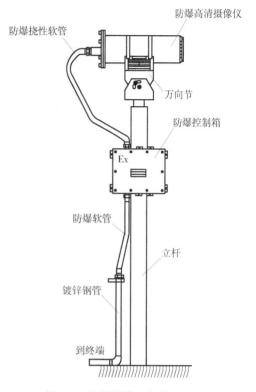

图 4-7　防爆摄像机安装示意图

4.4.6　双目摄像机

双目立体视觉是一种机器视觉技术，可以使用两个或多个机器视觉相机提供完整视野的 3D 测量。双目立体视觉的基础类似于人眼的 3D 感知，并且基于来自多个视点的光线的三角测量。利用两个平行布置的摄像头形成一个双目摄像头，依靠两个平行布置的摄像头产生的视差，把同一个物体所有的点都找到，依赖精确的三角测距，就能够算出摄像头与前方障碍物的距离。

图 4-8 为双目立体成像原理图。

如图 4-8 所示，目视摄像机与人类使用双眼观察物体的远近类似，双目视觉测量传感器通过两个摄像机同时摄取一个光条的图像，再通过匹配两幅图像得到光条上所有像素点分别在两幅图像中的位置，利用视差即可计算该点的位置以及深度信息。如果配合扫描机构得到的扫描线某一坐标值，可得到被扫描物体所有的轮廓信息（即三维坐标点）。

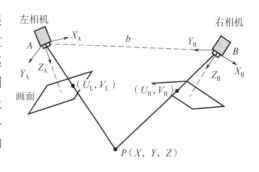

图 4-8　双目立体成像原理图

双目摄像机在客流统计系统中应用很多，人流量统计的目的是能更好地运营管理决策。在不同的领域选用的人流量统计设备是不同的，它还要根据环境因素来调试和选用客流设备。不同的环境选用的设备不同，其中包括室内人流量统计摄像头、室外人流量统计摄像头和车载人流量统计摄像头 3 种不同的客流系统设备。

4.4.7 低照度能力

低照度，全称为最低照明度，是测量摄像机感光度的一种方法，表示摄像机的感光度或灵敏度。简单来说，摄像机能在多黑的条件下看到可用的影像，最低照度越小，对拍摄环境照度要求越低，以勒克斯（用符号 lx 表示）作为单位。

低照度摄像机分级：

1）普通级摄像机，一般照度值均大于 0.1lx。

2）低照度摄像机，照度值范围在 0.01~0.1lx 之间的摄像机。

3）月光级摄像机，照度值范围在 0.001~0.01lx 间。

4）星光级超低照度摄像机，最低照度值达到甚至低于 0.0001lx 时。

为了提高摄像机在暗处的低照度表现，摄像机研发通过以下大方向做着努力：

（1）镜头 作为摄像机的重要组成部分，镜头是光线进入摄像机的第一道入口，其摄取光线的多少直接决定了成像的清晰度。镜头的口径越大其进光量也会越大，也就是镜头光圈的增大可有效提升进光量，从而使摄像机获得理想的低照度效果。

（2）图像传感器 图像传感器（Sensor）是光线进入摄像机的第二道入口，从镜头透进的光线会在这里转换成电信号。目前主流的传感器有 CCD 和 CMOS 两种，新一代的 CMOS 已经极大地改善了在灵敏度方面的不足，成为高清摄像机领域的主流，现在市面上的星光级超低照度网络高清摄像机基本上采用的都是高灵敏度的 CMOS 传感器。传感器的尺寸大小也会影响其低照度效果，在同样的光照条件下，尺寸越小、像素越高的摄像机低照度效果越差。

（3）处理芯片 低照度环境还会给图像产生噪声，从而影响图像的清晰度，这就需要有性能足够强大的处理芯片，来搭载自动增益、数字降噪等关键技术。

自动增益能够将低照度下图像的亮度维持在理想状况，控制噪声的大小；数字降噪技术，则能够过滤噪声，显示较为纯净的画面，看清更多的图像细节。强大的处理芯片搭载的关键算法，对原始裸数据进行"雕琢"后，才能呈现给用户最好的图像效果。

（4）低照度增强算法 使用相同的处理芯片，也不一定就能取得同样的降噪、增益效果。以降噪为例，降噪处理不当，会造成图像严重的雾感、拖影、细节损失等现象。而对于伽马数值设置，过高会使画面的对比度增强、画面变暗、画质通透，且会丢失细节；数值设置过低，又会使图像变亮、细节增加，但是画质通透度变差。所以即使基于相同的硬件平台，产品的最终效果也各有不同，这其中就体现了不同厂家的研发实力。

（5）双滤光片技术 双滤光片技术指的是日间彩色模式下的低通滤光片和夜间黑白模式下的白玻璃自动切换。目的是在白天减少红外光的采集，降低红外光对彩色信号的干扰，得到彩色图像；在夜间接受更多的红外光，提高最低照度，其配合专用的红外照明设备，可以得到高清晰度的黑白图像，实现零照度的监控（完全无光的情况下）。

4.4.8 夜视功能

1. 红外夜视摄像机

红外夜视摄像机是目前市面上最常见的摄像机，它采用红外灯将红外光主动投射到物体上，红外光经物体反射后进入镜头进行成像。目前，这种成像方式和技术最为成熟，在实际智能化项目上使用最多，性价比也很高，成为最常用的夜视摄像头应用方案。

按照红外的照射距离来划分，目前常见的有单灯、双灯、点阵红外 3 种不同的种类。

2. 星光级摄像机

星光级摄像机一般采用大光圈镜头、高灵敏度传感器，进光量更多，感光更好，夜视效果相较普通红外夜视摄像机，看得更清楚，画面更细腻。但星光彩色画面效果不是无时无刻都存在的，当外界亮度低于星光级摄像机红外切换的阈值范围时，星光级摄像机就会切为红外夜视，成为黑白画面。

3. 全彩摄像机

全彩摄像机采用大光圈，通关量更足，补光时采用柔光灯的色温，拥有适中的初始温度和补光亮度自动调节机制。柔光灯在夜晚不仅可以给摄像头作补光，还可以照明，有效起到警示和威慑作用，采用全彩摄像机夜视成像效果更好。

全彩摄像机即使在极低照度、无光照度、肉眼无法看清的夜间环境，也能时刻呈现彩色清晰的图像监控效果。其完美适用于道路、仓库、地下停车场、酒吧、园区等光线较暗或无光环境下要求高清画质的使用场景。

4. 智能双摄摄像机

智能双摄摄像机通过双传感器架构加双镜头，分别获取环境中的色彩和亮度细节，再通过算法将色彩和亮度细节融合到一起，实现超低照度下无暖光灯补光的彩色录像。

在夜间低照度环境下，智能双摄摄像机无须借助暖光灯，其拍摄画面不仅均匀，中间不过曝，四周不过暗，且免除光污染带来的不适和蚊虫烦恼。但在完全封闭无光的室内、遮云闭月的荒郊、严重光污染等极限环境下，仍会存在进入黑白模式的可能性。

4.4.9　强光抑制

强光抑制，通俗地可以理解为是对光源的抑制作用，以突显强光源前的主体物。原理是在图像中把强光部分的视频信息通过数字信号处理器，将视频的信号亮度调整为正常范围，避免同一图像中前后反差太大。加入强光抑制滤光处理芯片的网络摄像机可以有效抑制迎面的强光，在夜间监控道路车辆时，能较清晰地捕捉车辆车牌。其适用于如高速公路收费口、道路卡口、地下车库入口、停车场等区域。

强光抑制技术能有效抑制因强光点直接照射造成的光晕偏大，对强光点附近区域进行补偿以获得更清晰的图像。其适用于交通路口、路况监控、停车场出入口、收费站等要求逆光看清车牌且画质清晰的场合。

4.4.10　背光补偿

当摄像机处于逆光环境中拍摄时，画面会出现黑色的图像，然而在安防中逆光环境是难以避免的，这个时候就需要进行背光补偿。

背光补偿工作原理是把画面分成几个不同的区域，每个区域分别曝光。在某些应用场合，视场中可能包含一个很亮的区域，而被包含的主体则处于亮场的包围之中，画面一片昏暗，无层次。此时由于 AGC 检测到的信号电平并不低，因此放大器的增益很低，不能改进画面主体的明暗度，但当引入背光补偿时，摄像机可仅对整个视场的一个子区域进行检测，通过求此区域的平均信号电平就可以确定 AGC 电路的工作点。

4.4.11 宽动态

宽动态技术是比背光补偿更为有效的逆光拍摄方案，不局限于目标图像的特定区域，是一种在非常强烈的光照对比下还能看到影像的特色技术。

摄像机在同一场景中对最亮区域及较暗区域的表现是存在局限的，当在强光源（日光、灯具或反光等）照射下的高亮度区域及阴影、逆光等相对亮度较低的区域在图像中同时存在时，摄像机输出的图像会出现明亮区域因曝光过度成为白色，而黑暗区域因曝光不足成为黑色，严重影响图像质量。宽动态技术是一种在非常强烈的光照对比下还能看到影像的特色技术，而摄像机在同一场景中对最亮区域及较暗区域的表现是存在局限的，这种局限就是通常所讲的"动态范围"。

宽动态范围是图像能分辨最亮的亮度信号值与能分辨的最暗的亮光信号值的比值，所以宽动态的单位是"倍数"或"dB"，比值越大，倍数越高，性能越好。

宽动态技术在同一时间曝光两次，一次快，一次慢，再进行合成，使得能够同时看清画面上亮与暗的物体。虽然与背光补偿一样，都是为了克服在强背光环境条件下，看清目标而采取的措施，但背光补偿是以牺牲画面的对比度为代价的，所以从某种意义上说，宽动态技术是背光补偿的升级。

4.4.12 透雾

摄像透雾技术，也称为视频图像增透技术，该技术能将因雾、水汽、灰尘等导致模糊的图像变得清晰，使得图像的质量得到改善，信息量增多。

自然光由波长不同的光波组合而成，人眼可见范围大致为 390 ~ 780nm，波长从长到短分别对应了红橙黄绿青蓝紫 7 种颜色，其中波长小于 390nm 的称为紫外线，波长大于 780nm 的称为红外线。雾气、烟尘等空气中的小颗粒对光线有阻挡作用，使光线反射而无法通过，所以只能接收可见光的人眼是看不到烟尘雾气后面的物体的。而波长越长衍射能力越强，即绕过阻挡物的能力越强，而红外线因为拥有较长的波长，在传播时受气溶胶的影响较小，可穿过一定浓度的雾霾烟尘，实现聚焦，这就是光学透雾的依据。

透雾技术主要分为 4 种：

（1）光学透雾 一般的可见光无法穿透云雾和烟尘，但近红外线光可以穿透一定浓度的雾霾烟尘，光学透雾就利用近红外线可以绕射微小颗粒的原理，实现快速聚焦。技术的关键主要在镜头和滤光片。通过物理的方式，利用光学成像的原理提升画面清晰度，缺点是只能得到黑白监控画面。

（2）算法透雾 算法透雾技术，一般指将因雾和水汽、灰尘等导致朦胧不清的图像变得清晰，强调图像当中某些感兴趣的特征，抑制不感兴趣的特征，使得图像的质量改善，信息量增多。

（3）光电透雾 光电透雾是结合上述两种功能，通过机芯一体化内嵌的 FPGA 芯片和 ISP/DSP 进行运算处理实现彩色画面输出的一种透雾技术。一方面，该透雾技术可区分远景、近景，雾气浓淡等因素，选择透雾级别，可实现区域效果较佳，不同于过去对画面对比度整体提高的方式，且没有延时。另一方面，芯片的高速运算必将产生噪声点，夜间光照不足时影响很突出，所以一体机芯普遍需要采用 CCD 传感器和大光圈镜头，以达到良好的低照效果。它是目前市场上透雾效果很好的技术。

（4）假透雾 这主要是通过人为调节对比度、锐度、饱和度、亮度等数值，或做一些滤镜切换装置，让图像重点突出，从而改善主观视觉效果。缺点是不能对景物重新进行聚焦，难以满足视觉体验。

4.4.13 PTZ 云台

1. PTZ

PTZ 在安防监控应用中，是 Pan/Tilt/Zoom 的简写，其中：

P——Pan，中文含义为水平，代表云台水平方向移动控制。

T——Tilt，中文含义为垂直，代表云台垂直方向移动控制。

Z——Zoom，中文含义为焦距，代表镜头变焦控制。

PTZ 表示云台全方位（水平/垂直）移动及镜像变倍变焦的控制，简称云台控制。

图 4-9 为云台旋转角度。

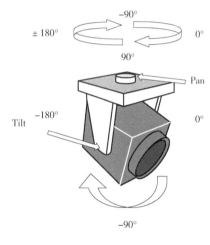

云台是安装和固定摄像机的支撑设备。它可以分为固定云台和电动云台两种。

固定云台在安装摄像机时，可调整摄像机的水平角度和俯仰角度，以达到最佳监控位置，然后进行位置的锁定，因此固定云台的监控范围固定且局限。

电动云台可以通过录像机或键盘来控制摄像机水平转动或垂直转动，能够实现精准定位，这样电动云台的监控范围广阔且可改变。

PTZ 网络快球具有很高的机械强度，支持巡查模式下连续工作，摄像机还可以按预定顺序或随机方式，由一个位置自动移至下一个预设位置，称为预置位。一般可设置 20 次巡查，在一天的不同时间启动，称为轮巡。巡查模式下，一台 PTZ 半球形网络摄像机可以覆盖 10 台固定网络摄像机监控的区域。

图 4-9 云台旋转角度

PTZ 网络快球的光学变焦一般为 10～35 倍。PTZ 网络快球适合用于有操作人员的场合。室内使用时，这种摄像机通常安装在天花板；在户外安装时，则安装在架杆或建筑物墙壁上。

2. EPTZ

电子云台，简称 EPTZ，其不带机械结构，镜头不会移动。通过平移/倾斜指令来移动画面，而指令的实现是以画面放大为前提的。通俗来讲就是在整个放大的画面内裁切一部分，用来展示不同的位置。假设调整到左上角，系统便裁剪左上角那部分的图像来显示。

EPTZ 摄像机提供了无转动电机的 PTZ 体验，允许用户放大图像或视角，裁剪该图像并在画面中移动它。由于图像是数字处理的，因此可以轻松调用不同的摄像机位置预设，而不会出现以往的相机机械转动，在会议室及录播教室应用较多。

4.4.14 IP 等级

IP（Ingress Protection）等级是一个以电器设备和包装的防尘、防水及防碰撞程度来对产品进行分类的规定，这套规定由 IEC 起草，并在 IEC 529 标准中公布。我国现行的有关规范为《外壳防护等级（IP 代码）》GB/T 4208。IP 等级要求见表 4-3。

表 4-3　IP 等级要求

IP 等级	防固体	防水
0	无防护	无防护
1	防止直径大于 50mm 的固体物体侵入	防止滴水侵入
2	防止直径大于 12.5mm 的固体物体侵入	倾斜 15°时仍可防止滴水侵入
3	防止直径大于 2.5mm 的固体物体侵入	防止喷洒的水侵入、防雨
4	防止直径大于 1.0mm 的固体物体侵入	防止飞溅的水侵入
5	完全防止外物侵入，虽不能完全防止灰尘进入，但侵入的灰尘量应不会影响正常工作	防止一定压力的喷射水侵入
6	完全防止外物侵入，且可完全防止灰尘进入	防止大浪的侵入
7	—	防止浸水时水的浸入
8	—	防止沉没时水的浸入

　　例如"IP54"，"IP"为标记字母，数字"5"为第一标记数字，"4"为第二标记数字，第一标记数字表示接触保护和外来物保护等级，第二标记数字表示防水保护等级。

4.4.15　智能分析功能

1. 行为侦测

（1）越界侦测　检测是否有目标按指定方向越过指定界线。当有目标越过指定界线时触发报警。

（2）徘徊侦测　检测是否有目标在指定区域内徘徊超过设定的时间（静止状态不计算时间）。其检测时间长度由用户设定；警戒区域设置多样化；自动检测防区内滞留超过所设定时间的入侵者。

（3）物品遗留侦测　检测指定的区域内是否出现遗留物体。其检测区域设置多样化；检测物品遗留的时间由用户指定。

（4）人员聚集侦测　检测在指定区域内的人员密度是否大于阈值。其阈值由用户设定；检测区域设置多样化，如防区形状和数量。

（5）快速移动侦测　检测是否有目标在指定区域内的运动速度大于阈值。其阈值由用户设定；检测区域设置多样化，如防区形状和数量；自动检测防区内运动过快的目标。

2. 异常侦测

（1）虚焦侦测　虚焦侦测通过对视频图像中存在的虚焦问题进行智能分析并给出结果，对虚焦视频进行自动提醒功能。

（2）场景变更侦测　场景变更侦测能分析被监控场景是否发生变更，一旦发生变更则会触发报警。

（3）音频异常侦测　音频异常侦测功能是通过对声音的强度进行检测，对于拾音器断开、超过一定声音强度阈值或超过一定声音突变的变化量阈值可实现自动预警功能。

3. 人脸识别

人脸识别具备的功能及特点：检测视频中人脸的数量，各个人脸的位置、大小；对人脸目标进行跟踪，并筛选最优的一张人脸照片进行存储；抑制非人脸运动目标干扰。

4. 车牌识别

车牌检测技术可以使用视频触发方式，无须借助线圈、红外或其他硬件车辆检测器，成本低，搭建方便，操作简单，检测到车牌后，可触发报警。

5. 视频质量诊断

视频质量诊断是一套智能化视频故障分析与预警系统，主要由管理中心的诊断分析仪管理软件组成，其采用视频质量诊断技术，应用计算机视觉算法通过对前端设备传回的码流进行解码以及图像质量评估，对视频图像中存在的质量问题进行智能分析、判断和预警，系统采用轮巡的方式，在短时间内对大量的前端设备进行检测。其能够对信号丢失、图像模糊、亮度异常、图像偏色、视频雪花、条纹干扰、场景变更、视频剧变、画面冻结、视频抖动、视频遮挡、云台失控等常见的摄像机故障状态进行分析、判断和报警。

6. 自动跟踪

智能自动跟踪球机主要应用于智能建筑的周界防范和出入口跟踪，利用高速 DSP 芯片对图像进行差分计算，可自动识别视觉范围内物体运动的方向，并自动控制云台对移动物体进行追踪。再辅以自动变焦镜头，目标物体在进入智能跟踪球机视线范围内直至离开的这段时间里，物体所有动作将以特写的形式清晰地传往监控中心。

在实际使用中，当目标进入球机的用户设置的检测区域并触发行为分析规则时，系统会自动报警，球机放大并持续跟踪报警目标。

4.4.16　前端配套设施

1. 支架及立杆

监控点根据现场实际情况，可采用立杆安装、抱箍安装、壁挂安装以及吊杆安装等方式。其中抱箍、壁挂支架以及吊杆支架有成套产品，根据现场选择符合要求的产品即可。

室内摄像机的安装固定，根据摄像机型号和现场情况可采用壁装、吊装及角装等多种形式的安装支架，安装高度不低于 2.5m。

安装在室外的摄像机，当可借助建筑物附着安装时，选用相应的安装支架来安装；若无合适的建筑物供附着安装，则需要选用视频监控专用立杆，安装高度应不低于 3.5m。

2. 室外机箱

室外摄像机的供电、信号等在室外进行汇集，需用专用的防水箱进行端接。端接箱内部安装架的设计应充分考虑设备的安装位置，同时具有防雨、防尘、防高温、防盗等功能。不便于在立杆上部安装设备箱的，可在地面设置设备机柜，其设计应按照相关的规范标准执行，同时应具有防尘、防雨、防破坏等功能。

3. 补光设备

在摄像监控中，为了使夜间得到正常的监控图像，可选择采用一定的补光措施。补光灯的光源通常有 LED、金卤灯、高压钠灯、白炽灯、氙气灯等。

4. 防雷接地

对前端供电和控制部分，需要采取有效的避雷接地措施，以充分保障前端的稳定性和可靠性。前端监控的防雷接地主要从以下 3 个方面进行：

（1）击雷防护　在直击雷非防护区的每个视频监控点均配置预放电式避雷针，安装于监控点立杆顶部。

（2）供电设施的雷击电磁脉冲防护　电源防雷系统主要是防止雷电波通过电源对前端设备造成危害。

（3）均压等电位联结　等电位联结是将正常不带电（或不带信息）、未接地或未良好接地的设备金属外壳、电缆的金属外皮、金属构架、金属管线与接地系统作电气连接，防止在这些物件上由于感应雷电高压或接地装置上雷电入地高电位的传递造成对设备内部绝缘、电缆芯线的击穿。图 4-10 为室外监控接地系统示意图。

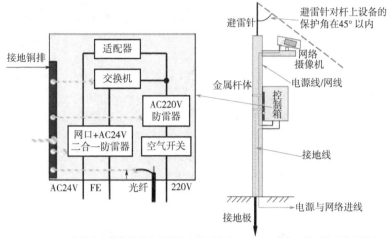

安装在室外前端设备的接地电阻不应大于10Ω；在高山料石的土壤电阻率大于2000Ω·m时，其接地电阻值不应大于20Ω。

图 4-10 室外监控接地系统示意图

5. 线缆

前端网络摄像机采用网线的方式接入，对于近距离传输（100m 以内），直接通过网线连接到接入交换机；对于远距离传输，通过网线接入光纤收发器、环网交换机，或使用无线网桥传输。当使用防雷设备时，需要先接入防雷设备，再接入传输或交换设备。

4.5 数据传输

4.5.1 规划设计

1. 网络结构

传输网络可以分为主干传输部分和接入传输部分，主干传输部分负责流量通道，接入传输部分负责点位覆盖。

主干传输部分以园区网为主，具体设计方式可参见计算机网络系统关于园区网部分的描述，既可以采用传统三层网络结构，也可以采用全光网模式。

接入传输部分，在室内依然是利用园区网接入层进行数据传输。在室外有多种方式，主要包括网线直连（普通交换机传输距离不超过 100m，PoE 模式不超过 250m）、无线网桥传输、光纤收发器传输、PON 传输和环网传输等方式。

2. 带宽设计

考虑到网络传输过程及其他应用的开销，链路的可用带宽理论值为链路带宽的 80% 左右，为保障视频图像的高质量传输，带宽使用时建议采用轻载设计，轻载带宽上限控制在链路带宽的 50% 以内。

3. 安防计算器

关于视频监控设备的计算，如焦距、流量、存储等，可借鉴各厂家安防计算器进行带宽设计，并据此进行监控摄像机、网络设备和存储设备的选型。

4.5.2　光纤收发器的应用

光纤收发器又称为光电转换器，是一种将短距离的双绞线电信号和长距离的光信号进行互换的以太网传输媒体转换单元。

光纤收发器的分类：

1）按传输速率，可分为单10M、100M的光纤收发器、10M/100M自适应的光纤收发器和1000M光纤收发器。

2）按结构角度，可分为桌面式（独立式）光纤收发器和机架式光纤收发器。

3）按接入光纤型号，可分为多模光纤收发器和单模光纤收发器。

4）按光纤接口，可分为单纤光纤收发器和双纤光纤收发器。

图4-11为光纤收发器在视频监控系统中的应用。

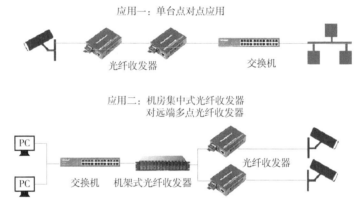

图4-11　光纤收发器在视频监控系统中的应用

4.5.3　无线网桥的应用

在布线困难且传输距离较远的情况下，无线监控相比有线监控有着绝对优势。为了保证最佳的无线监控效果，无线网桥具有多种组网模式，可根据环境选择点对点、点对多点、中继等传输模式、电梯监控连接方式。

无线网桥根据应用场景可分为室外网桥和电梯网桥；根据覆盖距离可分为500m、1.5km、3km、15km、20km等不同类型产品；根据供电技术还有PoE网桥，既可以作为受电设备接受PoE供电，也可以作为供电设备为PoE摄像机供电。无线网桥使用的是WiFi通信技术，根据通信协议又可以分为2.4GHz网桥和5.8GHz网桥。

图4-12为典型无线网桥应用场景示意图：

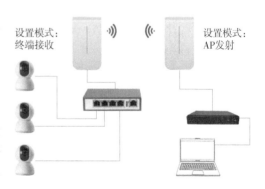

图4-12　典型无线网桥应用场景示意图

4.5.4　光纤环网的应用

光纤自愈环网传输视频图像在交通行业应用较多，如高速公路、隧道、桥梁、地下管廊等。

图 4-13 为冗余光纤自愈环网示意图。

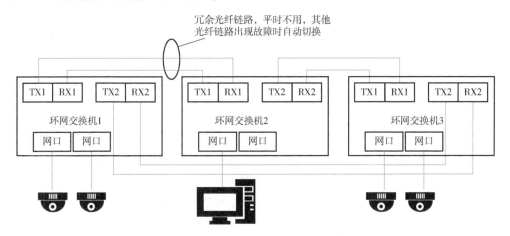

图 4-13　冗余光纤自愈环网示意图

光纤自愈环网的自愈原理就是将所有的设备的信息分布在信号流向相反的两个环上，正常时只有主环在工作，备环处于备份状态。当环上某处光纤断裂或某节点发生故障时，与故障点最近的两个环网节点通过改变数据流的发送和接收方向，在主环和备环上自动环回，这时，环网仍然是一个闭环，通信链路保持畅通。故障点链路恢复后，备环回到备份状态。这种自愈型环网极大地提高了通信的可靠性。

4.6　系统后端

网络高清视频监控系统后端主要包括存储部分、视频解码拼控部分、大屏显示部分、平台管理软件等。

后端设备通常位于监控中心，监控中心是整个视频监控系统的核心，实现视频图像资源的汇聚，并对视频图像资源进行统一管理和调度。其中，硬盘录像机、磁盘阵列实现视频图像资源的存储及调用；视频综合平台完成视频解码上墙和图像的拼接控制，服务器支撑综合管理平台，并通过网络键盘进行视频切换和控制，通过高清大屏对高清视频进行展现。

4.6.1　系统存储

网络硬盘录像机（即 NVR，Network Video Recorder）可与路由器、交换机、IPC 等设备组建监控系统，实现监控图像浏览、录像、回放、摄像机控制和报警等功能。

1. NVR 存储

NVR 是视频录像设备，与网络摄像机或视频编码器配套使用，实现对通过网络传送过来的数字视频的记录，其核心价值在于视频中间件，通过视频中间件的方式广泛兼容各厂家不同数字设备的编码格式，从而实现网络化带来的分布式架构、组件化接入的优势。

NVR 是网络视频监控系统的存储转发部分，NVR 与视频编码器或网络摄像机协同工作，完成视频的录像、存储及转发功能，核心功能是视频流的存储与转发。NVR 最主要的功能是通过网络接收 IPC 设备传输的数字视频码流，并进行存储、管理，从而实现网络化带来的分布式架构优势。简单来说，通过 NVR，可以同时观看、浏览、回放、管理、存储多个网络摄像机。

NVR 主要性能包括：

（1）接入 IPC 数量　IPC 接入路数是 NVR 选型的决定性因素。NVR 路数一般包括：2 路、4 路、8 路、16 路、32 路、64 路、128 路。

（2）硬盘盘位数量　NVR 在监控网络中的核心作用之一就是存储录像，录像的存储时间和硬盘的总容量有关，硬盘接口（盘位）越多，接入的硬盘总容量会线性增加，存储时长可以明显提升。

（3）解码能力　解码能力，即 NVR 将网络视频流转换为可以输出到显示器画面的能力。IPC 输出经过编码后的音视频数据流，需要录像机解码后才能输出到显示器上观看。NVR 的解码能力越强，可以同时观看的高清画面数量就越多。

（4）接入分辨率　由于 NVR 的实际解码能力有限，根据实际使用和定位，会限制超过自身最大处理能力的 IPC 接入。接入分辨率指单路最大可以接入多少像素的摄像机。例如采购了 4 台 300 万像素的摄像机，却选择了单路最高像素为 200 万的 NVR，这样 300 万像素的摄像机就降为 200 万像素摄像机使用，失去了 300 万像素的效果。所以在实际网络中，NVR 的最大接入 IPC 分辨率需要高于所管理的所有 IPC 的最大分辨率。这是选型中必须考虑的参数。

2. SAN 存储

SAN（Storage Area Network），即存储区域网，是一种面向网络的存储架构，以存储设备为中心，通过可扩展的网络拓扑连接服务器，将存储资源通过网络分配给多台服务器，在服务器的操作系统看来，这块来自网络的磁盘就和本地硬盘一样，服务器与存储设备通过 SCSI 指令通信，通过协议映射的方式，将 SCSI 指令封装在 FCP、iSCSI、SEP 等协议内，最后发送到 SAN 网络。

SAN 通过独立组网可以解决网络带宽争用问题、存储容量问题，冗灾备份和恢复问题，降低了数据管理难度，满足了用户对存储的可靠性和伸缩性的需求。但缺点是造价过于昂贵，运维人员需要专门的培训。

目前 SAN 组网，常用的有两种解决方案：

（1）FC-SAN　将 SCSI 指令封装在 FCP 中，依托专用的 FC 交换机组网，服务器端需要安装专用的 FC HBA 卡来接入 SAN 网络。FCP 专为存储网络设计，因此传输效率高，在 I/O 吞吐量、CPU 利用率都优于 IP-SAN，缺点是组网成本高。

（2）IP-SAN　将 SCSI 指令封装在 IP 中，依托普通的以太网交换机组网，服务器端需要安装专用 iSCSI HBA 卡或普通网卡搭配 Initiator 软件使用。由于 IP 的特点，性能低于 FC-SAN，但优点是组网成本低。

大型视频监控系统常用 IP-SAN 进行存储。

4.6.2　大屏显示

目前，智能建筑项目主要选择使用 LCD 液晶显示单元，其常用的尺寸有 46in（1in ≈ 25.4mm）、55in、65in 等，它可以根据客户需要任意拼接，采用背光源发光，物理分辨率可以轻易达到高清标准，液晶屏功耗小，发热量低，且运行稳定，维护成本低。LCD 大屏单元组成的拼接墙具有低功耗、质量小、寿命长、无辐射、安装方便快捷、占用空间较小等优点。

监控中心可采用 46in 或 55in LCD 拼接屏组成 M（行）× N（列）的拼接显示大屏作为显示幕墙，不仅可以显示前端设备采集的画面、GIS 系统图形、报警信息，以及其他应用软件界面等，还能接入本地的 VGA 信号、DVD 信号以及有线电视信号，满足用户各种信号类型的接入需求。

4.6.3　解码拼控

解码拼控部分通常有两种做法：

1）独立的解码器和拼接控制器设备进行组合。

2）采用性能更为出色的综合安防平台来实现解码拼控功能。

对于小型监控项目，使用解码器上墙是比较简单方便的。解码器通常都是带 VGA、BNC和 HDMI 等高清输出接口的，支持 H. 265、H. 264、MJPEG、smartH264、smartH265 等主流的编码格式。

对于大型项目，可以采用综合安防平台。平台采用一体化设计，可插入各类输出接口类型的增强型解码板，进行上墙显示，并可进行拼接、开窗、漫游等各类功能。也可插入各类信号输入板，可将计算机信号输入并切换上墙；除此之外，还可接入模拟、数字（HD – SDI）或光信号的信源。综合平台支持画面分割、开窗漫游等拼控功能，还集成了视频输入、输出，视频编码、解码，大屏拼接控制、视频开窗、漫游等其他功能。

4.6.4　综合安防管理平台

建设综合安防管理平台的目的在于采用同一套软硬件平台，并对各个安防分项系统进行集中控制和管理，统一数据库对所有分项系统前端的采集数据进行存储与分发，且提供统一的操作界面，实现各系统的资源共享、业务整合与联动等。使其涵盖视频、一卡通、报警等全系列安防产品，并提供各类安防产品的多种扩展接口。综合安防管理平台为管理者提供便捷、易用的系统管理服务，为建设一套先进实用的综合安防管理体系提供最佳方案。

综合安防管理平台是一套"集成化""智能化"的平台，通过接入视频监控、一卡通、停车场、报警检测等系统设备，获取边缘节点数据，实现安防信息化集成与联动；除此之外，以电子地图为载体，融合各系统，以实现丰富的智能应用。

平台基于"统一软件技术架构"的先进理念设计，采用业务组件化技术，满足平台在业务上的弹性扩展。该平台适用于全行业通用综合安防业务，对各系统资源进行整合和集中管理，实现统一部署、统一配置、统一管理和统一调度。

第 5 章　门禁系统

5.1　门禁系统知识思维体系

门禁系统，又称出入口控制系统，是指利用模式识别技术对出入口目标进行识别并控制出入口执行机构启闭的电子系统或网络，具有放行、拒绝、记录、报警共 4 个基本特征。

现代社会的门禁定义，已经从最初单一对"门"的防范，延伸到更为广义的范畴，即针对涉及人员、资产、信息和权限等所有出入通道的全方位管控。现代门禁管理通过电子、通信、生物识别等多种技术，实现了包含卡识别、密码、指纹、虹膜、人脸等识别系统。门禁的职能也不再局限于提供安全防范，而是深入区域管理的方方面面，强化对授权的管理，规则的设置和人员流动的合理分配。

如何学习门禁系统? 图 5-1 为门禁系统知识思维体系，建议按本图思路进行。

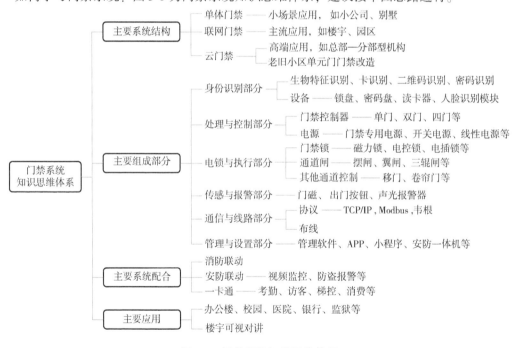

图 5-1　门禁系统知识思维体系

5.2　单体门禁

单体门禁属于独立控制型出入口控制系统，其管理与控制部分的全部显示、编程、管理、控制等功能均在一个设备（出入口控制器）内完成。单体门禁系统可以与计算机通信，门禁权限的设置在本机的键盘或者母卡设置就行。也有一些独立门禁机是带有液晶显示的辅助键盘等，可做卡片的授权。

单体门禁适用于只管理一个出入口的场景。

单体门禁通常是配置门禁一体机，门禁一体机就是读卡器和控制器合二为一的门禁控制产品，有独立型的也有联网型的。简单而言，门禁一体机就是集门禁、控制板、读卡器于一体的机器，有的还包括键盘与显示屏。其只需要接上电源就可以当完整的门禁系统使用了。

这里注意单体门禁和门禁一体机不可混为一谈，单体门禁指的是针对一个出入口的控制系统，是非联网型门禁设备；而门禁一体机的含义则是将读卡器和门禁控制器集成在一个设备中，且是可以联网的。

5.3　联网门禁

联网门禁系统主要由前端设备、传输网络与管理中心设备组成。

前端设备由感应 IC 卡、感应读卡器、门禁控制器、网络控制器、门禁管理软件等组成，主要负责采集与判断人员身份信息与通道进出权限，结合电锁控制对授权人员放行。传输网络主要负责数据传输，包括门边设备与门禁控制器之间，以及控制器与管理中心之间的数据通信。管理中心设备负责系统配置与信息管理，实时显示系统状态等，主要由管理服务器与管理平台组成。

图 5-2 为联网门禁系统结构。

通过读卡器或生物识别仪辨识，只有经过授权的人才能进入受控的区域门组。读卡器能读出卡上的数据或

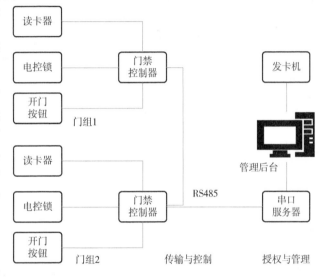

图 5-2　联网门禁系统结构

生物识别仪读取信息并传送到门禁控制器，如果允许出入，门禁控制器中的继电器将操作电子锁开门。

系统可以采用多种门禁方式（单向门禁、双向门禁、刷卡 + 门锁双重、生物识别 + 门锁双重），对使用者进行多级控制，并具有联网实时监控功能。

5.4　云门禁

传统门禁一般是通过刷卡的方式或输入密码的方式开门的，云门禁主要是通过门禁控制器连接互联网，互联网再连接远在千里之外的服务器，和服务器可以实时通信，这样做的目的除了可以远程开门以外，还可以通过手机来操作门禁控制器，进而可实现二维码开门、小程序开门、APP 开门等。

云门禁系统提供自上而下的分级权限管理，人员注册信息、出入记录实时数据上传至服务器。云端平台、门禁终端和移动端应用的数据传输，以及存储和传输链路之间都采用安全的加密算法，确保敏感数据的安全性。

云门禁当前主要应用于社区单元门，尤其是不便于线路敷设的老旧小区改造中应用较多。

5.5 门禁系统主要设备

5.5.1 门禁控制器

按照控制器和管理计算机的通信方式，门禁控制器主要可分为 RS485 联网型门禁控制器和 TCP/IP 网络型门禁控制器。RS485 联网型门禁控制器通常还具备 RS232 串口，可与计算机进行单机通信。

按照每台控制器控制的门的数量，门禁控制器可以分为：单门控制器、双门控制器、四门控制器。市场上虽然也有 8 门、16 门、32 门控制器，但是在施工布线美观上很不方便，而且若进入主机机箱的线路过多，容易产生干扰而不稳定。从一台门禁控制器能控制的门数并不能反映产品的设计先进性，反而会对稳定性带来负面的影响，此外会增加施工的难度。

控制器根据每个门可接读卡器的数量分为单向控制器和双向控制器。

如果一个门，进门刷卡，出门按按钮，控制器对于每个门只能接一个读卡器，则称为单向控制器。

如果一个门，进门刷卡，出门也刷卡（也可以接出门按钮），每个控制器对于每个门可以接两个读卡器，一个是进门读卡器，一个是出门读卡器，则称为双向控制器。如果双向控制器，只接进门读卡器，出门不接出门读卡器（端口闲置），出门接出门按钮开门，即作为单向控制器使用也是可以的。

这里要区分一个"双开门"的概念，有些门即可以推开又可以拉开，即可内开又可以外开，这个与门禁控制器的分类无关。还有一个"双扇门"的概念，有的门，例如公司大门的玻璃门，由左右两扇门组成，只是每扇门上装一把电锁，两把锁并联到一个控制器上的一个门的继电器上即可。不用采用双门控制器，只需单门控制器就可以控制这个双扇门了。

门禁系统的控制器的消防联动报警扩展板上有专用的连接接收消防信号的接口。一旦收到来自消防警报器和破碎玻璃开关等消防器材发出的闭合消防信号，扩展板所在的控制器的所有的门会自动打开便于人员快速逃生，也会通过扩展板上的继电器驱动相关警笛，提醒人员逃生。消防信号解除后，门自动复位，警报自动解除。

（1）互锁功能的实现 互锁又称为"AB 门互锁""二门互锁""二道门"，所谓"互锁"就是两个门，其中一个门必须关好后，才能刷卡或者按按钮打开另外一道门。互锁是防尾随功能的一种方式，该功能主要用于银行金库等严格进出的场合。

要实现互锁功能，门禁控制器所对应的门必须安装门磁（或者使用带门磁的电锁），并将信号连接到控制器。

（2）反潜回功能的实现 反潜回是门禁系统的一种防尾随功能。有些特定的门禁场合，要求执卡者从某个门刷卡进来就必须从某个门刷卡出去，刷卡记录必须一进一出严格对应。

该功能一般用于部队、国防科研等管理严格的场合。

以上提到的是最常见的门内外反潜回。双门和四门控制器还可以做到同一台控制器的两个门互为反潜回，即执卡者从 A 门进入，必须从 B 门出来。这个功能主要用于通道管理和门票管理。

（3）首卡开门的实现 所谓"首卡开门"就是某个门要求在某些人中的特定人员刷卡后，

其他人才能正常刷卡通行。

（4）多卡认证功能的实现　某些特定门禁场合需要启用多卡开门的功能，即要求几个人同时到场，依次刷卡门才开，某个人单独到场刷卡，门是打不开的。该功能一般用于银行金库、古董收集场所、博物馆、部队、枪械仓库等。系统可以设置为进门多卡、出门单卡开门，也可以设置为进门多卡、出门也要多卡的方式。

5.5.2　门禁读卡器

门禁读卡器，一般简称"门禁读头"或者"读头"。

传统的在门禁中用的卡主要有 EM（ID）卡和 MF1（IC）卡，分别对应的就是我们通常所说的 ID 读卡器和 IC 读卡器。随着 RFID 技术的发展，越来越多的卡片类型投入到门禁的应用中，如 CPU 卡、二代身份证、手机 RF-SIM 卡等。

读卡器的通信方式主要是指读卡器和控制器之间的通信。其一般分为 WIEGAND（韦根）和 RS485 两种。

目前大部分的门禁通信类型都是 WIEGANGD（以下简写为 WG）。WG 通信又分为 WG26、WG34、WG66 等，它们的区别在于识读卡号的位数长短（长度 WG66 > WG34 > WG26），识读的卡号越长，所传上来的卡号重号的可能性越小，安全性越高。读卡器的通信需要对应的门禁控制器，即 WG34 的读卡器需要对应 WG34 的门禁控制器。行业里面以 WG26 和 WG34 的读卡器居多，WG66 的读头主要在大型的项目中使用。

RS485 通信相对 WG 通信来说，优势之一是传输距离远，另一个就是能用较少的线来传输多种不同的信号，如四芯线即可以传卡号、防拆、防撬信号，还能利用控制器反馈信息来控制 LED（灯）和 BEEP（蜂鸣器）等。

5.5.3　门禁电源

门禁电源是一种能量转换设备，即将 220V 的交流电转变为门禁需要的低电压强电流的直流电。门禁工程中，电源在造价比例上微不足道，但却直接影响到了整个门禁系统的稳定性，如果电源选得不好，会出现主机经常死机、电锁不锁或电锁经常烧毁的现象。

门禁电源主要可以分为线性电源和开关电源两种，另外现在也有门禁专用电源。

线性电源的组成主要包括工频变压器、输出整流滤波器、控制电路、保护电路等。它的缺点是需要庞大而笨重的变压器，而变压器会直接影响电源的成本，且所需的滤波电容的体积和重量也相当大。而且电压反馈电路是工作在线性状态，调整管上有一定的电压降，在输出较大的工作电流时，致使调整管的功耗太大，转换效率低，还要安装很大的散热片。

开关电源主要包括输入电网滤波器、输入整流滤波器、变换器、高频变压器、输出整流滤波器、控制电路、保护电路。开关电源是将交流电先整流成直流电，再将直流逆变成交流电，再整流输出成所需的直流电压，这样开关电源省去线性电源中体积较大的低频变压器和电压反馈电路。而开关电源中的逆变电路完全是数字调整，同样能达到非常高的调整精度。开关电源的优点是体积小、质量小、转换效率高、功率较大。但如果滤波做得不好，其噪声纹波相对较大。

门禁专用电源是在普通电源的基础上增加了 push 输入点，也有的增加电信号控制输入点。电路内设控制继电器，输出控锁信号，可直接连接各种电锁，并带有延时控制电路，控制锁的开锁延时，部分电源带有充放电电路，可以连接铅锌蓄电池，以实现停电的自动供电。

由于门禁是长时间工作，其电源的选择一定要留有足够的余地，切忌让电源满负荷工作，否则会增加系统的故障率。电源本身在使用一段时间后也会有一定的衰减，这就是为什么有的门禁系统一开始工作正常，过了几个月后会电锁不锁，系统也会经常死机，这就是电源的配置偏低所致。

5.5.4 门禁锁

门禁锁是智能门禁系统不可或缺的组成部分。依据控制方式，门禁锁可分为通电开锁型和断电开锁型两种类型。

1. 通电开锁型

通电开锁型的门禁锁常见为电控锁，外观采用电镀工艺，结构相对单一。电控锁上锁方式为碰撞上锁，门弹回配置闭门器，无须区分开门方向，无须另加电源。电控锁采用2芯线，12V脉冲电压。

电控锁缺点是冲击电流较大，对系统稳定性冲击大，噪声较大，安装不方便，经常需要专业的焊接设备点焊到铁门上。施工时要注意开门延时不能长，只能设置在1s以内，如果时间长，有可能引起电控锁发热损坏。

针对其噪声较大的缺点，设计出新款的静音电控锁，简称静音锁。其开门噪声低，可自动上锁。通电/延时时间少于1s。在门没关严无提示音时，无法自动上锁。

另一种声音更小的电锁，不再是利用电磁铁原理，而是驱动一个小功率电动机来伸缩锁头，一般称电机锁或灵性锁。

电控锁、静音锁、电机锁主要用于小区单元门及银行储蓄所二道门等场合。

2. 断电开锁型

（1）断电开锁型磁力锁 磁力锁可以分为单门磁力锁和双门磁力锁。

磁力锁适用于铁门、木门、金属门、防火门，搭配U形门夹可用于无框玻璃门，搭配ZL型支架可用于90°开的木门、金属门、防火门。

磁力锁可支持暗装、明装、单开、双开，开锁方式为断电开锁，可拉或推，需配置地弹簧。除此之外，其还有不延时、延时、指示灯、门状态检测、锁状态检测的功能，安装简单，相对电控锁布线复杂，需要解决延时问题。

（2）断电开锁型电插锁 电插锁支持断电开锁，可拉或推，需配置地弹簧，适用于铁门、木门、金属门、防火门。其产品功能可不带延时、带延时、带指示灯、带门状态检测、锁状态检测，虽然比磁力锁更为美观，但安装要求精度高，启动电流大，所以，在实际中，使用的比磁力锁少。

电插锁分为两线电插锁、五线电插锁、八线电插锁。

两线电插锁有两条电源线，分别接电源+12VDC和GND。断开任何一根线，锁头缩回，门打开。

五线电插锁有两条电源线，分别接电源+12VDC和GND；此外，还有COM、NO、NC三条信号线用来接门磁，它通过门磁信号接线输出不同的开关信号给门禁控制器来判断当前门的开关状态。五线电插锁带延时控制，即锁体上有拨码开关，可以设置关门的延时时间，通常可以设置为0s、2.5s、5s、9s等。

八线电插锁原理和五线电插锁一样，只是除了门磁状态输出外，还增加了锁头状态输出，即锁头伸出来与否其信号是不一样的，对门的开和关状态能提供更多的判断依据。

5.5.5 门禁闸机

1. 翼闸

翼闸特点是开合速度快，适用于通行人流量比较大的使用场景，如车站、码头等。翼闸打开后通道无障碍，方便带行李旅客通行，目前，已经成为车站检票闸机的标准式样。

2. 摆闸

摆闸的主要特点是通道比较宽，可以通行自行车、电动车。其广泛应用于小区大门、学校、企事业单位。

3. 速通门

速通门相当于高端摆闸，造型时尚美观，由伺服电机驱动，反应速度快，方便行人快速通过。其特别适合高端写字楼、商业中心等场所。

4. 三辊闸

三辊闸由 3 根杆组成，空隙只能容纳一个人，适用于单向或双向通行控制，速度一般。

5.6 门禁设备接线思路

图 5-3 为典型门禁系统接线。

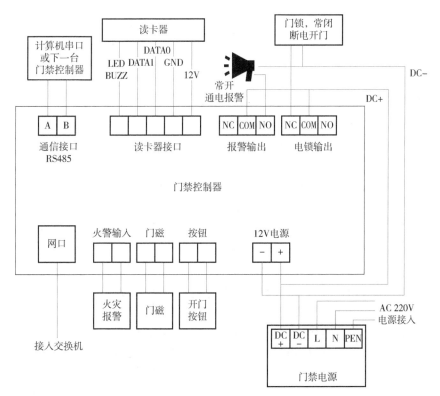

图 5-3 典型门禁系统接线

门禁系统设备的接线就是以门禁控制器为核心进行的，以实现电源、通信、信号、报警、执行等一系列动作。各厂家在门禁电源的接法上稍有不同（如有的接法是电源至门禁控制器、门锁、开门按钮；有的接法是电源至门禁控制器，门禁控制器全门锁、出门按钮），但原理都是一样的。

图 5-4 为以门禁控制器为核心的门禁系统接线示意图。

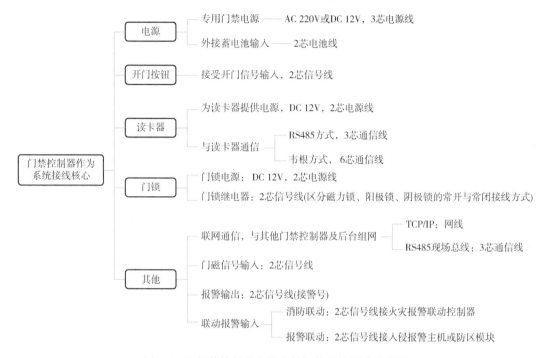

图 5-4   以门禁控制器为核心的门禁系统接线示意图

从上图可见，归纳一下，门禁系统的接线主要是 3 大类：电源、通信、信号。

（1）电源接线

1）设备工作电源：门禁专用电源给门禁控制器供电，门禁控制器给读卡器供电。

2）门禁锁电源：有两种方式，第一种是门禁控制器直接为门禁锁提供电源；第二种是门锁从门禁专用电源取电，然后门禁控制器通过继电器控制门禁锁上电和断电。如果再深入分析，其实可算是同样的原理，只不过有些门禁控制器将继电器和电源集成在本体，而有些门禁控制器不集成这些设备，而是利用外接的方式来实现。

（2）通信接线   门禁控制器与读卡器直接的通信，常用韦根协议，也有利用 Modbus 协议进行通信的。

门禁系统的组网通信利用现场总线实现监控中心管理后台对现场门禁控制器的监控管理，有利用 Modbus 协议进行通信的，也有利用网络协议进行通信的。云门禁依然是这样的思路，只不过管理后台与门禁控制器之间的通信是在互联网上进行。

（3）信号接线   需要注意的是信号线有输入和输出的分别。

1）信号输入，如针对开门按钮的信号输入，此时开门按钮就相当于一个开关，按下去，就给门禁读卡器输入一个开门的信号。再比如报警联动，就是火灾报警系统或安防系统给门禁控制器输入一个报警信号，驱动它的开门动作。还有门磁信号，它检测到门的开启后，就会给门禁控制器输入一个报警信号，提示开门。

2）信号输出，门禁控制器输出开门信号，驱动门禁锁开门；门禁控制器输出信号给报警主机或地址模块，在安防后台发出报警信号。

图 5-5 为典型门禁系统布线示意图。

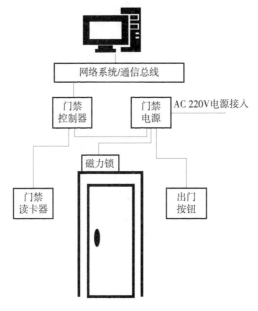

图 5-5　典型门禁系统布线示意图

5.7　门禁系统与消防系统联动

通过门禁系统与消防系统的联动设计，可使门禁系统跟随消防系统联动控制，在出现火情时电磁锁可及时自动打开，从而保证各疏散通道畅通，使火灾中的人员能够及时疏散和逃生，保证人员的生命安全并减少财产损失。

门禁系统与消防系统的联动方式包括下列 3 种：

（1）直接断电控制　直接断电控制是指对门禁系统控制的电控锁直接断电的方式。消防系统可直接外接继电器实现对门禁系统的电控锁电源的控制。当发生火灾报警时继电器会及时动作，强行对门禁系统电控锁电源进行断电控制，以使系统断电时指定的门能够自动打开。

（2）逻辑联动　逻辑联动是指消防系统的报警信号与门禁控制器的联动扩展端口直接沟通，这种方式可以实现包括消防报警信号输入、玻璃破碎器报警信号输入等输入功能，以及声光报警器信号输出、强制电锁动作输出等输出功能。

在发生火灾时，门禁控制器会接受消防系统以继电器干触点方式传输过来的消防报警信号（消防系统主动发送信号，门禁系统被动接收并执行控制），从而按预制的联动命令去控制指定的电锁自动打开或关闭，以方便人员正常疏散，达到逃生目的，同时关闭某些门以阻隔烟火蔓延。

为了进一步提高通道的安全性，杜绝有人蓄意制造虚假火灾信号从而使电锁自动打开造成逃匿的事故，门禁系统可以设置成多路消防报警信号输入认证模式，即可设置成当接收到多路消防报警信号时才打开某指定的门（如各层的消防通道门），若仅仅检测到单路报警信号输入，则不会对电锁发出任何动作指令，但通过正常的合规出门流程依然可以将电锁打开。

（3）软件联动　即通过软件实现联动，当消防系统接到报警信号后，通过软件，将命令发给门禁在线实时监控软件，使控制器呈常开状态。这种联动方式的难点在于需要将消防软件和门禁软件做一个集成，需要开放各自系统的接口协议。

5.8 门禁与访客管理

访客管理系统，指通过在大楼内部设置通道闸，配合门禁管理系统，对进入大楼的外部来访人员进行出入管理的智能系统。其主要特点是对外来访客人员登记、信息录入、确认及授权等，以提高大楼的安全防范等级；同时实现无纸信息化办公的发展目标。

访客管理系统用于访客预约、访客登记、发卡、访客门禁权限分配、访客签离等的管理，是一个集智能 IC 卡、人脸识别认证、信息安全管理、软件、网络及硬件终端为一体的智能化管理系统。通过在门口设置人脸识别通道闸机、内部设置门禁人脸识别终端，配合出入口人员进出管理系统，对进入企业的外部来访人员进行数字化管理。

访客管理系统将外部来访人员分为 3 类：预约访客、邀请访客、临时访客。为方便访客进出，会对访客进行安全管理和有效记录。系统根据访客类型不同，可配合多样化的终端对访客进行身份验证，记录访客进出时间与状态，按访问时段开放权限，保证管理安全。

图 5-6 为访客管理系统工作流程图。

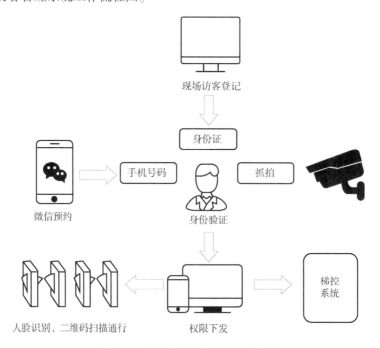

图 5-6 访客管理系统工作流程图

5.9 门禁与梯控

电梯控制系统，简称梯控系统，常用于企业办公楼、酒店、小区等建筑物的电梯楼层权限管控，集楼层门禁权限验证、管控、电梯呼叫联动等多重功能于一体。其主要应用于对人员使用电梯到对应楼层权限的管理，通过轿厢读卡器（刷卡设备，或者人脸识别读取设备）、梯控主机、梯控联动模块等设备对电梯楼层权限进行控制，支持权限配置、楼层分组、常开常闭设置、权限下载记录、权限配置综合查询、事件记录等功能，为管理者提供不同楼层人员的进出权限控制解决方案，可显著提高物业管理及楼宇安全级别。

电梯控制系统，由电梯控制主机、读卡器或人脸识别读卡器、联控模块组成。

图 5-7 为 IC 卡梯控系统原理图。

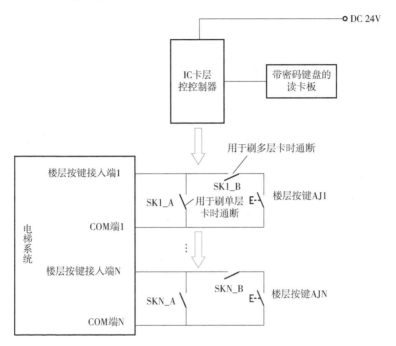

图 5-7　IC 卡梯控系统原理图

5.10　门禁与一卡通

智能化系统中，门禁一卡通已成为最常见的安防子系统之一，并在政府、金融、医院、部队等领域得到大量应用，还能与其他智能化系统进行集成和联动，比如防盗报警、视频监控、消防报警以及楼宇自控系统等。

一卡通是指用一张卡和一套平台提供门禁、停车场、考勤、签到、电梯、访客、巡更、电子支付和信息查询服务等多种需求的应用。一卡通数据保存在一个数据库中，卡片基础信息共享，整个系统实现统一发卡、统一挂失。

门禁一卡通的设计不是各个功能的简单组合，而是从统一网络平台、统一数据库、统一身份认证体系、数据传输安全、各管理系统接口、异常处理等软件总体设计思路的技术实现来考虑，使各管理系统、各终端设备综合性能达到最佳效果。

图 5-8 为一卡通系统总体业务流程。

目前，门禁一卡通主要应用在五个方面：

（1）平台管理　权限管理、设备管理、数据管理、卡务管理等子系统。

（2）身份识别　门禁、梯控、考勤、巡更、车辆出入、车载通勤、会议签到、访客管理、储物管理等。

（3）电子交易　银行圈存、消费管理、水控管理、电控管理等子系统。

（4）信息服务　WEB 查询、触摸屏查询、电话语音查询、短信查询等子系统。

（5）集成接入　ERP 接口、图书管理接口、教务管理接口、人力资源接口、办公自动系统，能提供 OPC 接口与其他视频监控、报警、消防、楼宇自控系统等实现集成。

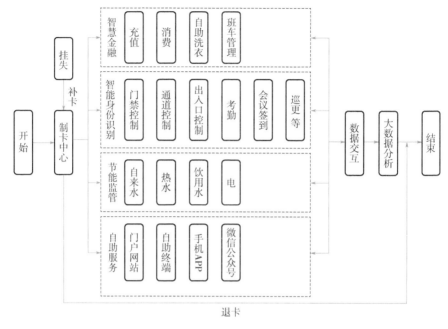

图 5-8　一卡通系统总体业务流程

5.11　楼宇可视对讲系统

楼宇可视对讲系统是为访客与住户之间提供双向的可视通话，以实现图像、语音双重识别的功能，从而增加安全可靠性。更重要的是，一旦住户家内所安装的门磁开关、红外报警探测器、烟雾探测器、瓦斯报警器等设备连接到可视对讲系统的保全型室内机上之后，可视对讲系统就升级为一个安全技术防范网络，它可以与住宅小区物业管理中心或小区警卫进行有线或无线通信，从而起到防盗、防灾、防煤气泄漏等安全保护作用，为屋主的生命财产安全提供最大限度的保障。它可提高住宅的整体管理和服务水平，创造安全的社区居住环境。

5.11.1　楼宇可视对讲系统分类

1. 模拟可视对讲系统

模拟可视对讲系统主要由管理机、大门口机、单元门口主机、室内可视/非可视分机、视频分配器、视频放大器、电源、电控锁、闭门器及信号类产品等组成。

由于其采用的是模拟视频传输方式，现已被淘汰。

2. 半数字楼宇对讲系统

机房与楼层联网控制器之间采用网络传输，而单元联网分配器到室内机之间采用模拟视频传输和总线通信传输，所以称之为半数字楼宇对讲系统。系统里的联网控制器起到网络分配和汇聚的作用，联网分配器起到模拟视频图像的网络编码作用。

由于其造价相对较低，现在也有使用。

图 5-9 为半数字楼宇对讲系统拓扑图。

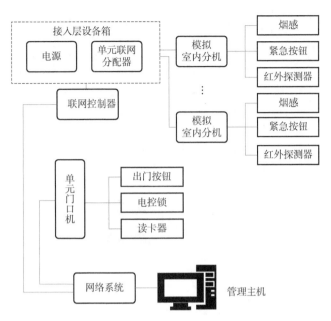

图 5-9　半数字楼宇对讲系统拓扑图

3. 全数字楼宇对讲系统

全数字楼宇对讲系统主要由中心管理主机、发卡器、围墙机、单元对讲主机、住户对讲分机、楼层交换机组成，机房到室内分机之间全部采用网络数据传输。

这套系统为目前的主流设计。

图 5-10 为全数字楼宇对讲系统拓扑图。

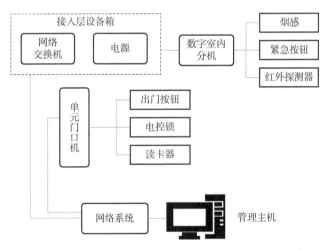

图 5-10　全数字楼宇对讲系统拓扑图

4. PON 架构楼宇对讲系统

PON 架构楼宇对讲系统的组成包括机房中心管理主机、OLT、交换机、发卡器、围墙对讲主机、单元对讲主机、住户对讲分机、楼层 PON 设备。业主通过刷卡、人脸识别、二维码等方式进单元门。

图 5-11 为 PON 楼宇对讲系统拓扑图。

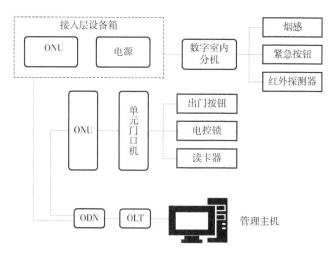

图 5-11　PON 楼宇对讲系统拓扑图

5. 楼宇云对讲系统

楼宇云对讲系统包括机房中心管理主机、发卡器、单元云对讲主机组成，住户不需要对讲分机。业主通过刷卡、人脸识别、二维码等方式进单元门。

图 5-12 为楼宇云对讲系统拓扑图。

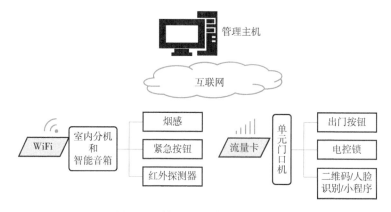

图 5-12　楼宇云对讲系统拓扑图

5.11.2　楼宇可视对讲系统组成

以全数字楼宇对讲系统架构为例，系统由小区管理中心机、围墙机、单元门口主机、室内分机、电锁、出门按钮组成。

（1）围墙机　围墙机也称小区入口机、大门口机等，主要功能跟单元主机差不多，但容量比单元主机大，可以呼叫该联网系统内任一用户，并与被访问呼叫的用户通话对讲，实现遥控开锁等功能，也可以用来替代单元主机。

围墙机一般设置在小区的入口处，多单元栋楼口等，有门禁刷卡功能，可以呼叫小区内所有住户和管理中心。

（2）单元门口主机　单元门口主机用于实现来访者与住户之间的对讲通话，若是可视对讲系统，则可通过门口主机上的摄像机提供来访者的图像。若是联网型楼宇对讲系统中的主机，则可实现与住户家中的室内分机以及小区管理中心机之间的三方通话。

单元门口主机一般安装在各单元住宅门口的防盗门上或附近的墙上。

（3）室内分机 室内分机简称分机、室内机，或称为用户终端设备。室内分机主要的功能是联网呼叫、遥控开锁、双向对讲；除此之外，还可以增加户户通功能（任意两用户互相通话对讲称户户通），家防报警器探头联动的功能（如外接红外、门磁、烟感、煤气等），以及免打扰功能，即当设置为免打扰时，该用户的访客呼叫将被转移到管理中心处。

（4）小区管理中心机 小区管理中心机简称管理主机，供管理人员综合管理，接受单元主机、室内分机的呼叫；接受各联动报警探测器的报警求助；管理人员可以通过管理主机呼叫与之相连的单元主机、室内分机；除此之外，管理人员可以通过管理主机获得与之相连接的单元主机门前图像。

5.11.3 楼宇对讲与梯控的联动

联动方式一：通过后端软件做联动。这种做法受网络及双方软件运行的稳定性影响，效果一般。

联动方式二：前端有线连接，有电梯控制器，联动控制输出模块或者称为干触点电梯控制器（连接电梯轿厢每个按钮与各楼层电梯按钮），这种做法效果很好。

第6章 智慧停车系统

原本停车场管理系统只是弱电工程中的一个小系统，但是它针对的是一个非常有潜力的大场景：停车管理。从封闭的园区停车管理发展到智慧城市停车管理，已经成为一个大的产业，是智慧城市的重要组成部分。推动相关设备的生产销售仅仅是它的一部分价值，更多的价值在于城市停车资源系统的搭建与调度，在于深度参与业主的停车场运营，与支付、消费、融资和资金沉淀的结合，具备非常强的金融属性。

在国家政策和市场需求的拉动下，在"新基建"的基础上，智慧停车作为解决"停车难"问题的最佳手段，结合物联网、AI 人工智能、电子支付、电子发票、可视化等技术，实现了一系列停车数字化功能。智慧停车将物联网通信技术、GPS 定位技术、GIS 地理信息技术、移动终端技术等综合应用于各个管辖区域停车位的实时更新、管理、识别、采集、缴费、预订与导航查询一体化服务，方便车主快速寻找车位，解决车主停车难问题。

智慧停车产品广泛运用于住宅、商业综合体、写字楼、机场、火车站、体育场馆、景点、游乐场、会展中心、企业、政府机关、医院、学校等领域。目前，各种停车场所的应用领域及规模存在差异，其对智慧停车管理系统产品的需求也存在差异。如小型的住宅区，停车场规模较小，车流量较小，对智慧停车管理系统的需求主要集中在业主进出场、临时停车收费及防盗等传统功能方面；机场、会展中心及医院停车场规模大，车流量大，对车辆快速通过出入口、场内快速引导停车及车主寻车指引等方面管理及控制的要求较高；而大型购物中心及城市综合体为提升车主体验，提出了更多智能化要求，需要厂商根据客户需求进行响应和订制。

6.1 出入口收费子系统

车牌识别收费系统利用电动挡车器、出入口控制终端、车牌识别、线圈检测器等出入口设备做联动整合，对于每辆车停车时间也可计算或限制，加强防盗、防弊功能，对通过出入口的车辆能更有效地辨识和管理。

车牌识别收费系统由前端子系统、传输网络、中心子系统组成，实现对车辆的 24h 全天候监控覆盖，记录所有通行车辆，自动抓拍、记录、传输、处理、计费，同时系统还能完成车牌与车主信息管理等功能。

图 6-1 为车牌识别收费系统架构示意图。

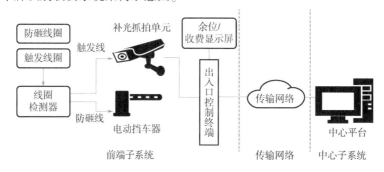

图 6-1 车牌识别收费系统架构示意图

6.2　车位引导与反向寻车子系统

车位引导系统主要用于对进出停车场的停泊车辆进行有效引导和管理。该系统可实现泊车者方便快捷泊车，并对车位进行监控，使停车场车位管理更加规范、有序，提高车位利用率。停车场中车位探测采用超声波检测或者视频车牌识别技术，对每个车位的占用或空闲状况进行可靠检测。在每个车位上方安装超声波探测器或者视频探测器即可探测到有无车辆停泊在车位上，管理系统将所有探测信息实时采集到系统中，系统通过计算机实时将引导信息反馈给每个引导指示信号器。

图 6-2 为车位引导与反向寻车全局图。

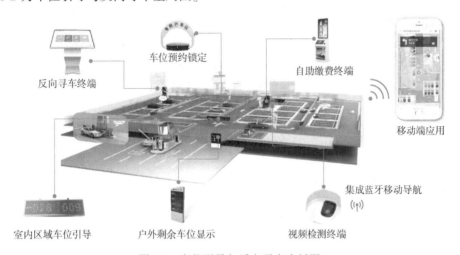

图 6-2　车位引导与反向寻车全局图

6.2.1　车位引导与反向寻车子系统的系统架构

图 6-3 为车位引导与反向寻车子系统的系统架构示意图。

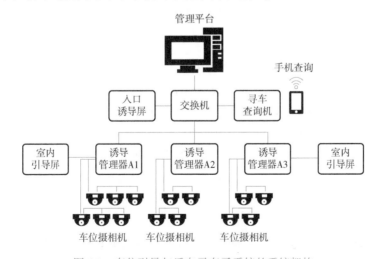

图 6-3　车位引导与反向寻车子系统的系统架构

6.2.2　视频车位探测

车位引导与反向寻车子系统可以引导车主在到达时快速找到停车空位，而在离开取车时准确找到自己的车。系统由前端高清数字摄像机对车位进行实时监控，通过车牌识别和车型分析模块对图像进行分析，分析判断后点亮摄像机上的车位状态指示灯，并将车牌和车位状态等信息传输到后端服务器上做存储、统计，服务器上的系统软件再将信息发布到车位显示屏和反向寻车终端上，车主只需要通过输入车牌号码或停车时间等相关信息便能够在寻车终端里的电子地图上获取最佳的寻车路线，快速找到自己的车。

车位引导与反向寻车子系统的组成：视频车位摄像机、车位引导屏、中心区域控制器、查询机、入口信息屏。

视频车位摄像机分为一车位、二车位、三车位摄像机。

车位摄像机按照像素分为 70 万、130 万和 300 万三类，70 万像素车位摄像机管控单车位，130 万像素车位摄像机管控单车位或者两车位，300 万像素车位摄像机管控三车位或者是两车位中间有立柱的情况。

除此之外，车位摄像机具有网络级联功能。

6.2.3　引导信息显示

室内信息屏是系统发布引导信息的媒介，主要置于停车场内，用于发布区域车位信息并引导驾驶者快速找到停车位，也支持数字字符显示。

信息显示屏一般分为入口信息屏和引导信息屏两种，在停车场入口安装入口信息屏，显示本停车场剩余空车位总数的实时信息；在行驶车道的分岔路口各安装引导信息屏，发布各行驶方向的空车位数信息，以便于驾驶者对停车场的车位状况一目了然。

服务器将车位探测器发来的车位信息发送到出口信息屏和引导信息屏，随着车辆进入的变化，入口信息屏车位总数和室内引导屏车位数量随之变化，引导车主快速找到空车位。

6.3　新技术应用

6.3.1　车牌识别技术

车牌自动识别技术是利用车辆的动态视频或静态图像进行牌照号码、牌照颜色自动识别的模式识别技术。通过对图像的采集和处理，完成车牌自动识别功能，即从一幅图像中自动提取车牌图像，自动分割字符，进而对字符进行识别。其硬件基础一般包括触发设备（监测车辆是否进入视野）、摄像设备、照明设备、图像采集设备、识别车牌号码的处理机（如计算机）等。

6.3.2　虚拟线圈技术

虚拟线圈技术是基于虚拟线圈的一种方式，其通过在视频监控图像视野范围内设置一个类似于地感线圈功能的区域，通过计算该区域内的灰度（或颜色）的变化来判断是否有车辆进入到区域中，当发现有车辆时启动触发。该技术触发及时，触发时车辆位置相对比较准确，同时，由于其触发的信息来源是车辆本身，而非车牌，因此对于不悬挂车牌的车辆同样能完成有效触发抓拍。

6.3.3　车辆检测技术

车辆检测技术是通过电子传感技术检测车辆的存在、流量和速度等基础交通参数。目前主要的传感器技术有磁场传感、波频传感、光电传感、视频检测等。

6.3.4　车位检测技术

车位检测技术是一种在每个车位安装车位检测终端以此判断当前车位的状态，再通过屏幕引导车主快速停车的技术。车位检测终端包括超声波车位检测器、雷达车位检测器、地磁车位检测器以及视频车位检测终端等。

超声波车位检测器、雷达车位检测器、地磁车位检测器只能检测车位是否被占用，而视频车位检测终端则安装了车位摄像机，不仅可以判别车位是否被占用，还可以识别停放车辆的车牌，通过统计反馈到外部的引导屏幕，这样既实现了车位引导的功能，也实现了车牌号和车位的绑定。因为系统已准确记录了停泊在各车位车辆的车牌号码，所以输入车牌号进行反向寻车的功能便应运而生，省略了泊车者人工标记停车位的烦琐，极大增强了系统的实用性。

6.3.5　移动支付技术

随着移动互联网的快速发展，其相关产业的市场也迎来了高速增长期，尤其是移动支付已经深入影响到每个人的日常生活。微信、支付宝、中国银联以及苹果公司的 Apple Pay 等移动支付行业领军者不断推出新的移动支付手段，便于社会公众通过多种多样的创新方式完成支付，如扫码、NFC、指纹、刷脸等，将手机和个人变成了移动支付终端。

6.3.6　SIP 标准通信技术

SIP（Session Initiation Protocol，会话初始协议）最早应用在通信领域，有着比较完备和严谨的信令交互机制，目前已广泛应用于电路交换、下一代网络、即时信息的语音、视频、数据等多媒体业务。智慧停车管理系统采用 SIP，具有良好的可扩展性和兼容性，使得标准通信设备可以无缝接入到智慧停车管理系统中，同时让可视对讲功能可以扩展到停车通信网络上，使得停车设备终端可以成为与停车场管理服务人员及车主沟通的工具，所以越来越多的停车设备终端开始采用 SIP 实现可视对讲功能。

第7章 安防报警系统

7.1 入侵报警系统

入侵报警系统是利用传感器技术和电子信息技术探测并指示非法进入或试图非法进入设防区域（包括主观判断面临被劫持或遭抢劫或其他危急情况时，故意触发紧急报警装置）的行为、处理报警信息、发出报警信息的电子系统或网络。

入侵报警系统可以自动探测发生在布防监测区域内的侵入行为，产生报警信号，并提示值班人员发生报警的区域部位，显示可能采取对策的系统。报警主机是预防抢劫、盗窃等意外事件的重要设施。

该系统由报警信号输入设备（通常为探测器或紧急按钮等手动触发设备），报警主机（信号处理），报警信号输出设备（继电器，如声光报警设备等），控制设备（如键盘遥控器等），管理平台（平台软件、客户端软件、移动端软件），接警中心（网络/电话/无线）等组成。

如图7-1所示为安防报警系统整体结构示意图：

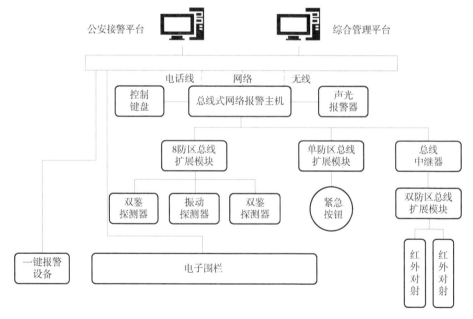

图7-1 安防报警系统整体结构示意图

根据信号传输方式的不同，入侵报警系统组建模式可以分为分线制和总线制、无线制、公共网络模式四种。

7.1.1 分线制入侵报警系统

分线制入侵报警系统的探测器、紧急报警装置通过多芯电缆与报警控制主机之间采用一对一专线相连。

图 7-2 为分线制入侵报警模式。

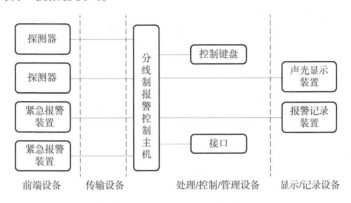

图 7-2 分线制入侵报警模式

分线制也称多线制，通常用于距离较近、探测防区较少并集中的情况。该构成模式简单、传统，报警控制设备的每个探测回路与前端探测防区的探测器采用电缆直接相连。其多用于小于 16 防区的系统。

7.1.2 总线制入侵报警系统

总线制入侵报警系统的探测器、紧急报警装置通过其相应的编址模块与报警控制主机之间采用报警总线（专线）相连。

图 7-3 为总线制入侵报警模式。

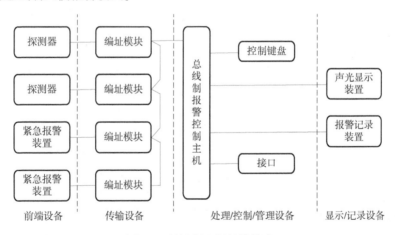

图 7-3 总线制入侵报警模式

总线制模式通常用于距离较远、探测防区较多并分散的情况。该模式前端每个探测防区的探测器利用相应的传输设备（俗称模块）通过总线连接到报警控制设备。其多用于小于 128 防区的系统。

7.1.3 无线制入侵报警系统

无线制入侵报警系统的探测器、紧急报警装置通过其相应的无线设备与报警控制主机通信，其中一个防区内的紧急报警装置不得大于 4 个。

图 7-4 为无线制入侵报警模式。

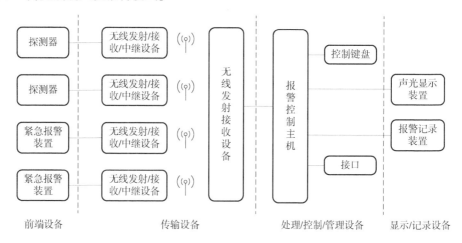

图 7-4　无线制入侵报警模式

无线制模式通常用于现场难以布线的情况。前端每个探测防区的探测器通过分线方式连接到现场无线发射/接收/中继设备，再通过无线电波传送到无线发射接收设备，无线发射接收设备的输出与报警控制主机相连。其中探测器与现场无线发射/接收/中继设备、报警控制主机与无线发射/接收/设备可为独立的设备，也可集成为一体。目前前端多数产品是集成为一体的，一般采用电池供电。

7.1.4　公共网络模式入侵报警系统

公共网络模式入侵报警系统的探测器、紧急报警装置通过现场报警控制设备和/或网络传输接入设备与报警控制主机之间采用公共网络相连。公共网络可以是有线网络，也可以是有线—无线—有线网络。

图 7-5 为公共网络模式入侵报警系统。

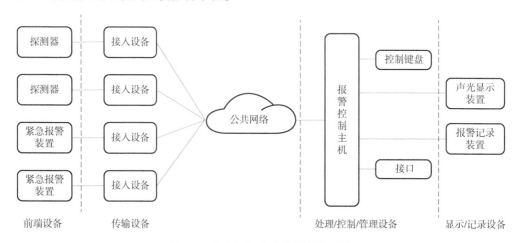

图 7-5　公共网络模式入侵报警系统

公共网络包括局域网、广域网、电话网络、有线电视网、电力传输网等现有的或未来发展的公共传输网络。基于公共网络的报警系统应考虑报警优先原则，同时要具有网络安全措施。

以上四种模式可以单独使用，也可以组合使用；可以单级使用，也可以多级使用。

7.1.5　系统构成

入侵报警系统通常由前端设备（包括探测器和紧急报警装置）、传输设备、处理/控制/管理设备和显示/记录设备四个部分构成。

1. 报警主机

报警主机是报警系统的"大脑"部分，处理探测器的信号，并且通过键盘等设备提供布撤防操作来控制报警系统。在报警时可以提供声/光提示，同时可以通过电话线将警情传送到报警中心。

报警主机支持有线网络传输，连接有线探测器，也可通过无线接收模块添加无线探测器。

在网络主机基础上设有总线，可通过手拉手连接方式接入防区扩展模块，延长距离，增加防区。

在网络主机的基础上，增加视频接入功能，可具有 BNC 接口模拟摄像机、网络接口、PoE 网络接口，内有网络通道，可以通过客户端软件添加网络摄像机。

报警主机支持无线探测器输入，无线报警输出，通过 RF 无线信号彼此传输，通过无线网络上传报警中心。此种方式民用较多。

2. 探测器

报警探测器包括传感器和信号处理器，用来探测入侵者入侵行为，是由电子和机械部件组成的装置，是防盗报警系统的关键，而传感器又是报警探测器的核心元件。采用不同原理的传感器件，可以构成不同种类、不同用途、达到不同探测目的的报警探测装置。

探测器可大致分为感应触发探测器和手动触发探测器。

主动红外探测器由红外发射器和红外接收器组成。红外发射器发射一束或多束经过调制过的红外光线投向红外接收器。发射器与接收器之间没有遮挡物时，探测器不会报警。有物体遮挡时，接收器输出信号发生变化，探测器报警。

被动红外探测器中有两个关键性元件，一个是菲涅尔透镜，另一个是热释电传感器。自然界中任何高于绝对温度（ $-273\,℃$ ）的物体都会产生红外辐射，不同温度的物体释放的红外能量波长也不同。人体有恒定的体温，与周围环境温度存在差别。当人体移动时，这种差别的变化通过菲涅尔透镜被热释电传感器检测到，从而输出报警信号。

微波探测器应用的是多普勒效应原理。在微波段，当以一种频率发送时，发射出去的微波遇到固定物体时，反射回来的微波频率不变，即 $f_发 = f_收$ ，探测器不会发出报警信号。当发射出去的微波遇到移动物体时，反射回来的微波频率就会发生变化，即 $f_发 \neq f_收$ ，此时微波探测器将发出报警信号。

探测器集成红外和微波探测功能就称为双鉴探测器，为了进一步提高探测器的性能，在双鉴探测器的基础上增加了微处理器技术的探测器称为三鉴探测器。

振动探测器是以探测入侵者进行各种破坏活动时所产生的振动信号作为报警依据，例如，入侵者在进行凿墙、钻洞、撬保险柜等破坏活动时，都会引起这些物体的振动。以这些振动信号来触发报警的探测器就称为振动探测器。

手动触发探测器是手动启动的设备，当按下时无论系统是否布防都会产生一个报警事件。其原理基本同紧急按钮。

还有以脚尖挑动触发开关进行报警的装置，较之报警按钮更隐蔽安全。

3. 传输网络

传输网络对于报警信息的及时可靠上报具有重要意义，三种主要的传输网络方式如下：

（1）电话报警 110 上报方式　通过自带的电话报警设备，当警情触发时自动拨打 110 预设电话至110报警中心来实现警情上报。通用CID格式报文上报至报警中心的接警设备。

（2）有线IP上报方式　利用已有的网络，通过有线网络方式直接发送数据信息至报警中心，双向通信支持中心对主机的回控操作，设备状态和防区状态实时显示，心跳侦测设备实时显示在线状态情况（在使用该类方式时，应该预留报警上报带宽）。

（3）物联网卡上报方式　当处于电话和IP网络都不能覆盖的场景下，或者物联网卡作为冗余备份上报方式的情况下，前提是手机信号可以覆盖，4G/5G网络数据的方式则可以解决这类警情上报的需求。安装在主机上的手机物联网卡，通过手机发送网络数据包信息。双向通信支持中心对主机的回控操作和查询设备防区状态。接警平台和设备间心跳侦测设备实时在线情况。通常该方式应用于公网环境，一般为保安公司或者110报警中心传输警情。

4. 报警输出（继电器输出）

若报警主机接入了报警输出继电器（干触点），则当报警主机处理探测器输入的触发信号后，将输出该信号，并触发报警输出继电器。

报警输出继电器通常为干触点类型输出设备，即主机报警输出不带电源，无正负极区分，部分继电器需要自行接入电源。电源可分为强电（220V）和弱电（12/24V），不可混接。

常见的报警输出设备有警号、警灯、声光报警器等。

5. 报警中心（接警中心）

报警中心可通过有线网络、无线网络以及电话线传输接收报警主机上传的报警报告，并对报警信息做出及时响应，以进行调度和远程指挥处理。

报警中心是报警系统的信息控制和管理中心，负责接收网络内控制通信主机的各类状态报告和警情报告，对前端设备遥控编程，监测本系统和通信线路工作状况。接处警中心的设备功能、组织形式、管理水平直接影响着整个网络。接处警中心设备通常由专用接警机、接警管理软件和服务器，以及其他打印传真辅助设备组成。

6. 报警控制设备

用户通常使用报警控制设备，如键盘、遥控器及卡片在本地对报警主机进行布撤防、旁路、消警、紧急报警等操作。其中报警键盘通过编程对报警主机进行功能配置，也可通过输入指令控制报警主机。

7. 管理客户端及平台

用户通过管理客户端及平台可以远程对报警主机及其外部设备进行管理，包括报警输入输出配置，报警中心配置，布撤防计划配置，系统基本参数配置，网络配置、视频联动等。

前端探测器发生报警后，管理平台按照视频复核系统的应用设置，视频会自动弹出，通过报警和视频系统的有机结合，这样接警人员就可以迅速准确地确定是否是真实警情，并第一时间对所发生的警情进行处理，从而减少处警资源，也对提供可靠的视频物证有着重要意义。平时无报警联动时，中心平台也可主动预览和回放前端用户现场图像。

7.1.6　防区

防区是利用探测器（包括紧急报警装置）对防护对象实施防护，并在控制设备上能明确显示报警部位的区域。系统的探测器设备分配到各个"防区"并具备唯一的地址或编码。例如，进入/外出门上的探测器设备已分配到001防区；主卧窗上的探测器设备已分配到002防区等。这些编号会以该防区的描述符号为首出现在显示屏上（如已编程）。如有错误时，会有警报或故障发生。

1. 布防

布防是使系统的部分或全部防区处于警戒状态的操作。

（1）外出布防　对子系统或者防区布防后，若系统存在延时防区，外出布防则提供外出延时和进入延时，延时结束后系统内正常工作的防区若触发则产生报警。

（2）留守布防　留守布防是用户处在报警系统内部保护区域时对系统布防的一种模式，在此布防模式下，系统中支持组旁路的防区会被自动旁路，其他防区处于布防状态。

（3）即时布防　即时布防是用户全部离开报警系统保护区域时对系统布防的一种模式。在此模式下，系统中所有防区均处于工作状态，当防区探测器触发时，系统不再提供进入延时，但若内部防区在延时防区内，则探测器触发。系统依旧提供进入延时。

2. 撤防

操作人员在执行了撤防指令后，入侵报警系统探测器不能进入警戒工作状态，或从警戒状态中退出，探测器无效。处于撤防状态下的防区，将不被监测，即便探测现场出现异常情况，探测器也被触发，报警控制器也不会发出报警。系统撤防后，系统内除24h有声防区、24h无声防区、24h辅助防区、24h振动防区、火警防区外，其他防区被触发不产生报警。

3. 旁路

旁路是指在系统中暂时使某个防区失效不再进入警戒状态，以便剩下的防区可以被正常布防的状态。布防后被旁路防区允许人在防区内走动，没有被旁路的防区将被布防。将防区旁路后，该防区不再检测报警或者故障状态，防区失效，直至旁路恢复。

7.1.7　纵深防护体系

入侵报警系统的设计应符合整体纵深防护和局部纵深防护的要求，纵深防护体系包括周界、监视区、防护区和禁区。

周界可根据整体纵深防护和局部纵深防护的要求分为外周界和内周界。周界应构成连续无间断的警戒线（面）。周界防护应采用实体防护或/和电子防护措施；采用电子防护时，需设置探测器；当周界有出入口时，应采取相应的防护措施。

监视区可设置警戒线（面），设置视频安防监控系统。

防护区应设置紧急报警装置、探测器，宜设置声光显示装置，利用探测器和其他防护装置实现多重防护。

禁区应设置不同探测原理的探测器，应设置紧急报警装置和声音复核装置，通向禁区的出入口、通道、通风口、天窗等应设置探测器和其他防护装置，实现立体交叉防护。

前端报警设备的点位分布直接影响着智能建筑内外的安全，不同于视频监控设备，报警产品在综合安防系统中起着前期防范的作用，目的就是为了防止意外情况的发生，以便在第一时间使管理人员获知意外情况并采取相应的措施，从而达到安全防范的作用。

前端报警设备点位的具体分布建议见表7-1报警探测器布点建议：

表7-1　报警探测器布点建议

报警点位	报警需求
周界	主要防范外来人员的翻墙入侵、越界出逃，可用电子围栏、红外对射或电子光栅防范，红外对射光束数量和距离根据实际情况来定
建筑大门口	主要应对突发情况（人员聚集、公众纠纷等）的报警，可配置一键报警柱

（续）

报警点位	报警需求
大厅出入口	主要防范进出大厅的人员，一般情况下使用的是玻璃材质的幕墙、大门，可配置门磁开关和玻璃破碎探测器
对外出入口	主要防范进出建筑（如大楼）的人员，可配置红外幕帘探测器和门磁开关，如有玻璃门窗，可配置玻璃破碎探测器
智能建筑顶部	主要防范来自建筑顶部（如单元楼层）入侵的人员，按功能强弱可选择激光探测器或者双鉴探测器来防范
电梯	主要用于被困人员的紧急求救，一般配置紧急按钮
智能建筑低层	主要防范建筑低层（如一二层门窗、阳台）的室外人员入侵，一般配置红外幕帘探测器和玻璃破碎探测器
室内通道	主要防范室内通道等固定环境的人员入侵，可配置吸顶式三鉴探测器或双鉴探测器。在通道汇聚点需配置烟感探测器，用以防止火灾等突发情况。同时，可以在通道两侧配置一键报警盒
监控中心	主要防范监控中心的外来人员入侵，一般配置吸顶式三鉴探测器或双鉴探测器，并配有紧急按钮，用以紧急情况下的手动报警，同时辅以声光警号等发出警示
地下停车库	主要应对突发情况（火灾等）的报警，可配置烟感探测器、一键报警盒/箱
室内区域	主要监控办公室、库房等室内重点区域，一般采用吸顶探测器和幕帘探测器，并辅以烟感和紧急按钮等作为紧急报警装置
楼梯前室/楼梯	主要针对火灾等突发事件，一般配置烟感探测器等来防范

7.2 周界报警

周界报警是一种防御体系，自古有之，随着安防产业的发展，人们的安防意识不断提高，对安全需求越来越强烈。周界报警系统不仅在监狱、机场、政府机关、工厂、别墅等高端领域有所应用，在小区住宅、学校、变电站、天然气站、农场果园也到处可见。

7.2.1 周界报警系统分类

周界报警系统可分为：

（1）脉冲电子围栏系统　脉冲电子围栏是一种间歇性高压脉冲式的周界防盗围栏，对入侵者起阻挡威慑作用。

其由脉冲电子围栏主机与前端配件组成，是目前市场上使用率较高的一种。

工作原理：围栏主机向前端围栏发出脉冲电压，脉冲电压在前端围栏上形成回路，脉冲电压经过回路重新回到围栏主机的接收端口，围栏主机通过检测前端围栏上的回路正常与否，并根据围栏状态发出报警信号。

如果有入侵者攀爬，或破坏围栏造成短路或断路情况，围栏主机会立即发出报警信息，提醒有入侵者。

使用场景：脉冲电子围栏由于具备高压脉冲打击和有形的物理阻挡防盗特点，防入侵效果明显，常应用在工厂、小区、别墅、学校、机场、军事基地、政府大楼等场所。

因脉冲围栏上带有高压电，容易产生电火花，所以不建议用在一些防易燃易爆的场所。

（2）张力电子围栏系统　张力电子围栏是基于张力传感器，通过监测前端张力线的微小变化，来判断入侵攀爬或破断张力线的行为。当探测到前端张力的变化达到预设的报警要求时，控制处理设备便发出报警信息，监控室中心根据报警信息了解事发现场的警情类型，并及时处理。

张力电子围栏具有多种报警方式：钢索拉紧、松弛、剪断、防拆、断电等均会报警。

使用场景：张力电子围栏前端钢索因不带电，可广泛用于学校、油库、弹药库、天然气、油罐区等场合。

（3）红外对射入侵报警系统　红外对射入侵报警系统主要由红外发射机和红外接收机组成，两者之间形成"隐形的电子围栏"。当发射机与接收机之间的红外光束被完全遮断时，会立即向主机发送报警信号。

使用场景：红外对射入侵报警系统采用红外波段，视觉不可见，安全性高、隐蔽性强，可应用于开阔的环境，如小区、校园、银行、别墅、仓库、法院、变电站、企业园区、石油化工、果园等。

（4）泄漏电缆周界报警系统　泄漏电缆周界报警系统是一种埋地泄漏电缆周界报警系统，系统由探测器和两根按设计要求特殊加工的泄漏电缆组成。在敷设的两个泄漏电缆之间形成了一个看不见的柱形电磁场防护区域，当人体和金属体在这个区域移动时，会引起电磁场扰动，进而被探测器检测到，从而产生报警信号。

使用场景：因其独特的隐蔽性特点，广泛适用于监狱、看守所、银行、金库、电站（包括核电站）、油田、博物馆、边境线、政府办公大院、重要仓库、煤矿炸药库、高档别墅、军事设施、文物保护等需要周边防护报警的场所。

（5）振动光纤周界报警系统　振动光纤周界报警系统是利用激光、光纤传感和光通信等技术，以光纤作为传感传输二合一的器件，通过直接触及光纤或通过承载物，如覆土、钢丝网、围栏、管道等，传递给光纤各种扰动信息，以持续进行实时的监控周界防护系统。

振动光纤周界报警系统周界距离长，以通信光缆为感应单元，利用外界振动对光特性的改变实现长距离、大范围周界防区的探测。其具有多种安装方式，挂网、地埋、嵌墙均可安装。

使用场景：可安装在各种铁网、铁艺、砖墙及不规则围墙上，也可埋地隐蔽安装，适用各种复杂安装环境。其既可应用于易燃易爆及强电磁干扰场景，如机场、石油管道、化工厂、液化气罐厂、危险品仓库等；又适用于重点周界防范，如电力设施防盗、军事、监狱、文物古迹、水利电力、边境线防入侵等；同时适用于普通周界防范场所，如社区、学校、自来水厂等周界入侵防盗。

7.2.2　脉冲式电子围栏

脉冲式电子围栏由报警探测器、防区模块、传输网络、报警主机及管理工作站等组成。

结合建筑围墙形式对小区周界采用电子围栏进行围闭，可以设置各报警防区。当非法攀爬触动电子围栏时，系统通过报警模块箱把信息传送至监控中心，并联动监控中心弹屏和发警报声进行提醒，监控中心可通过键盘消除报警。电子围栏设备的电源可以从监控中心 UPS 配电箱取电。

1. 系统组成

电子围栏前端部分是电子围栏系统的重要组成部分。为了保证电子围栏整个系统的正常运行和较长的使用寿命，电子围栏前端必须具有抗高压、抗污、抗氧化、耐腐蚀等基本功能。

电子围栏前端部分由终端杆、承力杆、PV 过线杆、PV 过线杆绝缘子、围栏合金导线、警示牌、紧线器等组成。根据现场的周界情况，电子围栏可以采用竖直、倾斜、L 形的围栏支架，具体以现场围墙情况选用合适的支架和安装方式。

图 7-6 为脉冲式电子围栏系统前端结构示意图。

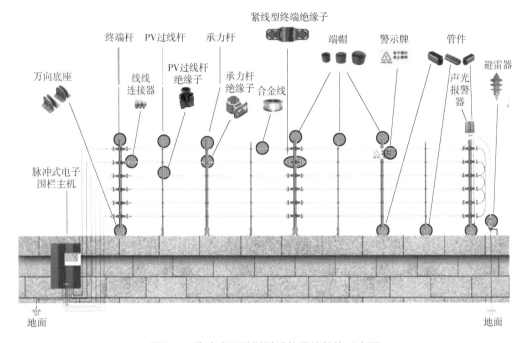

图 7-6　脉冲式电子围栏系统前端结构示意图

2. 安装要求

系统与架空电力线的最小距离应大于表 7-2 中的距离。

表 7-2　系统与架空电力线最小距离

架空电力线电压等级/kV	与脉冲电子围栏系统的最小距离	
	水平距离/m	垂直距离/m
10 及以下	2.5	2
35 ~ 110	5	3
220	7	4
330	9	5
500	9	5

支架应安装在坚固的墙体或其他物件上，支架与墙体或其他物件的结合应牢固，支架的间距应小于 5m。

脉冲式电子围栏系统的金属导体的间距应在 50 ~ 160mm 之间。

接地系统不能与任何其他的接地系统连接（如雷电保护系统或者通信接地系统），并应与其他接地系统保持相对的独立接地。接地体应至少埋深 1.5m，并埋设在导电性良好的地方，可用接地摇表测量接地电阻值，其值应不大于 10Ω。接地体可采用垂直敷设的角钢、钢管或水平敷设的圆钢、扁钢等。

脉冲式电子围栏前端的防区划分应该有利于报警时准确定位，且每个防区长度不应大于 100m。

前端防区支架设施的受力杆应满足如下要求：

1）每个防区的两端应安装防区终端受力杆。

2）每个防区的中间应安装防区区间受力杆，防区区间受力杆之间的距离或与防区终端受力杆的间距应不大于 25m。

3）防区内有拐角的地方应安装防区区间受力杆；拐角的角度小于 120°时，应使用防区终端受力杆。

前端安装在其他物体上时，应高于其他物体 10cm。应防止植物沿脉冲式电子围栏向上生长，脉冲式电子围栏和植物间的最小距离为 200mm，应在植物摇摆时取最近位置计算。

7.2.3　张力式电子围栏

1. 系统组成

张力式电子围栏由机电部件、电子部件和机械部件三部分组成。机电部件由张力探测器等组成。张力探测器是根据电子围栏的张力特征，利用因攀爬、拉压、剪断产生张力的钢丝，对企图入侵的行为做出响应产生报警信号的装置。防区控制器与张力探测器配套使用，可采集和处理本防区内一个或多个张力探测器输出的信号，以确定是否报警，即是否向系统提供周界防区状态信号。

图 7-7 为张力式电子围栏系统前端结构示意图。

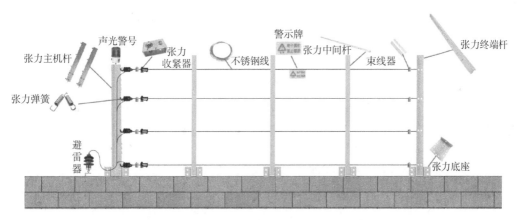

图 7-7　张力式电子围栏系统前端结构示意图

2. 安装要求

张力式电子围栏的安装不应有盲区，形成的警戒区域应沿周界屏障封闭。

张力式电子围栏的防区划分应有利于报警的准确定位，防区长度距离应不大于 40m。

每个防区间每隔 3~5m 应安装一根支撑杆，所有测控杆、承力杆、支撑杆均应牢固安装。

防区内有拐角的地方应安装承力杆，小于 120°的拐角处应安装承力杆，大于或等于 120°的拐角处可采用滑轮杆。一个防区内的拐角数量应不大于 2 个。

张力式电子围栏的最上一根张力索、测控装置均应有独立可靠接地装置，防雷接地电阻应不大于 10Ω。

张力式电子围栏的防雷接地应采用截面面积不小于 16mm² 的导线可靠接地。

第8章　电子巡查系统

电子巡查系统的工作原理是将巡更点安放在巡逻路线的关键点上,保安在巡逻的过程中用随身携带的巡更棒读取自己的人员点,然后按线路顺序读取巡更点,在读取巡更点的过程中,如发现突发事件可随时读取事件点,同时,巡更棒将巡更点编号及读取时间保存为一条巡逻记录。通信座会定期将巡更棒中的巡逻记录上传到计算机中。管理软件将事先设定的巡逻计划同实际的巡逻记录进行比较,就可得出巡逻漏检、误点等统计报表,通过这些报表可以真实地反映巡逻工作的实际完成情况。

管理软件采用智能排班、自动数据处理及核查,直观地显示巡查人员是否按照要求的时间、路线巡查,有没有未巡、漏巡、迟到、早到、顺序走错等情况,且操作起来非常简单。

8.1　在线式巡查系统

在线式巡查系统由于需要铺设网络或电线,安装时须考虑建筑物所具备的条件,加上连线需求,需使用计算机来管理,因此安装及使用复杂度高,且所牵涉的整体费用较高。

8.2　离线式巡查系统

离线式巡查系统不需要依赖电线接驳就可以记录巡逻情况,且具有使用方便、无须布线、施工期短及应用面较广等优点。目前市场上有以下三种方式:

(1) 条码系统　条码系统是在各巡逻点贴上条码装置,巡逻人员手持扫描器,在巡经巡逻点时做扫描记录。

(2) 金属碰触式　金属碰触式是在各巡逻点上装置一枚具有特别代号的晶片金属钮。巡逻人员所持的是一根阅读电棒,透过金属接触、通电,然后读取记录代号。

(3) 感应式系统　感应式系统采用感应技术设计,系统经由感应式巡逻记录器免接触式读取资料。感应式电子巡查系统由掌上感应式巡查终端、感应式巡查标签和巡查管理软件组成。它能够帮助跟踪和观察员工的活动,这些员工的工作特点是按照规定的时间表,从一个地方移动到另一个地方,并记录每一个地方的状态,这在以前是非常难以考核的。其适用的场景有商场、宾馆、大厦、居民小区和边防的保安巡逻,工厂、交通、电力、煤气、邮政、动物、植物的例行检查、检修、维护和保养等。

8.3　系统组成

1) 智能巡逻管理系统软件:安装在中控室计算机上。

2) 手持式无线巡检器:巡逻人员巡检作业时使用。

3) 巡检点信息卡:安装在需要重点检查的地方。

4) 人员卡:用于识别巡检人员的身份。

5）事件夹卡：用于记录巡检时发生的事件及巡检点的情况。

6）通信座：传输巡检器内的数据到巡逻管理系统软件内。

7）标识牌：标识巡检点的位置。

8）夜光标签：用于在黑暗的地方指示巡检点，便于巡检员操作。

图 8-1 为离线式巡查系统拓扑图。

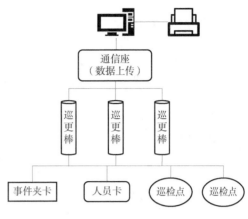

图 8-1　离线式巡查系统拓扑图

8.4　强制化技术要求

电子巡查系统可采用在线式巡查系统或离线式巡查系统。对实时巡查要求高的建筑物，宜采用在线式巡查系统；其他可采用离线式巡查系统。

巡查站点应设置在建筑物出入口、楼梯前室、电梯前室、停车库（场）、重要部位附近、主要通道及其他需要设置的地方。巡查站点识读器的安装位置宜隐蔽，安装高度距地宜为 1.4m。

在线式巡查系统宜独立设置，也可作为出入口控制系统或入侵报警系统的内置功能模块配合识读装置，达到实时巡查的目的。在线式巡查系统在巡查过程中发生意外情况时应能及时报警；独立设置的在线式巡查系统应能与安防综合管理系统联网。在线式巡查系统出现系统故障时，识读装置应能独立实现对该点巡查信息的记录，系统恢复后能自动上传记录信息。巡查记录保存时间不宜小于 30d。

离线式巡查系统应采用信息识读器或其他方式，对巡查行动、状态进行监督和记录。巡查人员应配备可靠的通信工具或紧急报警装置。

巡查管理主机应利用软件，实现对巡查路线的设置、更改等管理，并对未巡查、未按规定路线巡查、未按时巡查等情况进行记录和报警。

第 9 章　无线对讲系统

无线对讲系统应用很广泛，如在公共安全项目、酒店、写字楼、综合体、商务楼、工厂、校园项目中均有应用。

9.1　系统框架

现代建筑一般结构复杂，墙体对信号传输干扰较大，不能满足对讲机通话要求，出现大面积信号盲区。而通过中继台组网可以彻底解决在电梯内部、消防通道、机房、地下室等区域出现的信号盲区问题。

图 9-1 为无线对讲系统拓扑图：

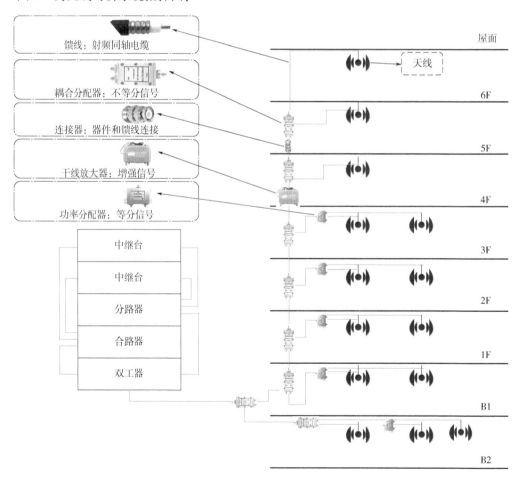

图 9-1　无线对讲系统拓扑图

9.2　机房内主设备

9.2.1　中继台

对讲机中继台也称为基地台、中转台、转发台、差转台、信道机。中继台的作用就是中转和放大信号，用于增大通信距离，扩展信号覆盖范围。

当两台对讲机的距离超过了对讲机信号辐射范围时，对讲机将收不到有效信号，这时就得用对讲机中继台。中继台可将收到的信号转发出去，从而完成信号之间的中继。

目前，模拟中继台基本淘汰，常见的数字中继台分为多信道中继台和单信道中继台。

多信道中继台投入少，几个独立的中转信道只需一台中转，即可达到多中转台的要求，同时还避免了多中继台天馈线合路分路的问题，但当一个信道通话时，其他信道不能通话，因而只适合通话量少的对讲系统，若通话量很大，建议采用单信道中转台。

目前来说，以单信道中继台为主，多信道中继台较为少用。

数字中继台支持双时隙，一组频率可以有两个信道同时呼叫。

9.2.2　分路器

分路器又称接收天线共用器，是用一副天线同时接收多个信道信号，并把信号分配到不同中继台的装置。

分路器有放大增益、高隔离等功能。其通过改变原有信号分路方式，将上行比较弱的对讲机信号进行有效增强及放大，可以很好地解决上行信号弱与射频信号干扰互调的问题，保证了整个无线对讲系统的稳定性。

根据中继台数量的不同，分路器有二分路器、三分路器、四分路器、五分路器、六分路器等，最大可以到十六路分路器。

图 9-2 为无线对讲系统示意图。

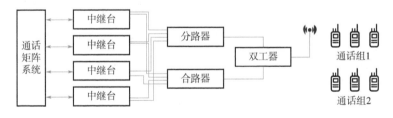

图 9-2　无线对讲系统示意图

9.2.3　合路器

合路器就是在系统中把各个不同中继台发射的信号合路到一路，然后输出到同一套分布系统的设备，主要用于多信道基站，这样能使得多个接收机共用同一套接收天线系统，从而起到节省天馈系统的作用。

当然，其还具有隔离、合路等不同功能。根据中继台数量的不同，合路器分为二合路器、三合路器、四合路器、五合路器、六合路器等，最大可以到十六合路器。

分路器与合路器基本原理相同，分路器倒过来用就是合路器，就是把几路信号合在一起。

9.2.4 双工器

在无线对讲系统中，双工器是把天馈接收的信号和中继台发射的信号相隔离开，不至存在干扰。双工器有两个频段，可实现收发双工，即收是一个频段，发是一个频段。

一般情况下，双工器是必备的，如不装双工器，中继台要安装两条天线，并且接收天线和发射天线需要保持一定的距离，否则收发信号会互相干扰。所以这也是双工器又称为天线共用器的原因。

9.3 现场设备

9.3.1 干线放大器

干线放大器是当信号源的输出功率无法满足较远区域的覆盖要求时，对信号功率进行放大，以覆盖更多区域的设备。

由于中继台 RX 和 TX 必须要通过一根射频电缆传输信号连接双工器。因此，干线放大器必须要用双工器将 RX 和 TX 信号分离，再分别对 RX 和 TX 进行放大。最后，通过双工器再将放大后的 RX 和 TX 合并在一个端口上，TX 往下传输，RX 往上传输。

因此，干线放大器双向的两个端口，没有输入输出概念，只有上行和下行的概念（即两个端口都是输出和输入）。

9.3.2 同轴电缆

同轴电缆的主要任务是有效地传输信号能量，因此，它应能将发射机发出的信号功率以最小的损耗传送到发射天线的输入端，或将天线接收到的信号以最小的损耗传送到接收机输入端，同时它本身不应拾取或产生杂散的干扰信号（要求传输线必须屏蔽）。

9.3.3 定向耦合器

定向耦合器简称为耦合器，是将主线传输的功率通过多种途径耦合到副线，并互相干涉而在副线中只沿一个方向传输。定向耦合器通常用于信号的测量和监测，以及信号分配及合成。在天馈系统中耦合器和功分器一起作为信号分配器使用。

9.3.4 功率分配器

功率分配器简称为功分器，是一种将一路输入信号分成两路或多路功率相等或不相等的器件。功率分配器也称为过流分配器，分有源、无源两种，可将一路信号平均分配为几路输出，一般每分一路就有衰减，因信号频率不同，功分器功率衰减也不同。为了补偿信号衰减，在天馈系统中加入干线放大器后，做出了无源功分器。功分器的两个输出端口之间须保证一定隔离度。

9.3.5 室内天线

室内天线也称室内信号收发器。

天线是无线通信不可缺少的一部分, 其基本功能是辐射和接收无线电波。其发射信号时, 把高频电流转换为电磁波; 接收时, 把电磁波转换为高频电流。

1. 布放原则

天线遵循"小功率、多天线"的布放原则, 以保证信号能够均匀全覆盖, 并易于控制, 达到辐射小、对外干扰小的目的。

地下区域建筑面积大, 建筑及装修结构复杂, 天线的布放应采取分区分片的原则, 重点突破难点区域, 以确保地下室对讲机通话无信号盲区。

天线在电梯厅附近、消防梯、设备间等处应单独布放, 以确保信号在这些重点区域都能覆盖到。

2. 覆盖距离

（1）地上区域布放

1）建筑格局较为复杂时, 单天线情况下, 天线覆盖半径取 20 ~ 40m。

2）建筑格局较为开阔时, 单天线情况下, 天线覆盖半径取 30 ~ 60m。

（2）地下区域布放

1）建筑格局为多隔断区域时, 单天线的情况下, 天线覆盖半径取 15 ~ 35m。

2）建筑格局为开阔区域时, 单天线的情况下, 天线覆盖半径取 30 ~ 70m。

9.3.6 室外天线

常用的室外天线主要是定向天线与全向天线, 传输距离既受天线安装位置、功率大小、接收灵敏度、障碍物影响, 也受中继台、对讲机、车载台功率及性能影响, 一般通信距离为 5 ~ 100km。

9.3.7 对讲机

无线对讲机也称手台, 车载对讲机也称车台, 选型时主要考虑制式、环境和功能需求。

制式方面需要与业主沟通, 并与无线对讲系统配套, 一般选用公网对讲机或专网对讲机, 以及模拟对讲机或数字对讲机, 也可选用双模对讲机, 如"公网 + 模拟"或"公网 + 数字"对讲机。

使用环境方面, 石化、煤矿、化工、火电、食品加工等行业或焦化厂、冶金厂内部特殊的工业环境可能会需要用到防爆对讲机, 酒店需要的是便携、轻巧、机身轻薄的对讲机。

功能方面, 如蓝牙、WiFi、GPS 等模块可以让对讲机更具特色。蓝牙模块可以绑定蓝牙耳机进行室内定位, WiFi 模块支持数据交换, GPS 模块则支持室外定位等。

9.4 光纤直放站

无线对讲系统在现场做信号覆盖时, 会因地形或距离使得馈线不易连接设备而造成损耗过大, 对此合理的解决方法可以用光纤直放站来替代传输射频信号的馈线以实现连接。光纤直放站是借助光纤进行光信号传输的直放站, 利用光纤传输损耗小、布线方便, 适合远距离传输, 可满足大型及超大型建筑物, 以及要求较高的大型高层建筑物（群）、小区等场所的信号覆盖要求。

光纤直放站由光纤、近端机和远端机组成。近端机将下行射频信号转变为光信号传送到远端机，再由远端机将光信号转变为射频信号发射到覆盖区。反之，远端机将上行射频信号转变为光信号传送到近端机，再由近端机将光信号转变为射频信号发送给基站。它是通过光纤传输和射频覆盖相结合的方式双向放大基站上、下行链路信号，有效扩展基站覆盖范围，提供灵活的室外覆盖解决方案，提高话音质量，改善移动通信网络覆盖效果。

第10章　电子时钟

在许多生产、科研、管理的工作中，需要精确的计时工具来保障信息的同步和结果的准确性，如车站、地铁、机场、医院、学校、部队等。而同步时钟系统可以很好地为需要统一时间以便进行调度管理的单位提供授时服务。

10.1　工作原理

时钟系统是由 GPS 天线、GPS 接收器、NTP 服务器、母钟和子钟等组成。其主要作用是提供准确的授时服务，同时也为计算机系统及其他相关设备提供标准的时间源，使各系统的时间集中同步，在整个时间系统中使用相同的授时标准。

子母钟时间系统通俗讲就是一套或者多套母钟，以及下属着的多套子钟组成的系统。母钟接收来自 GPS 的标准时间信号，通过传输通道将标准时间信号直接传给各个显示子钟，子钟通过网口接收 GPS 母钟发送来的时间信息（信息内容包括年、月、日、星期、时、分、秒），显示标准时间（GPS 时间同步）。子母钟时间系统具有走时精准、操控方便、同步运行等特点，系统还可扩展接口，作为计算机/服务器或局域网的时间源。

当母钟未接收到标准时间信号时，通过自身高精度晶振产生精确的同步时间码，对子钟（二级母钟）进行时间授时。电路的晶体元件称为晶体振荡器，其产品一般用金属外壳封装，也有用玻璃壳、陶瓷或塑料封装的。晶振是指用一种能把电能和机械能相互转化的晶体处于共振的状态下工作，以提供稳定、精确的单频振荡。晶振在电气上可以等效成一个电容和一个电阻并联再串联一个电容的二端网络，电工学上这个网络有两个谐振点，以频率的高低分其中较低的频率为串联谐振，较高的频率为并联谐振。由于晶体自身的特性致使这两个频率的差异相当接近，在这个极窄的频率范围内，晶振等效为一个电感，所以，只要晶振的两端并联上合适的电容，就可组成并联谐振电路。

10.2　系统构成

时钟系统由母钟、子钟、标准时间信号接收、信号传输、接口、监控管理等单元组成。当时钟系统规模较大时，可设置二级母钟。

母钟和网络交换机之间以有线网络连接；系统节点（母钟、网络交换机）与子钟之间可选用网络 UDP/IP 或无线 WiFi 传输。子母钟时间系统通过网络，实现对系统节点与授时终端的参数设置、系统升级、开关控制、状态监测等功能。

图 10-1 为电子时钟系统拓扑图。

母钟单元宜采用主机、备机的配置方式，并应符合下列规定：

1）主机、备机之间应能实现自动或手动切换。

2）当时钟系统规模较大或线路传输距离较远时，可设置二级母钟。

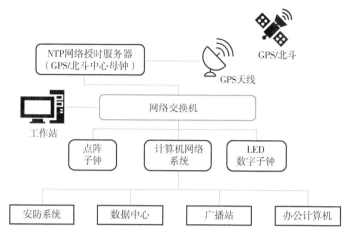

图 10-1 电子时钟系统拓扑图

3）二级母钟接收中心母钟发出的标准时间信号，可随时与中心母钟保持同步。子钟单元显示形式可为指针式或数字式，并应符合下列规定：

①子钟单元应接收时钟系统传送的标准时间信号，能对自身精度进行校准，并在接收到标准时间信号后，向母钟单元回送自身工作状态。

②子钟单元应具有独立的计时功能，平时跟踪母钟单元（中心母钟或二级母钟）工作。

③当母钟单元故障，或因其他原因无法接收标准时间信号时，子钟单元应能以自身的精度继续工作，并向时钟系统监控管理单元发出告警。

4）有获取高精度时间基准要求的时钟系统应设置标准时间信号接收单元。时钟系统宜采用一种或多种标准时间作为系统的时间基准。

10.3 典型应用

电子时钟系统典型应用如图 10-2 所示：

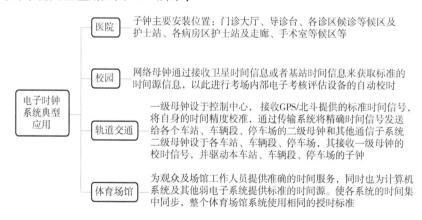

图 10-2 电子时钟系统典型应用

第11章　信息导引发布系统

11.1　信息导引发布系统知识思维体系

信息引导发布系统由播控中心单元、数据资源库单元、传输单元、播放单元、显示查询单元等组成。

图 11-1 所示为信息导引发布系统知识思维体系。

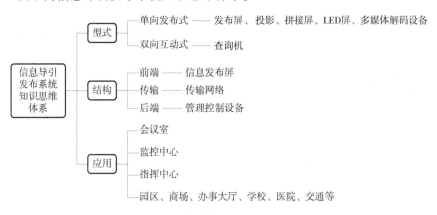

图 11-1　信息导引发布系统知识思维体系

图 11-2 所示为信息导引发布系统拓扑图。

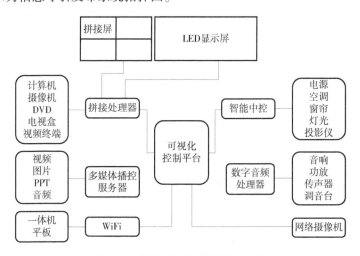

图 11-2　信息导引发布系统拓扑图

11.2　拼接屏

拼接屏通常指液晶拼接屏，是完整的显示单元，经自由组合安装后即可显示一个组合大画面，拼接屏显示单元与拼接屏显示单元组合后的边框（指物理边框，即不可显示内容的部分）极窄。

11.2.1 尺寸与拼缝

拼接屏主流尺寸：46in、49in、55in、65in、75in 等。

液晶拼接屏拼缝：拼接屏是由屏体一块块拼接而成的。安装拼接屏时，两块屏体之间边框的宽度总和称为拼缝，一般情况下，用单位毫米来表示。拼缝影响液晶拼接屏画面的显示效果，当拼缝较大时，可能会遮挡部分显示画面，直接影响用户的视觉体验，而拼缝越小，意味着对画面的遮挡越少，能为用户提供更好的使用体验。

3.5mm 宽的拼缝指的是液晶拼接屏的右侧宽为 1.8mm 的边框与另一块屏左侧宽为 1.7mm 的边框，拼接后整体为 3.5mm。这里所指的拼缝是物理拼缝，并不是实际测量的拼缝的大小，为了防止屏幕之间的挤压，造成屏体损伤，边缘老化，通常在安装时，会预留一定大小的空间，一般留有一张 A4 纸厚的缝宽。目前，市场上液晶拼接屏拼缝主要有 0.88mm、1.7mm、1.8mm、3.5mm、4.4mm 等类型。

11.2.2 拼接单元

液晶拼接单元是液晶拼接大屏的一部分，液晶拼接大屏由多个液晶拼接单元组合而成。液晶拼接单元是集液晶显示单元和液晶拼接器为一体的液晶显示整体单元。

液晶拼接单元具有很多组合形式：既可以采用小屏拼接组合，也可以采用大屏拼接组合；既可以一对一单屏拼接，也可以一对 $M \times N$ 整屏拼接；还可以大小屏混合拼装。可以根据用户的液晶拼接幕墙系统规模和应用要求，按照系统的使用环境，选择合适的产品和拼接方式。

可以根据用户对输入信号的要求，选择不同的视频处理系统，实现 VGA、复合视频、S - VIDEO、YPBPR/YCBCR、HDMI 或 DVI 信号输入，满足不同使用场合和不同信号输入的需求。例如，可以通过大屏幕控制软件，实现各种信号的切换，拼接成全屏显示，或任意组合显示等。

11.2.3 拼接控制

1. 拼接控制器

液晶拼接控制器是将一个完整的图像信号划分成 N 块后，分配给 N 个视频显示单元（液晶显示单元），完成用多个普通视频单元组成一个超大屏幕动态图像显示屏的任务，可以支持多种视频设备的同时接入，如 DVD、摄像机卫星接收机、机顶盒、标准计算机 VGA/DVI/HD-MI 信号。液晶拼接控制器可以实现多个物理输出并使分辨率相加后组合成超高分辨率显示输出，使屏幕墙构成一个具有超高分辨率、超高亮度、超大显示尺寸特征的逻辑显示屏，实现多个信号源（网络信号、RGB 信号和视频信号）在屏幕墙上的开窗、移动、缩放等各种显示功能。

2. 视频分配器

视频分配器是把一个视频信号源平均分配成多路视频信号的设备，其能实现一路视频输入，多路视频输出的功能，使之可在无扭曲或无清晰度损失的情况下实现视频输出。通常视频分配器除提供多维独立视频输出外，兼具视频信号放大功能，故也称为视频分配放大器。在一些客户仅需要多屏幕显示同一画面时，可采用视频分配器取代拼接控制器和视频矩阵。

3. 视频矩阵

视频矩阵是指通过阵列切换的方法将 m 路视频信号任意输出至 n 路监控设备上的电子装置，一般情况下矩阵的输入大于输出，即 $m \geqslant n$。有一些视频矩阵也带有音频切换功能，能将视频和音频信号进行同步切换，这种矩阵也称为视音频矩阵。矩阵可以把提供信号源的设备的任意一路的信号送到任意一路的显示终端上，可以做到音频和视频同步或者不同步，使用方便且节约成本。根据接口类型划分，常见的类型为 VGA 矩阵、HDMI 矩阵、DVI 矩阵、DP 矩阵、AV 矩阵、RGB 矩阵等。

4. 数字解码器

视频解码是视频编码的逆过程，网络视频解码器的工作与网络视频编码器的工作正相反，与编码有硬编码和软编码相同，视频解码也有硬解码和软解码之分。硬解码通常由 DSP 完成，软解码通常由 CPU 完成。

硬解码器有两种，即 DSP Based 解码器和 PC Based 解码器。硬解码器通常应用于监控中心，一端连接网络，一端连接监视器，主要功能是将数字信号转换成模拟视频信号，然后输出到电视墙上进行视频显示，视频信号经过编码器的编码压缩、上传、网络传输、存储转发等环节后，由解码器进行视频还原给最终用户。

11.2.4　无缝拼接

无缝液晶拼接屏的推出就是为了解决液晶拼接屏的物理边框问题，而由于液晶面板的生产无法实现无边框设计，所以无缝液晶拼接屏只能是通过一种间接的技术来实现无缝化。其具体原理是通过人为地去除液晶四周的边框，并在边框的上方添加一个专门的 LED 发光源，里面内置了小间距的 LED 灯珠，使其与液晶部分完美融为一体，并实现一体发光，这也被称之为 LED 光源补偿技术。所以无缝液晶拼接屏并不是在生产面板时就做到了无边框，而是通过一种后期的光源补偿来达到去除边框的效果，虽然是间接的实现，但是整体的效果却非常好，原来的黑边被消除，其显示效果完全可以与 LED 屏相媲美。

11.3　LED 显示屏

11.3.1　LED 显示屏的分类

1. 根据使用环境分类

（1）室内 LED 显示屏　室内 LED 显示屏主要用于室内，在制作工艺上，首先是把发光灯珠做成点阵模块（或数码管），再将模块拼接为一定尺寸的显示单元板，根据用户要求，以显示单元板为基本单元拼接成用户所需要的尺寸。

根据像素点的大小，室内 LED 显示屏分为 P0.93、P1.25、P1.44、P1.56、P1.87、P1.92、P2、P2.5、P3、P4、P5 等。

室内 LED 显示屏面积一般从不到一平方米到十几平方米，点密度较高，在非阳光直射或灯光照明环境中使用，观看距离在几米以外，但屏体不具备密封防水功能。室内 LED 显示屏以点阵模块为主，因为在室内使用对显示屏亮度要求不高，采用点阵模块具有很高的性价比。

（2）户外 LED 显示屏　户外 LED 显示屏主要用于户外，在制作工艺上，首先是把发光晶粒封装成单个的发光二极管，称之为单灯，用于制作户外屏的单灯，一般都采用具有聚光作用的反光杯来提高亮度；再由多只 LED 单灯封装成单只像素管或像素模组，然后，由像素管或像素模组成点阵式的显示单元箱体，根据用户需要及应用场所，以一个显示单元箱体为基本单元组成所需要的尺寸。箱体在设计上应密封，以达到防水防雾的目的，使之适应户外环境。

根据像素点的大小，户外 LED 显示屏分为 P2、P2.5、P3、P4、P5、P6、P8、P10 等规格。户外 LED 显示屏面积一般从几平方米到几十甚至上百平方米，像素密度较小（每平方米多为 10000 ~ 111111 点），发光亮度大于或等于 $5500cd/m^2$（朝向不同，亮度要求不同），可在阳光直射条件下使用，观看距离在几十米以外，且屏体具有良好的防风、抗雨及防雷功能。

（3）半户外 LED 显示屏　半户外 LED 显示屏介于户外及室内两者之间，具有较高的发光亮度，可在户外非阳光直射情况下使用，屏体有一定的密封，一般设置在屋檐下或橱窗内。

2. 根据基色分类

（1）单色 LED 显示屏　单色 LED 显示屏是指屏幕背光的颜色只有一种，其中大部分为红色或绿色背光，当然也有其他不常见的单种色彩，如白色、黄色等。单色 LED 显示屏多数用红色，因为红色的发光效率较高，可以获得较高的亮度，也可以用绿色，还可以是混色，即一部分用红色，一部分用绿色，一部分用黄色。

（2）双色 LED 显示屏　双色 LED 显示屏即将红色和绿色 LED 管放在一起作为一个像素制作的 LED 显示屏。每个像素点有红、绿两种基色，可以叠加出黄色，在有灰度控制的情况下，通过红绿不同灰度的变化，可以组合出最多 65535 种颜色。

（3）全彩 LED 显示屏　全彩 LED 显示屏即将红、绿、蓝三种 LED 管放在一起作为一个像素制作的 LED 显示屏。全彩 LED 显示屏也称三基色显示屏，每个像素点有红绿蓝三种基色，在有灰度控制的情况下，通过红绿蓝不同灰度的变化，可以很好地还原自然界的色彩，能组合出 16777216 种颜色。

3. 根据显示性能分类

LED 显示屏按显示性能分为单色图文屏、双色图文屏、双基色视屏、同步显示屏、三基色视屏（全彩色屏）、单色条屏、双色条屏、行情显示屏、各种显示牌等。

（1）图文显示屏　图文显示屏支持 TXT、BMP 等文件，可显示简单的平面图画；同时，也具备脱机运行功能，如果显示内容不更改，可不打开控制机，直接打开屏体电源就行。显示方式支持展开、瞬间等十多种方式。内容停留时间可在 0 ~ 255s 之间任意调节（含静止），可自动循环显示用户要显示的不同内容，分为常驻、暂驻、实时三种，制作后通过 RS232 和 RS485 串口发送到屏幕显示。

（2）视频显示屏　视频显示屏显示内容实时同步，可方便地选择显示画面的大小，颜色变化组合共有 16777216 种，扫描场频大于 200Hz，人肉眼几乎看不出扫描线，实现伽马高速、无灰度损失的校正设计，参数可由用户选择，轻松地实现各种灰度级调节和亮度控制功能，使图像色彩柔和、逼真，较好地重现图像的层次和立体感，使 LED 在各种环境光线下呈现最佳显示效果。视频显示屏配备先进、完善的控制、制作和播放软件，易学易用，具有几十种播放方式，可播放视频信息，具备计算机开关机、自动黑屏功能，除此之外，还延长了显示屏的使用寿命，更避免了计算机开关机时，显示屏界面杂乱无章的状况出现。

（3）LED 条屏　LED 条屏通常为一行或两行单色或双色，可使用专用遥控器控制。其具有脱机运行功能，即在显示内容编辑制作完成并发送至显示屏后可关闭控制机。显示内容存储方式有常驻、暂驻和实时三种，可滚动显示不同内容，能显示 4000 个汉字，制作完后一般通过 RS232 串口发送到屏幕，并通过遥控器进行控制。通信线采用双绞线，抗干扰能力强，100m 范围内通信距离使用 RS232 接口，100 ~ 500m 内使用 RS485 接口。

LED 条屏作为新的媒体，也是新型的装饰材料，可以嵌入到很多室内装饰当中，使装饰效果更加富有动感；不断更新的字幕功能使其可以作为新告示板，宣传优惠和促销信息等；还可以作为会议室的会标屏，这不仅提高了室内装饰的档次，同时，又有良好的视觉效果。

（4）LED 幕墙屏　LED 幕墙屏是由像素点单元板组成的，配合 LED 同步视频同步控制系统，可以显示各种各样的花样、文字、动态图案画面，且可以产生各种颜色变化，可作为舞台背景，呈现虚拟景象与色彩效果。

（5）LED 数码屏　LED 数码屏的每根护栏管布置有 6 个或 8 个或 16 个像素点，可采用脱机控制或与计算机连接实行同步控制；可以显示各式各样的动态效果。控制系统采用专用灯光编程软件开发编辑，数码管控制花样更改方便，只需将编辑生成的花样格式文件复制进 CF 卡即可，数码管、控制器可以单独控制，也可多台联机控制；数码管安装编排方式任意，可满足各种复杂工程需求。数码管、控制器以及电源等以标准公母插头连接，方便快捷，并具有独特的外形设计，全新的户外防水结构，广泛应用于各种大厦幕墙、游乐景观装饰照明以及桥体亮化等场所。

4. 根据特定功能分类

LED 显示屏根据其特定功能可以划分为地砖屏、格栅屏、透明屏、柔性屏、异形屏、舞台屏、交通屏、体育屏、广告屏等多种类型。

11.3.2　LED 显示屏核心技术参数

1. 像素

像素是指 LED 显示屏的最小成像单元。

单基色显示屏一个像素只有一种颜色，双基色显示屏一个像素内有两种颜色，三基色（全彩）显示屏一个像素有三种颜色。

以前户外直插灯显示屏单个像素的三种颜色是三个独立的灯珠，所以三种颜色灯珠各一颗为一个像素；现在表贴式灯珠都是三合一封装的灯珠，即一颗灯珠有三种颜色封装在内，这样一颗灯珠可以视为一个像素。

根据色彩原理，红、绿、蓝被称为三基色。这三种颜色可以组合得到其他颜色。LED 显示屏分类中，有单色显示屏、双色显示屏、全彩显示屏。单色相对简单，只需要选择三基色中的任意一种颜色即可实现单色显示。实际应用中，选择红色 LED 灯比较多。这样的话，一颗红色 LED 灯即为一个像素。

双色显示屏与单色显示屏的原理大致相同，只要选择三基色中的任意两种颜色即可实现双色。实际应用中，多选择红色与绿色。当红色与绿色同时亮时，可以实现黄色。因此，双色显示屏可以实现红、绿、黄三种颜色。

全彩 LED 显示屏因为要表现出多种多样的色彩，即能表现从黑色到白色之间的不同色彩。因此，全彩 LED 显示屏需要红、绿、蓝三个灯珠一起构成一个像素，才能表现出多种多样的色彩。

全彩 LED 显示屏中，又分为实像素显示屏和虚拟像素显示屏。两者因为采用的显示技术不一样，因此像素点构成的方式也不一样。

2. 像素密度

像素密度是指 LED 显示屏单位面积内像素的数量，单位为像素/平方米，即 $Pixel/m^2$。

$$像素密度 = \frac{单位面积}{像素面积}$$

例如，P6 显示屏，其像素间距为 6mm，则其像素密度为

$$像素密度 = \frac{1m \times 1m}{0.006m \times 0.006m} = 27777 Pixel/m^2$$

3. 像素间距

图 11-3　像素间距示意图

像素间距（pixel pitch）用来描述 LED 显示屏上像素（LED 晶元）的密度，并与分辨率有关，也称为点间距，具体是指从某一像素中心到相邻像素中心的距离（以毫米为单位），图 11-3 所示为像素间距示意图中的 d。

像素间距反映了两个像素之间的空间大小，因此较小的像素间距就意味着像素之间的空间较小，也就意味着更高的像素密度和更高的屏幕分辨率。

一般情况下按像素间距命名产品型号，如 P3、P6、P3.91（3.9062）、P4.81（4.8072）。

4. 像素失控率

像素失控率是指显示屏的最小成像单元（像素）工作不正常（失控）所占的比例。像素失控有两种模式：一是盲点，也就是瞎点，在需要亮的时候它不亮，称之为瞎点；二是常亮点，在需要不亮的时候它反而一直亮着，称之为常亮点。

一般地，像素的组成有 2R1G1B（2 颗红灯、1 颗绿灯和 1 颗蓝灯，下述同理）、1R1G1B、2R1G、3R6G 等方式，而失控一般不会是同一个像素里红、绿、蓝灯同时全部失控，但只要其中一颗灯失控，即认为此像素失控。

失控的像素数占全屏像素总数之比，称为整屏像素失控率。另外，为避免失控像素集中于某一个区域，还有"区域像素失控率"的概念，也就是在 100×100 像素区域内，失控的像素数与区域像素总数（即 10000）之比。

5. 分辨率

屏幕的分辨率越高，可以显示的内容越多，画面越细腻，但是分辨率越高，造价也就越高。

1）模组分辨率：LED 模组横向像素点数乘以纵向像素点数。

2）屏体分辨率：LED 显示屏横向像素点数乘以纵向像素点数。

6. 亮度

LED 显示屏的亮度是指显示屏正常工作时，显示屏单位面积上的发光强度，单位是坎德拉/平方米，即 cd/m^2。

1）户内显示屏的亮度一般在 200~1200cd/m^2。

2）户外显示屏的亮度一般在 3000~7000cd/m^2。

7. 白平衡

色彩学上，当红绿蓝三原色的比例为 1:4.6:0.16 时才会显示出纯正的白色，即白平衡，白平衡的好坏主要由显示屏的控制系统来决定，管芯对色彩的还原性也有影响。

8. 灰度

LED 显示屏的灰度是指各种颜色在峰值暗色与峰值亮色之间，拥有不同颜色阶层的变化，也就是所谓的色阶或者灰阶。灰度的控制需要高灵敏度的 LED 和芯片。一般而言，LED 显示屏的灰度等级越高，色彩越丰富，图像就越细腻，也更容易表现细节。如果灰度等级不够，会发生颜色层次不足或是颜色色阶不够平滑，播放出的图像颜色色彩也不能充分展现出来，会很大程度上降低 LED 显示屏的显示效果。

9. 刷新频率

LED 显示屏刷新频率是指屏幕更新的速率，单位为 Hz。刷新频率越高，播放的图像画面显示越稳定，视频闪烁感就越小，拍照不容易出现闪动的条纹。

LED 显示屏驱动 IC 是 LED 显示屏的关键器件，其性能直接决定显示屏的成像效果。就灰度和刷新频率来说，LED 驱动芯片的刷新频率和灰度越高，屏幕的刷新频率和灰度也越高。因此，为保证 LED 显示屏的更高灰度等级和高刷新频率，各大 LED 显示屏厂，都会选择更高性能的驱动 IC，以满足演出、小间距等场景的高要求应用需求。

10. 同步及异步控制系统

同步控制是指控制系统所播放的视频信号与计算机播放视频信号同步，显示大屏与大屏信号源必须同步开机，以及信号源的播放进度与显示大屏同步。随着视频处理器的应用普及，可用作 LED 显示大屏同步信号源的产品得到了大范围的扩展，如计算机、点歌台、录像机、机顶盒、摄像机、DVD 等，一切可以输出 VGA、DVI、HDMI、AV 等信号的设备均可作为 LED 显示大屏的信号源。

图 11-4 所示为同步控制系统拓扑图。

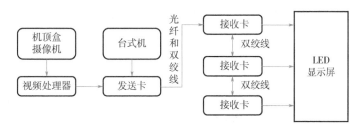

图 11-4　同步控制系统拓扑图

同步控制信号可以实时更新、任意切换，不受设备存储空间和内容格式等限制。其适用于直播、视频会议、演出现场等需要及时展示信号源内容，并且需要随时切换和控制播放内容的情况。

异步控制是指控制系统视频信号保存于控制器中，可脱离计算机使用。异步控制系统采用异步卡、播放盒等自带存储并可进行简单内容处理的设备控制大屏显示，主要应用在内容更新频率低，播放内容相对短少，不易或不必使用同步控制系统的场所。

图 11-5 所示为异步控制系统拓扑图。

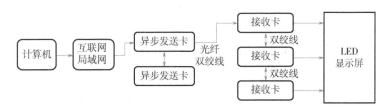

图 11-5　异步控制系统拓扑图

11. 视角

从 LED 显示屏左、右侧能看到清晰图像的夹角，称为水平视角。

从 LED 显示屏上、下方向能看到清晰图像的夹角，称为垂直视角。

LED 显示屏的水平左右视角分别不宜小于 ±50°，垂直上视角不宜小于 10°，垂直下视角不宜小于 20°。

11.3.3 LED 显示屏的基本组成

1. LED 屏体

LED 屏体由若干个显示屏箱体规律排列，搭配支撑钢结构、控制系统及配电系统等组成。
图 11-6 所示为 LED 屏体基本组成示意图。

支撑钢结构　　　　　　安装了箱体的钢结构　　　　　控制系统及配电系统

图 11-6　LED 屏体基本组成示意图

2. LED 箱体

LED 箱体是构成屏体的次级单元，LED 箱体由若干个模组规律排列，搭配电源、系统及线材等组成。

图 11-7 所示为 LED 箱体基本组成示意图。

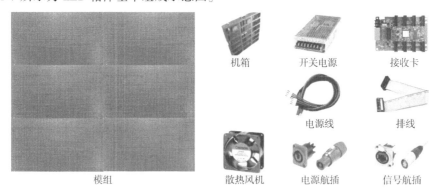

机箱　　　开关电源　　　接收卡

电源线　　　排线

模组　　　　散热风机　　电源航插　　信号航插

图 11-7　LED 箱体基本组成示意图

3. LED 模组

LED 模组是在一个 LED 箱体内，可拆卸的基本单元。
图 11-8 所示为 LED 模组基本组成示意图。

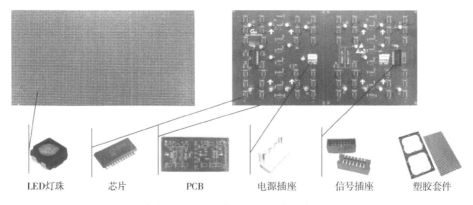

LED 灯珠　　　芯片　　　PCB　　　电源插座　　　信号插座　　　塑胶套件

图 11-8　LED 模组基本组成示意图

4. LED 灯珠

LED 显示屏之所以能够显示出五彩缤纷的图案，是因为它由许多的 LED 灯珠组合排列而成。由于 LED 灯珠作为显示屏成本最高以及用量最大的元器件，因此它对于 LED 显示屏的品质起着决定性作用。

LED 灯珠主要分为三类：

1）直插式：是以前常用的 LED 灯珠封装形式，我们见到设备上的单色指示灯，多数是直插式 LED，现在也有白光和彩色的直插式 LED。

2）贴片式：是目前最主流的 LED 形式，得益于成熟的工艺和生产设备，价格很优惠。可以兼容传统的电子元器件的贴装设备使用，故得名贴片式 LED。

3）集成式光源 COB：是以集成封装的方式做成的 LED 光源，一般用于大功率的场景。这里的 COB 和直显 LED 中的 COB 一体化工艺类似，都是芯片直接固定在一个板上。

LED 灯珠无论是插件式还是贴片式的，都是由五大部分组成：芯片、支架、银胶、键合线、环氧树脂胶。

LED 芯片是 LED 灯珠的子件，发光的就是 LED 芯片。主流的 LED 芯片从发光颜色上来说只有三种，即红、绿、蓝，白光 LED 是由蓝光芯片加黄色荧光粉配比而成的。

键合线是 LED 封装的核心材料之一，它的功能是完成芯片与引脚的电连接，起着芯片与外界的电流导入和导出的作用。LED 器材封装常用的键合线包含金线、铜线、镀钯铜线以及合金线等。纯金线与铜线、合金线对比起来惰性更强，无论在抗氧化、耐反压和制造工艺上都更占优势，是 LED 器件材料的最佳选择；但是，由于高纯度金资源稀有，价格昂贵，金线价格约为铜线的 10 倍，合金线价格介于金线和铜线之间，所以，想要得到品质更好的 LED 器件，价格肯定不可能便宜。

11.3.4　LED 显示屏控制系统及外部设备

1. 控制系统分类

LED 显示屏分为单（双）色和全彩两个大类，那么对应的 LED 显示屏控制系统也分为两个大类，单（双）色控制系统和全彩控制系统。

（1）单（双）色控制系统　单（双）色 LED 显示屏的播放内容大多数为走字文件，如诸多的商店门头显示走字，还有会议会标显示走字等，这类播放内容的文件比较小，最多到 2M，所需内存比较小，故而单（双）色 LED 显示屏的控制系统大多为异步卡。该控制系统的发送方式有串口、网口、USB 口，以及越来越流行的手机 WiFi 发送。

（2）全彩控制系统　全彩 LED 显示屏的播放内容大多为图片、视频、PPT 等数据比较大的文件，根据播放需求，既可以采用同步播放系统，也可以采用异步播放系统。

（3）发送卡和接收卡　LED 显示屏系统视频的传送都是经过发送卡、显卡传送到全彩LED 显示屏的接收卡上，再由接收卡将信号分段传输给 HUB 板。

在接收卡上安装的转接板，一般也称为 HUB 板，接收卡把数据传到转接板上，然后转接板上的数据通过排线传送到显示屏箱体的单行或者单列的全彩 LED 显示屏模组上，LED 模组与 LED 模组之间也是通过排线连接的，一般一个转接板只有 8 个插口，也就是说一个转接板只能控制 8 行或者 8 列 LED 模组数据的传输。

对于 LED 室内全彩显示屏的接收的算法和 LED 户外全彩显示屏是不一样的，因为 LED 室内屏和 LED 户外屏的像素点以及扫描方式都不一样，所以在 LED 接收卡上存在区别。

带载能力是发送卡和接收卡的关键技术指标，在配置时需要计算发送卡和接收卡的数量与布局。发送卡的带载是由 LED 屏的总像素点决定的，用屏幕的总像素点数除以发送卡单卡带载规格得到的数值就是所需发送卡的数量，然后根据宽高极限带载规格来确定发送卡布局。接收卡的带载规格和布局是由模组规格大小来确定的，根据接收卡的带载信息，再做好整屏的接收卡布局。

2. 控制系统外部设备

（1）视频处理器 视频处理器是对视频图像进行处理的设备，一般具有的功能有：视频格式转换；图像分辨率的转换，无极缩控；输入视频信号的切换；多信号同时显示；高清字幕位叠加；超大或者异形 LED 屏的拼接。

目前市场上主要是二合一的视频处理器，其兼具发送卡和视频处理器功能。

（2）拼接控制器 拼接控制器可以将一路完整的图像信号划分成 N 块后分配给 N 个视频显示单元处理设备。其支持多种视频设备的同时接入和切换，还可以将多个普通视频单元组成一个超高分辨率的屏幕。

（3）其他 其他控制系统外部设备还有配电柜、空调、音响系统、矩阵等。

11.4 小间距 LED 显示屏

小间距 LED 显示屏是指 LED 点间距在 P2.5 以下的室内 LED 显示屏，主要包括 P2.5、P2.0、P1.8、P1.5、P1.2、P0.9 和 P0.6 等 LED 显示屏产品。随着 LED 显示屏制造技术的提高，传统 LED 显示屏的分辨率得到了大幅提升。小间距 LED 显示屏广泛应用在会议场馆、指挥中心、演艺舞台等场所，以及广告娱乐等领域。

小间距 LED 显示屏采用分模组组装，具有真正的无缝、高清、可无限扩大、可任意拼接成曲面、异形屏等特点。小间距 LED 显示屏还具有亮度色彩均一致、画面对比度和亮度高、帧率高，无拖尾、重影、超宽视角，画面无偏色和失真，以及使用成本和维护成本低等优势，缺点是产品价格较高。

小间距 LED 显示屏由 LED 显示模组、控制系统、电源、箱体和辅助线缆等部分组成。

11.4.1 显示模组

LED 显示模组是小间距 LED 显示屏产品的主要部件之一，主要由 LED 灯、PCB 线路板、驱动 IC、电阻、电容和塑料套件组成。

小间距 LED 显示模组的 LED 灯即 LED 发光二极管，由红、绿、蓝三种颜色的发光二极管组成一个像素。LED 灯的间距就是每个相邻 LED 像素发光像素之间的距离，因各个厂家的模组尺寸设计不同，每个产品的间距也略有差别，如 P1.2 规格的大屏就有 1.25mm 和 1.27mm 等规格，但是统称 P1.2。

模组 LED 灯的数量和排列方式决定了模组的尺寸，如间距为 1.25mm，横向 200 像素，竖向 135 像素的模组，长度为 1.25mm×200=250mm，高度为 1.25mm×135=168.75mm，同理知道了 LED 大屏的整屏物理分辨率，也就能测算出大屏的长度和高度了。

11.4.2 箱体

小间距 LED 显示屏最主流的安装方式有箱体和框架两类。箱体有钢箱体、压铸铝箱体和碳纤维箱体等，目前最常用的是压铸铝箱体。压铸铝箱体具有重量轻，结构合理，精度高和散热好等特点。箱体经过 CNC 二次精密加工，使其尺寸公差达到 0.05mm，保证拼接能够快速、精准组装。其显示屏幕平整度高、无缝隙感，主要用于 P1.6 以下间距的 LED 显示屏。

在选择箱体时要注意三点：

1）优质箱体整体都是金属结构，有些价格低的箱体为了降低成本将后盖改为塑料结构，这样不利于显示屏散热，也降低了电磁防护性能。

2）箱体要全密封，压铸铝箱体是通过整个金属箱体进行散热的，不需要散热孔，全密封箱体有利于保证箱体的安全性，且能防潮、防灰。

3）有的 LED 显示屏后部没有维护空间，需要选择前维护箱体，使得 LED 显示屏的维护工作可在显示屏前面完成。

11.4.3 安装固定方式

小间距 LED 显示屏的安装固定方式有钢架固定安装、墙面贴壁安装、吊装和移动安装等。

1）钢架固定安装是在地面和顶棚直接安装钢结构支架，然后将 LED 显示屏箱体或模组安装在钢结构支架上，这种安装方式稳定可靠，特别适合大面积屏幕的安装。

2）墙面贴壁安装是在墙壁安装结构件，然后将 LED 显示屏箱体或模组贴在结构件上，贴壁安装，相比钢架固定安装节省 80% 的安装空间，但是对墙面的强度有一定要求。

3）吊装是从房屋顶棚上吊一根横梁，然后将 LED 显示屏箱体或模组垂吊在横梁上。这种安装方式对地面和墙面没有破坏也没有承重要求，比较适合改造类项目。

4）移动安装是将 LED 显示屏安装在一个可移动的钢结构平车上，可根据要求移动到适合的位置。

以上各种方式均可将 LED 显示屏安装成平面或弧面，弧面又分内弧面和外弧面。内弧面 LED 显示屏相对比较简单，只要在制作 LED 显示屏钢结构时做成弧形的就可以。内弧面 LED 显示屏适合横向显示面积较大的显示屏。外弧面 LED 显示屏较为复杂，要根据屏体的尺寸重新设计模组的尺寸和排列方式，需配合结构和控制卡的排布才能实现，比如球形屏就是外弧室内 LED 显示屏的代表产品。

第12章 公共广播系统

12.1 公共广播系统知识思维体系

公共广播是由使用单位自行管理的，在本单位范围内为公众服务的声音广播，包括业务广播、背景广播和紧急广播等。公共广播系统是为公共广播覆盖区服务的所有公共广播设备、设施及公共广播覆盖区的声学环境所形成的一个有机的整体。公共广播设备是组成公共广播系统的全部设备的总称，包括广播扬声器、功率放大器、传输线路及其传输设备、管理与控制设备、寻呼设备、传声器和其他信号源设备。

图12-1 所示为公共广播系统知识思维体系。

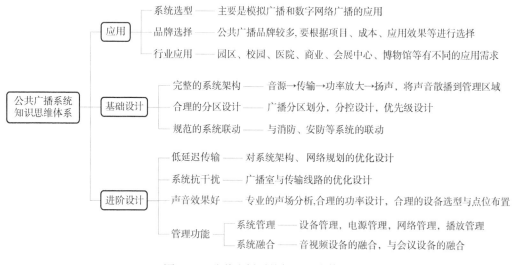

图12-1 公共广播系统知识思维体系

12.2 公共广播系统基础

12.2.1 重要概念

（1）全区广播 整套公共广播系统所覆盖的区域，扬声器作为一个整体，全区广播时所有有效的扬声器都播放同样的声音。

（2）分区广播 把公共广播服务区分割成若干个广播分区，各个广播分区可分别打开、关闭，或全部打开、关闭。

（3）寻呼 寻人广播或根据现场需要临时向指定的广播区域发布的广播。

（4）寻呼站 独立于广播主机以外的，可以进行分区寻呼操作的设备。

（5）业务广播 公共广播系统向其服务区域播送的、需要被全部或部分听众认知的日常广播，包括发布通知、新闻、信息、语声文件、寻呼等。

（6）消防广播　消防广播系统也称应急广播系统，在突发公共事件警报信号触发时（消防的烟感、温感或者手动触控报警启动），公共广播系统自动转变为应急广播系统，起到对现场进行指挥、疏散、提醒、警告等作用。

（7）紧急广播　为应对突发公共事件而发布的广播；可以是紧急的音频播放，也可以是广播员喊话等。

（8）背景广播　公共广播系统向其服务区域播放的、旨在渲染环境气氛的广播，包括背景音乐和各种场合的背景音响（包括环境模拟声）等。

（9）强插广播　强行用某些广播内容覆盖正在广播的其他节目，或者强行唤醒处于休眠状态的公共广播系统发布紧急广播。

（10）声压级　声音测量最常用的物理量是声压，描述声压的大小通常用声压级（Sound Pressure Level，SPL）。人耳可听的声压范围为 2×10^{-5} Pa ~ 20Pa，对应的声压级范围为 0 ~ 120dB。

在公共广播中，对声压级的要求为：

1）背景广播≥80dB。

2）业务广播≥83dB。

3）紧急广播≥86dB。

（11）灵敏度　表示当扬声器电子输入为 1W 时，频率为 1kHz，在距离扬声器 1m 远处所测的声压级，此指标用于比较扬声器功率。

音箱灵敏度这个指标，就是描述这只音箱把电能转换为声能的转换效率。如果一只音箱的灵敏度高，意味着它的电声能量转换效率高，在输入同样的电功率时，发出声音的声压级就比灵敏度低的音箱更高，音量更大。

12.2.2　定压输出与定阻输出

1. 定压输出

定压音响系统的输出电压不随负载阻抗变化而变化，即输出的音频信号的最大电压恒定不变的功率放大器。由于采用了深度负反馈，这种深度负反馈量一般在 10 ~ 20dB，输出电压十分稳定，在额定功率范围内所接负载多少对放大器的输出电压影响很小。为降低长距离功率传输中传输线的功率损耗，需要使用输出变压器，电压越高传输线损耗越小。输出电压主要有 70V、90V、120V 等，它要求负载的额定电压一定，定压功放以多个定压音箱并联的形式连接，功率不超过定压功放的总功率。

2. 定阻输出

功放要求输出负载电阻一定。定阻功放中如果负载阻抗发生变化，功率就发生相应变化。8Ω100W 的定阻功放接 4Ω，其功率就变成接近 200W。定阻信号输出，是以电流来推动扬声器的，特点是输出的电流大，电压小。定阻信号传输距离不超过 100m 时，音质、音效好。

3. 应用场所

定压音响系统主要应用于公共场合的公共广播、校园广播、背景音乐系统。定压功放采用高电压低电流输出，线路损耗较小，公共广播音箱和功放的距离可以较远。定压广播系统可减少线路损耗，避免系统中某个扬声器的开启或关闭对其他扬声器的音量造成影响。定压广播系统功放可以连接多个音箱，只要将音箱并联在一条普通的电线上就可以了。

定阻系统多用于会议音响、家庭背景音乐、家庭影院、KTV、舞台等。家庭背景音乐、家庭影院、舞台等音箱与功放的距离比较近，不需要连接很多的音箱。定阻功放采用高电流低电压输出，连接功放和音响应选用专用的音箱线。

12.3 从一段声音之旅，理解系统原理与结构

公共广播系统就是将声音送达受众的系统，以图 12-2 所示的网络广播系统为例，从一段声音的旅程，来理解公共广播系统的组成。

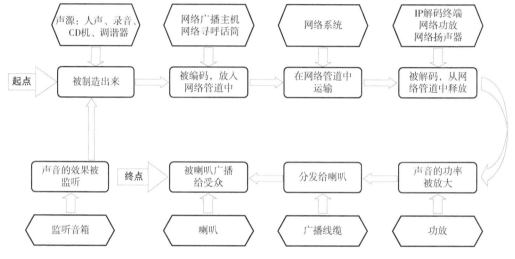

图 12-2　以网络广播为例，声音的旅程

由图 12-2 可见，公共广播系统的组成，主要可以分为四个部分：

（1）声源设备　广播服务器、分控设备、网络寻呼话筒、采播音源（CD 机、收音机、卡座）等。

（2）信号放大及处理设备　调音台、功放（前置放大器、功率放大器）、电源时序器等。这部分设备的首要任务是放大信号，其次是选择信号。调音台和前置放大器的作用及地位相似，它们的基本功能是完成信号的选择和前置放大，此外还具有对音量和音响效果进行各种调整与控制的功能。有时为了更好地均衡频率和美化音色，还另外单独加入频率均衡器。这部分是整个公共广播系统的"控制中心"。功率放大器则将前置放大器或调音台送来的信号进行功率放大，再通过传输线推动扬声器放声。

（3）信号传输设备　网络系统、IP 解码设备、传输电缆等。信号传输设备根据系统和传输方式的不同而有不同的要求，对于网络公共广播，主干数据传输是利用网络系统，在终端经 IP 解码设备还原。IP 解码设备有专用解码终端，也有集成了解码功能的功放和扬声器等。

（4）扬声器设备　吸顶音箱、壁挂音箱、音柱、号角广播、景观音箱、阵列扬声器等。

12.4 模拟广播系统

在模拟广播中，从音源至扬声器播放出来的全过程，信号的性质都是模拟的。

模拟信号是指用连续变化的物理量表示的信息，其信号的幅度，或频率，或相位随时间作连续变化，如目前的广播的声音信号、电视的图像信号等。

图 12-3 所示为模拟广播信号处理过程示意图。

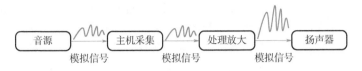

图 12-3 模拟广播信号处理过程示意图

目前，模拟广播还有很多缺点，如传输过程中抗电磁干扰性差，语音音质差，无法实现远程网络传输；无法实现智能化管理以及与各业务系统集成管理，导致传统广播系统难于控制和管理；使用维护不便，系统扩展性差，各种语音系统彼此"孤立"等。所以模拟广播当前的应用场景比较有限，主要是对功能要求不高、广播覆盖范围不大的小范围场景区域。

但是模拟广播还有一项重要应用，就是在校园，可作为听力考试广播的备份系统使用。

图 12-4 所示为模拟广播系统图。

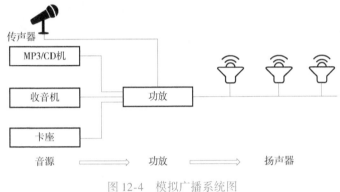

图 12-4 模拟广播系统图

12.5 网络广播系统

12.5.1 系统结构

数字化的 IP 网络公共广播，是将模拟音频信号数字编码，通过网络传输后，再由终端解码成模拟音频信号，可多路、单向或双向传输。数字化网络公共广播适合多区域音频分布，点对点的长距离音频传输，可借助已有的以太网网络。

图 12-5 所示为网络广播信号处理过程示意图。

图 12-5 网络广播信号处理过程示意图

网络公共广播系统不同于传统的广播系统。传统的广播普遍采用音频或调频方式，会受到电压、功率、阻抗等因素影响，传输距离短，频率低，容易受干扰，系统扩展性差。数字化网络公共广播是建立在网络平台上，采用网络数字音频编解码技术来传输，解决了传统广播系统存在的传输距离短，音质不佳，维护管理复杂，互动性能差的问题，全面显著地体现了其技术的先进性和优越性。

网络公共广播系统传输节目时,每套节目占用带宽仅 0.1Mbit/s,若在带宽为 100Mbit/s 的局域网内安装 300 个网络音频适配器,那么可以同时对这 300 个网络音频适配器播放 300 个完全不同的节目,并可独立控制每个网络音频适配器的播放进度和音量。另外,系统还具有实时广播、定时广播、分区广播、电话广播、自由点播、实时采播、消防联动、电源控制、现场监听、双向对讲、触发联动、通话录音、日志查询等功能,完全可以覆盖并优于传统广播系统。

数字化 IP 网络公共广播系统的音频传输距离可无限延伸,在系统结构上也可以方便地进行扩展,其可运行在局域网和互联网上;可以基于现有计算机网络建设,安装时无须单独布线。在网络应用方面,可以真正实现音频广播、视频监控、计算机网络的多网合一。

图 12-6 所示为网络公共广播系统图。

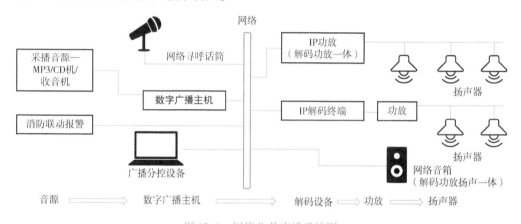

图 12-6　网络公共广播系统图

12.5.2　广播分区

广播分区十分重要,直接涉及系统的确定和功放设备的配置。通常划分成若干个独立广播区域,由管理人员(或预编程序)决定哪些区域发布广播,哪些区域暂停广播,哪些区域插入紧急广播等。

广播分区方案原则上取决于客户的需要,通常可参考下列规则:

1)大厦可按楼层分区,场馆可按部门或功能块分区,走廊通道可按结构分区。

2)管理部门与公众场所宜分别设区。

3)重要部门或广播扬声器音量有必要由现场人员随时调节的场所,宜单独设区。

4)网络广播系统可临时设定任意多个组,播放指定的节目,或对任意指定的组进行广播讲话。

5)服务器软件可远程随时任意调节每台网络适配器的音量。

数字广播系统可实现无限的分区,不会受到分区数量的限制,方便区域与功能的扩展。

值得注意的是,现行国家标准《民用建筑电气设计标准》GB 51348 规定,消防应急广播的分区应与建筑防火分区相适应。当背景音乐广播系统和火灾应急广播系统合并为一套系统时,广播系统分路宜按建筑防火分区设置,且当火灾发生时,应强制投入火灾应急广播。

12.5.3　分控中心

公共广播系统可以设置主控中心和若干分控中心,分控中心可以是二级监控主机或寻呼台站，网络公共广播在远端办公室可安装分控软件或远程登录 WEB 页面来进行管理。

主控中心和分控中心可以设置广播优先级。分控中心可以根据需求分管理职能、分区域来设计；在授权范围内可以设置分区广播。

网络广播系统支持多个远程软件操作系统（或 WEB 登录），通过软件设置，每个分控中心只能负责本区域的各个网络音频终端，不能控制其他区域。

在广播控制室通过监听终端和监听音箱，可实时收听到任意终端正在播放的内容以及进度。

12.5.4　消防应急广播

1. 设计要求

多用途公共广播系统，在发生火灾时，应强制切换至消防应急广播状态，并应符合下列规定：

1）消防应急广播系统设置专用功放设备与控制设备，仅利用公共广播系统的传输线路和扬声器时，应由消防控制室切换传输线路，实施消防应急广播。

2）消防应急广播系统全部利用公共广播系统，只在消防控制室设应急播放装置时，应强制公共广播系统进行消防应急广播；按预设程序自动或手动控制相应的广播分区进行消防应急广播，并监视系统的工作状态。

3）在发生火灾时，应将背景广播强切至消防应急广播。

2. 紧急广播系统应符合的规定

1）当公共广播系统有多种用途时，紧急广播应具有最高级别的优先权；系统应能在手动或警报信号触发的 10s 内，按疏散预案向相关广播区域播放警示信号（含警笛）、警报语音或实时指挥语音。

2）以现场环境噪声为基准，紧急广播的声压级应比环境噪声高 12dB 或以上。

3）紧急广播系统设备应处于热备用状态，或具有定时自检和故障自动告警功能。

4）紧急广播功放设备的容量应支持系统所有扬声器同时播放的要求。

5）发布紧急广播时，音量应能自动调节至不小于应备声压级界定的音量。

6）当需要手动发布紧急广播时，应能一键到位。

7）单台广播功放设备故障不应导致整个广播系统失效。

8）单个广播扬声器故障不应导致整个广播分区失效。

3. 消防联动

消防联动是指通过安装在现场的各种火灾探测器对现场进行监控和探测，即一旦检测到火灾警情或紧急情况，立即送至消防报警控制器（联动型），经确认后，通过多线制或总线接口送至公共广播系统，系统立即按编辑好的预警方案（多种预警方案，用户可以根据实际情况配置）控制相应的设备来对可能危及的区域播放预置的语音提示，疏散人群。

12.5.5　广播优先级

当多个节目源对相同的广播分区进行广播时，优先级别高的节目能自动覆盖优先级别低的节目。

常规情况下，广播优先级为消防应急广播 > 寻呼广播 > 背景广播/业务广播，也可以进行自定义调整，但是应急广播必须要强插覆盖背景音乐广播。

12.5.6　双向对讲

网络广播可以实现双向可视对讲功能，IP 网络寻呼话筒之间或与报警柱之间可以实现全双工实时双向对讲。

图 12-7 所示为 IP 可视对讲系统拓扑图。

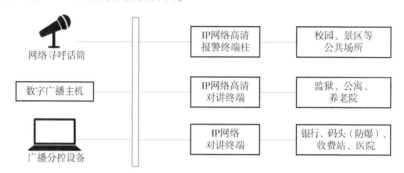

图 12-7　IP 可视对讲系统拓扑图

12.6　系统设计

12.6.1　功放与扬声器的匹配

注意定压功放需跟定压扬声器匹配，定阻功放跟定阻音箱匹配，不可混淆；如果功放既有定压输出也有定阻输出，那么可以根据实际情况选择使用。

定压功放与负载的配合，理论上只要大于或等于扬声器额定功率即可，但由于定压广播系统传输距离较长，考虑到线路的损耗和可靠性，实际使用中功率放大器配备都留有一定富余度，通常功放的额定功率应大于接到这台功放的所有扬声器的功率的总和乘以 1.5 后的数值。

在连接功放与扬声器时，需注意 100V 功放与 70V 功放的区别，国内常规使用 100V 的功放。

业务广播、背景音乐与火灾广播合用的系统，功率放大器应按火灾事故广播的最大区域中扬声器计算功率总和的 1.5 倍进行备用功率放大器配置，或根据广播的重要程度配备备用功放。

定压式功率放大器也有纯后级与合并功放之分。一个较大规模的、使用多台纯后级功率放大器的广播系统，必须配置音频分配器；前置放大器输出的信号经过音频分配器分配放大后，再馈送至每一台后级功率放大器，这样才能保证信号电平与阻抗的良好匹配。而后级功率放大器则分别驱动所带负荷，功率放大器绝不可任意并联。对于简单的、仅用一台功率放大器的场所，则可以选择合并功放。

12.6.2　传输距离与线材规格

公共广播系统应有一路专用交流电源，宜由配电箱专路供电，当功率放大器设备容量在500W 以上时，应在广播室设独立配电箱，交流电源电压偏移不应大于 10%。交流电源的容量一般为广播系统设备的交流电源耗电容量的 1.5～2 倍。带有火灾事故广播系统的，应按一级负荷进行配电,此外,可按坚持 10min 火灾事故广播的容量配置不间断电源。

由于平行扬声器线存在线间寄生电容,因而不适宜远距离传输广播信号,否则将衰减声音的高频部分,容易造成高音不清晰、发闷等现象。双绞线可以有效克服线间寄生电容的问题,远距离传输广播信号应选用双绞护套电缆。带屏蔽的双绞护套传输电缆,由于屏蔽网的作用,能有效地防止广播电缆对同管敷设的其他电缆的辐射影响,更能加强电缆的抗拉伸性能,尤其适用于长距离敷设。

广播传输电缆除了应选用双绞线以外,对线径也有一定要求。理论上讲,线径越粗,线路传输损耗越小。

功放到最末端扬声器的线总长不超过 1000m。

表 12-1 为功放功率、线总长与线材线径的关系。

表 12-1 功放功率、线总长与线材线径的关系

线材线径 长度 \ 功率	60W	120W	250W	350W	450W	650W	1000W	1500W
100m	0.50	0.50	0.50	0.50	0.75	0.75	1.00	1.50
250m	0.50	0.50	0.75	0.75	1.00	1.00	1.50	2.50
500m	0.50	0.75	1.00	1.00	1.50	2.00	2.50	4.00
750m	0.75	1.00	1.00	1.50	2.00	2.50	4.00	6.00
1000m	1.00	1.50	1.50	2.00	2.50	4.00	6.00	10.00

注:功放输出 100V;线材横截面面积的单位为 mm^2。

定压公共广播系统传输线路宜采用穿管敷设的方法,且不能同其他线路同管敷设。定压公共广播传输线路在室外敷设时,当穿越道路时,对穿越段应穿钢管保护。广播室所有器材都应装配在 19in 的标准机柜上,并且设置工作接地和保护接地装置。若单独设置专用的接地装置,接地电阻不应大于 4Ω;接至共同的接地网,接地电阻不应大于 1Ω。

12.6.3 扬声器的配置

公共广播扬声器的选择应满足灵敏度、频响、指向性等特性及播放效果的要求,并应符合下列规定:

1)办公室、生活间、客房等可采用 1~3W 的扬声器。

2)走廊、门厅及公共场所的背景音乐、业务广播等宜采用 3~5W 的扬声器。

3)在建筑装饰和室内净高允许的情况下,对大空间的场所宜采用声柱或组合音箱。

4)扬声器提供的声压级宜比环境噪声高 10~15dB,但最高声压级不宜超过 90dB。

5)在噪声大、潮湿的场所设置扬声器时,应采用号筒扬声器。

6)室外扬声器的防护等级应为 IP56。

不同于歌舞厅或剧场,公共广播系统主要是用于背景音乐、语言扩声,所以声压级在70dB 左右(环境噪声为 50~55dB),正常人能清晰听到的范围,就比较合适了。

声压级的计算与许多因素有关,但主要是和输入功率、声源距离、扬声器的灵敏度有关,其计算公式较复杂。基本上人耳到扬声器的距离每增加一倍,公共广播系统声压级将降低6dB;同时,扬声器的灵敏度下降 3dB,要想达到同样的声压级,输入功率必须增加一倍。这一点比较重要,但常常被人们忽略。因为通常人们在实际工程中(特别是不大的工程中),往往是不进行计算的,选择设备仅仅是考虑扬声器的额定功率以及与功率放大器的配合,而忽略

了公共广播系统扬声器的灵敏度、声压级与距离的关系，这样做出的工程，有时效果不是很理想。

对于吸顶式扬声器的选择除注意额定功率、灵敏度、频率响应等技术指标，还要考虑扬声器的辐射角及分布位置。如目前大多数厂家生产的吸顶式扬声器辐射角大约是 90°。在顶棚上布置扬声器，其间隔与房间的高度及设计要求的声场声压级有关，扬声器排布间距越小，声场越均匀。通常各扬声器间距大约等于扬声器辐射角在假想人耳高度平面的投影直径。因此，一般顶棚高度为 3~4m，扬声器功耗 3~6W，间距为 6~8m，覆盖面积达 30~50m² 。对于要求较高、较复杂的场所，目前已经有分析计算软件，通过计算机能够精确地分析计算吸顶式扬声器的数量及分布。

景观扬声器适用于露天场所，全天候设计，一般功率为 10~25W。实际使用时扬声器间距在 10~20m，根据背景噪声可适当调整分布间距。景观扬声器最好安装在混凝土底座上。

许多场所还常采用音柱与吸顶扬声器混合布置的方式，音柱式扬声器较吸顶式扬声器在频响、声压级和指向性方面更好，且施工简单。而分散布置的吸顶式扬声器则声场均匀，混合布置可互为补偿。高噪声、潮湿的场所，应采用号角扬声器，其声压级应比环境噪声高 10~15dB。

对于消防报警公共广播系统的扬声器，应具有防火性能。在走廊、通道等公共场所，兼顾消防报警的吸顶式扬声器额定功率不得小于 3W。业务广播、背景音乐、消防报警广播合用的系统中，除必须能够强制转入火灾事故广播状态，与火灾事故广播合用的扬声器，现场不得装设音量调节或控制开关。

第 13 章　会议系统

现代多媒体会议依托于音视频会议系统，结合交互会议平板、投影仪、视频硬件、液晶电视、桌面 Pad、无线投屏器、电子会议门牌、电子桌牌、投票器等交互、电子显示、通信等硬件设备，实现对办公概念的拓展。

现代通信（包括 Internet 和无线投屏）、个人和会议设备（如计算机、移动设备），以及将所有这些元素整合在一起的应用（如 Teams、Webex、Zoom、腾讯会议），使身处不同位置的人们能够随时交流和协作。

同时传播信息的来源不仅仅局限于会场内，还包括与本部联系的网络系统、全球互联网、远程电视电话系统、通信系统，如 110 指挥、城市监管、应急指挥、远程现场采集等系统；也能通过数字会议系统控制会议进程，通过表决系统收集代表反应，并且可以通过同声翻译系统实现不同语种的人们实时的交流信息。而对于整个庞大的系统控制的全部操作，都集中到一个图文并茂的液晶触摸屏或计算机控制，使非专业人员开会时可以自己控制会议设备、进程等。

13.1　会议系统知识思维体系

图 13-1 所示总结提炼了现代多媒体会议系统的设计与应用方面的知识点。

在建筑中有各种类型的会议空间和会议场景，不同的会议室的使用功能也各不相同，可以根据不同的类型选择对应的解决方案及子系统模块，会议系统构成基本上都应包含以下系统模块：

1）交互显示系统：交互大屏、LED 显示屏、商用显示屏、无纸化、投影仪。

2）视频会议系统：视频会议应用软件、一体式终端、分体式终端。

3）会议音频系统：传声器、调音台、处理器、功放、扬声器。

4）物联控制系统：灯光、空调、窗帘、门禁、物联系统。

5）后台管理系统：会议预约、集控系统。

6）其他设备：中控屏、桌牌、门牌。

13.2　数字会议系统

数字会议系统最基本的功能是发言管理功能，在此基础上还能扩展表决、签到和同声传译等功能。除此之外，数字会议系统功能还包括其自带的扩音扬声器、信息显示、席位信息传输、内部语音通信、电子桌牌、席位图像显示、操作，以及单独的电子投票箱等。

图 13-2 为典型数字会议系统拓扑图。

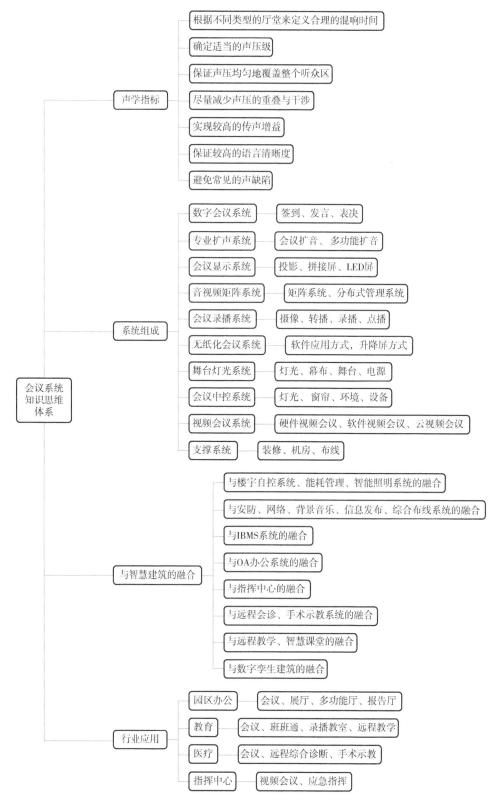

图 13-1　会议系统知识思维体系

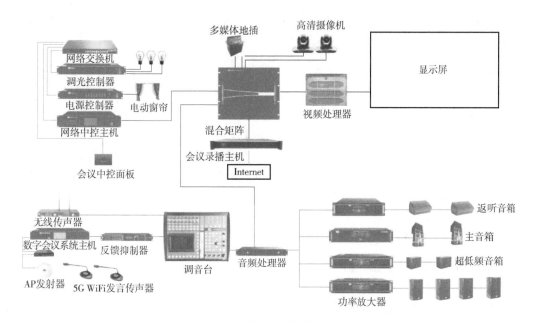

图 13-2　典型数字会议系统拓扑图

13.2.1　数字会议系统分类

（1）传统会议设备　传声器手拉手连接，与会议主机采用专用航空线相连。系统连接稳定、音质还原度好。但连接受航空线长度限制，传声器需由主机供电，容纳传声器数量较少，数量较多时还需增加拓展主机。

图 13-3 为手拉手会议系统连接方式。

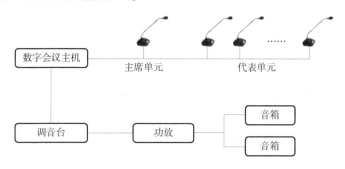

图 13-3　手拉手会议系统连接方式

（2）网络会议设备　传声器与会议主机之间采用网络连接，网络连通即可，交换机需要支持 PoE。

（3）WiFi 会议设备　WiFi 信号稳定性较高，传声器可随意移动、摆放；抗衰减能力不强，长距离传输时容易受干扰；穿墙能力较差，保密性不高。

13.2.2　发言功能

数字会议系统的讨论发言功能是智能发言，一般主席机具有最高权限，能打断任何人的发言。发言人数一般为 4~6 人，其余的只能是排队发言、插入发言等。在微机的控制下还能实现程序安排发言、限时发言、点名发言、禁止发言等功能。系统中还能扩展"副主席机""VIP 代表机",它们具备一些主席机的功能。

13.2.3　表决功能

席位机的表决功能主要是三键式表决和五(多)键式表决,三键式表决是"同意、反对、弃权"式表决,五(多)键式表决是收集代表态度或反应式表决,比如"－－、－、0、＋、＋＋"或"0%、25%、50%、75%、100%"等。任何一种电子投票都可以是匿名投票或实名投票。当会议主机投票表决发起时,发言传声器可进行表决投票,投票表决结果可实时输出至大屏显示。

13.2.4　签到功能

签到可以是代表入席后按面前的代表机按钮表示签到,也可以是插入或感应式 IC 卡签到,值得一提的是,利用 IC 卡签到的代表机往往具有身份权限管理功能,IC 卡签到后,系统会自动识别该代表身份(知道代表的姓名、座位号等信息),能得知该代表是否具有发言权或表决权,并自动设置其面前的代表机相应功能的开放与关闭。

13.2.5　同传功能

同声翻译是系统将发言的语音(称为原语)分配给各个译员,各译员将原语同步翻译为相应的译语传入系统中,有 N 种译语的称为 $N+1$ 同传系统。这里的"1"就是原语,常见的有 3＋1 的四通道同传系统、6＋1 的七通道同传系统、7＋1 的八通道同传系统、11＋1 的十二通道同传系统、15＋1 的十六通道同传系统、31＋1 的三十二通道同传系统、63＋1 的六十四通道同传系统。

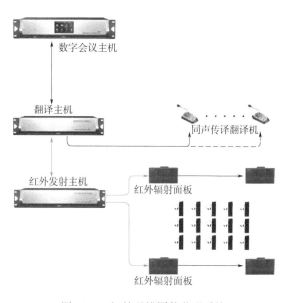

图 13-4　红外无线同传分配系统

具有发言、表决等功能的代表机,往往也会集成同传的功能,而无这些功能的代表则是靠同传接收机来选择不同的通道,在无线同传接收机中,就需要无线覆盖全场信号,即无线同传分配系统,代表拿着接收机在场内任意位置都能收听同传信号。无线同传分配系统主要指的是红外无线同传分配系统。

图 13-4 为红外无线同传分配系统。

13.3　专业扩声系统

扩声系统是一项系统工程,涉及电子技术、电声技术、建声技术和声学艺术等多种学科,同时还须与视频系统、舞厅灯光系统、消防广播系统、背景音乐系统和安保系统等子系统密切配合和协调。

扩声系统的音响效果不仅与电声系统的综合性能有关，还与声音的传播环境——建筑声学、会场装修和现场调音使用密切相关。

13.3.1 声学特性指标

音频系统应有足够大的声压级，以使声音清晰、声场均匀。音频系统声学特性指标应符合相关的规定，见表13-1。

表 13-1 音频系统声学特性指标

项目	一级	二级
最大声压级	额定通带内≥98dB	额定通带内≥95dB
传声增益	125~4000Hz 的平均值≥ -10dB	125~4000Hz 的平均值≥ -12dB
稳态声场不均匀度	1000Hz、4000Hz 时≤8dB	1000Hz、4000Hz 时≤10dB
总噪声级	NR30	NR35

关于各项声学特性指标进一步的说明如下：

1）最大声压级决定重放声动态范围的上限，而系统总噪声级决定其下限。实际上扩声系统所产生的噪声一般低于厅堂运行时的背景噪声，故听音动态范围的下限绝大多数情况下是受背景噪声所限制的。

2）传声增益：扩声系统在使用传声器时，对传声器拾取的声音的放大量，是衡量扩声反馈程度的重要指标，传声增益越高，扩声系统的声音放大量越大。国内外的实践证明，扩声系统在产生声反馈自激临界啸叫点以下6dB运行，系统基本稳定，即系统的稳定度至少为6dB。

3）扩声系统的稳态声场不均匀度数值是现场调查测量的总结归纳，基本上反映扬声器系统的覆盖是否合理。

4）系统总噪声级：扩声系统达到最大可用增益，但无有用声信号输入时，厅堂内各测点处噪声声压级的平均值。该指标的目的在于限制交流电噪声，以及因扬声器系统或设备安装不当在服务区域引起的二次噪声等。

扩声系统设计通常从声场设计开始，逐步向后推进到功放、声处理、调音台和声源。因为声场设计是满足系统使用功能和音响效果的基础。因此这种向后推进的设计步骤是十分必要的。

13.3.2 专业扩声系统的设备组成

会议音频系统作为会议重要的组成部分，其组成应符合下列规定：

1）应由传声器、音频处理设备、功率放大器和音箱等组成。

2）音频处理设备可由调音台、数字音频处理器、回声抑制器、音频矩阵、分配器等设备组合。

3）应由音频系统与会场终端构成传送、播放远端会场音频系统。

4）根据功能需要，系统宜增加音源播放、录音、有源监听音箱、监听耳机、音量电平表和集中控制等设备。

在复杂的会议室应用中，有可能涉及多种音频源和不同的音频输入设备，这就需要调音台将这些音频进行调控，将不同的音源对应到调音台的不同输入。这样就可以对每路的音频源进行灵活的控制，对音频大小进行调节，增加效果等。

对于音频的输出，会议室可能有多种音箱部署在不同位置，也可能将声音源通过不同的音箱外放。这同样需要通过调音台进行调整。目前，除了常见的带有各种旋钮的调音台外，还有软件化的调音台，其整个控制都通过软件进行。

音频处理器是一种集成化的音频处理单元，简单的会议室方案中也可以不必使用音频处理器。但是高水平的音频处理器可以替代很多设备，提供信号处理、传声器的混音处理、回声抑制功能，以及扬声器的均衡处理、噪声控制功能，甚至是功放的部分功能。音频处理器要求的技术含量较高，高品质的音频处理器的价格也是非常昂贵的。可根据会议室建设要求和预算灵活选择音频处理设备。

13.3.3　传音设备

1. 传声器的分类与工作原理

传声器即话筒，其拾音效果受两个因素影响：换能原理与指向性。

图 13-5 为传声器根据换能原理与指向性的分类。

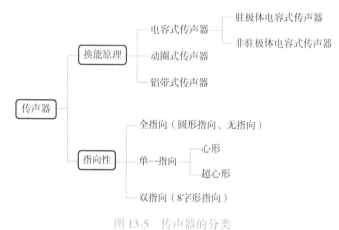

图 13-5　传声器的分类

1）电容式传声器的工作原理是通过电容量变化将声信号转化为电信号。

优点：声音真实、饱满有力；频响范围宽阔，各频段拾音表现俱佳；灵敏度高，可感知更多细节，突显人物嗓音特质或乐器的演奏手法；瞬时响应快，低音无音染，高音清脆；可承受更大范围的声音动态。

缺点：工艺复杂，价格高昂；音膜娇贵，易受温度和湿度影响，需用防潮箱保存。

2）动圈式传声器的工作原理是利用电磁感应现象，由振膜带动线圈振动，从而使在磁场中的线圈感应出电信号。

优点：经济实惠；结实耐用，不易损坏；指向性较好，拾录的噪声少；无须直流工作电压，操作简便。

缺点：高频不足，低频略多；频响范围在 50～16kHz；灵敏度较低。

3）铝带式传声器的工作原理是铝带受声波作用产生振动，并切割磁力线而产生感应电动势，达到声电转换的目的。

优点：瞬态效应好，灵敏度高；音质细腻柔和。

缺点：使用条件苛刻，不适合在移动场合或有风的环境下使用。

传声器的指向性是指传声器对各个方向声音的感知灵敏度，由此可将传声器分为三大类：全指向传声器、单一指向传声器和双指向传声器。传声器的指向性指标一般用正面（0°）和背面（180°）的灵敏度差值来表示。

1）全指向传声器对所有角度的声音感知能力均等，可拾录的声场广阔，适用于音乐剧、话剧、演讲、广播等大型演出场合，既能突显空间感，又能达到平衡现场整体效果的目的。

2）心形指向传声器对正前方的声音十分敏感，能够很好地隔绝开来自其他方向的声音，对背面的声音感知能力差，几乎收录不到背面声音。心形指向传声器突出的收音特质，使得它经常被用于舞台或者录音棚以拾取特定的人声或乐器。有时它也被用在不良的声场环境，尤其对比全指向传声器，它能拾取到的无用回声会少很多。

3）超心形指向传声器相较于心形指向传声器而言，拾音区域更窄，指向性更强，能更有效地屏蔽掉周围噪声，所以它很适合在需要隔离的演出现场、乐器定点收音的场景里出现，可以拾取到干净又独立的声音。

4）双指向（8 字形指向）表示声波从 0° 和 180° 的方向入射时传声器的灵敏度最高，能均衡拾取振膜正反两个方向的声音，随着偏离这两个角度传声器灵敏度开始降低，在 90° 和 270° 时灵敏度最低。由于它对左右两边的音源极度不敏感，所以能够很好地阻断来自侧面的声音。

2. 会议室传声器的选择

传声器的选择除了要考虑其灵敏度、输出阻抗与调音台输入阻抗的匹配等电声指标外，在会议室内还需要考虑传声器的指向特性、频响特性以及传声器的外形等。

就指向性而言，超心形适宜较远间隔拾音，心形适宜大多数情况，无指向性传声器则不适宜言语拾音，因为容易会导致回声。

集中式或半集中式规划的扩声系统，传声器的指向特性应为心形或超心形；涣散式规划的扩声系统通常应挑选心形传声器；若是传声器距扩音箱较远，而厅堂混响时间不是过长，也可挑选全指向性传声器；当声源非常接近传声器时，可使用能切除近讲效应的心形传声器。

就传声器的内部构造类型而言，会议室扩声通常选用动圈式传声器。这些年，随着会议桌的加大、加宽，如今大都挑选电容式鹅颈传声器。这样，在会议桌比较宽时，不至于出现因被说话者推到桌边而拾取不到声响的情况。电容式传声器的传声器头比较小，不易遮住说话者的脸部也是其被挑选的因素之一。

手持传声器即动圈式传声器。其特点是灵敏度低，拾音距离近（一般在 10cm 以内），对低音较好。现在多用无线手持传声器，其无线频段分为 U 段和 V 段，U 段的传输更稳定，可靠性高，适合复杂环境和较远距离传输，但多支传声器一起使用时需统一调整频率；V 段的传输稳定性较 U 段弱，适用于较小会场。

固定座席的场所，可采用有线会议讨论系统设备或无线会议讨论系统设备；临时搭建的场所或对会场安装布线有限制的场所，宜采用无线会议讨论系统设备。

中大型视频会议室推荐级联传声器，并注意传声器级联数量上限。

13.3.4　音频处理设备

会议音频处理设备包括：电源时序器、智能混音器、反馈抑制器、调音台、效果器、分频器、压缩限幅器、延时器、均衡器、数字音频处理器、媒体矩阵处理器等。

（1）电源时序器　电源时序器的主要功能是管理音源设备、音频处理设备及功率放大器的电源开关顺序,防止因开关顺序操作不当损坏设备。

(2) 智能混音器 在会议音响系统中,常将 4 支以上会议传声器连接至混音器,由混音器自动管理每支传声器的开闭。当某支传声器接收到一定强度的音频信号时可自动打开,当音频信号强度小于设定值时可自动关闭。通过这样的方法可以在很大程度上减少啸叫。

(3) 反馈抑制器 在会议音响系统中,当有啸叫信号产生时,反馈抑制器会自动检测并尽可能地滤除啸叫信号,不让该信号传输到下一级音频处理设备中。

(4) 调音台 调音台是一种音频信号集中处理设备,负责调整所有音频信号的强弱,切换输入输出,并进行简单的音效处理及多路音频信号的混合调整。

(5) 效果器 效果器的功能是对传声器采集到的声音信号做延时、重复、移频等技术处理,使声音出现延迟、回声、镶边及变声等效果。

(6) 分频器 分频器的功能是将音频信号中的低频信号分离出来供给低音音箱,将全频信号供给全频音箱,也可将音频信号中的低频、中频和高频信号分别分配给低音音箱、中音音箱和高音音箱。

(7) 压缩限幅器 压缩限幅器的主要功能是保证系统最终传输给功率放大器的音频信号在系统设定的范围内,从而保证无论外界传来的音频信号多强,传输给功率放大器及音箱的信号始终都在安全范围内,以达到防止设备过载、保护功率放大器及音箱的目的。

(8) 延时器 当系统中有多个音箱,且各音箱在空间内的位置不同时,每个音箱的声音到达同一位置的时间会有较大差别,严重时会出现回声,影响音质。而通过延时器,可以将传输给远处音箱的信号延迟一定时间,以保证主音箱和辅助音箱发出的声音到达辅助音箱附近听众的时间差在合适的范围内,从而保证声音的清晰度。

(9) 均衡器 音响系统中的均衡器,通常是指频率均衡器,又称为房间均衡器。建筑设计和装修上的缺陷以及扬声器系统的原因,可能导致声场的频率响应不均匀。借助均衡器,可以对某些频段的信号进行适当的提升,对另一些频段的信号进行适当的衰减,以使声场在整个频带内的频率响应尽可能平直。均衡器的频率分段常见的有 5 段、10 段、27 段、31 段以及双 5 段、双 10 段、双 27 段、双 31 段。31 段均衡器的频率从 20Hz 到 20kHz,按三分之一倍频程规律的优选频率分布。

(10) 数字音频处理器 数字音频处理器具有放大音频、分频、均衡、压限、延时、矩阵切换等功能,而且可以连接计算机,通过专业的控制软件控制和编辑音频,使用方便,功能强大,大大减少了设备的数量,减少系统连接的麻烦。

图 13-6 为会议系统音频设备连接示意图。

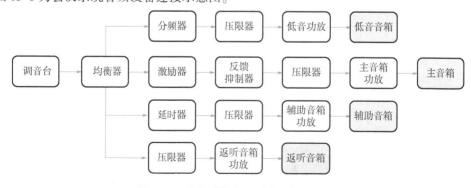

图 13-6 会议系统音频设备连接示意图

13.3.5 功率放大设备

功率放大器是音响系统中将电信号放大输出给音箱的设备，是所有音响系统中必不可少的设备。

根据功能可将功率放大器分为前级功率放大器和后级功率放大器。前级功率放大器本身带有音频处理设备，如前置音频处理器（前级）。其功率一般较小，在300W以下，主要应用于小型扩声场所。后级功率放大器一般只有音频信号放大功能，多应用于专业扩声场合。

根据通道数可将功率放大器分为单声道功率放大器、双声道功率放大器和多声道功率放大器。其中，单声道功率放大器只有一路音频信号输入输出，只能放大一路音频信号，主要应用于广播系统中。双声道功率放大器（立体声功率放大器）是指有两路音频信号输入输出的专业音响功率放大器，目前使用最多。多声道功率放大器有两路以上音频信号输入输出，一般是4通道或8通道，每通道功率较小（300W以下），适用于动态范围较小的场合。

1）功率放大器应根据扬声器系统的数量、功率等因素配置。

2）功率放大器额定输出功率不应小于所驱动扬声器额定功率的1.5倍。

3）功率放大器输出阻抗及性能参数应与被驱动的扬声器相匹配。

4）功率放大器至音箱之间连线的功率损耗应小于扬声器功率的10%。

13.3.6 音箱设备

音箱是音响系统中将电信号转换为声音信号的设备，在系统中必不可少。根据音箱在扩声系统中的作用，可将其分为：主音箱、辅助音箱、返听音箱、低音音箱。

音箱的主要参数有：额定功率、额定阻抗、频率响应、谐波失真、灵敏度、声压级、指向性。

（1）额定功率 额定功率指扬声器（扬声器系统）能长时间工作的输出功率，又称为不失真功率。

（2）额定阻抗 额定阻抗指输入信号的电压与电流的比值，常见的有2Ω、4Ω、8Ω、16Ω、32Ω等类型。

（3）频率响应 频率响应是衡量扬声器放音频带宽度的指标。

（4）谐波失真 较好的扬声器的谐波失真指标不大于5%。

（5）灵敏度 灵敏度是指输入功率为1W的噪声电压时，在扬声器轴向正面1m处所测得的声压大小。

（6）声压级 声压级是指音的音量大小，使用声压级来描述，单位是分贝（dB），声压级的数值越大，表示声音的音量越大。音箱通过内部配备的喇叭把输入的电信号转换成声音，输入的电信号功率越大，音箱发出的声音的音量也越大，声压级越高。音箱的最大声压级输出指标是按音箱的额定输入功率值或连续功率值给音箱输入电功率，在音箱前方1m处测得的声压级数据。

（7）指向性 指向性是指扬声器对不同方向上的辐射，其声压频率特性是不同的。

在有关音箱的工作交流中，经常用音箱的直径来描述音箱的规格，如低音扬声器的直径，决定了音箱的寸数。寸数越大，功率越高，声压级越大，宜使用在大空间场合。

图13-7为会议室音箱扬声器直径。

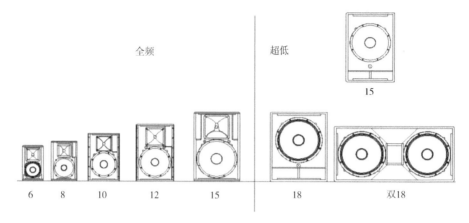

全频 超低

15

6 8 10 12 15 18 双18

图 13-7 会议室音箱扬声器直径（单位：英寸）

应根据会场的建筑结构、建声装修进行声场设计，从而确定音箱的指向性、数量、功率等参数，以及安装方式。

音箱可设置主音箱和辅助音箱，主音箱应配置在主显示屏两侧，并应满足系统声像一致要求；辅助音箱宜配置在会场中后区的侧墙或顶棚上，起到补声的作用。

当会场设置主席台时，宜配置返送音箱。

音箱宜采用计算机辅助声场设计，确保语言清晰度。

大部分会议室设计格局大概有两大类：多功能厅和圆桌型会议室。

多功能厅通常室内空间都较大，分别有主席台和听众区两部分，有些场合甚至会增设报告台。这种会议室音箱布局如图 13-8 所示。

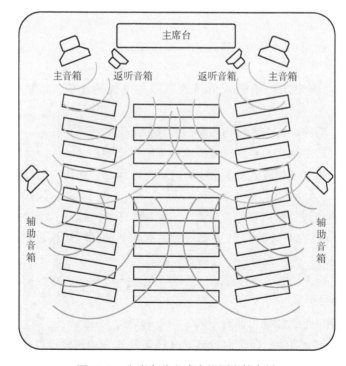

图 13-8 主席台独立式会议厅音箱布局

圆桌型会议室为中小型会议室的主流布局，音箱布置可以采用四角壁挂式音箱或吸顶式音箱布局方法。

图 13-9 为四角壁挂式音箱布局。

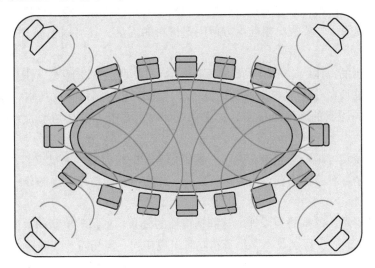

图 13-9　四角壁挂式音箱布局

图 13-10 为吸顶式音箱布局。

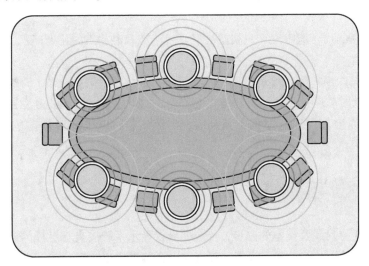

图 13-10　吸顶式音箱布局

线性阵列音箱是为室外大型演出而设计的，特点是指向性尖锐，每只音箱垂直辐射角度只有 10°～30°且音箱角度可精确调整，每倍距程衰减小到 3dB。

它适用于要求较高的大型会议多功能厅。

注意，当两只音箱距离大于等于 1m 时，也就是声音到达人耳的时间差大于 50ms 时，系统中必须加入"延时器"。否则将产生混响感，人会听不清声音。

13.3.7　声学设计

目前常用的扩声分布形式有：集中式、分散式、集中加分散式。无论采用哪种分布形式，始终都要围绕以下七点来指导具体的声学设计：

（1）根据不同类型的厅堂来定义合理的混响时间　所谓定义合理的混响时间，是必须靠更改模型相关方面的吸声材料来实现的。在实际工程的运作中，往往很多建筑材料并不是设计人员所能决定的，但是可以在其他面上选择相应的材料来弥补现有的吸声材料所造成的不足。同时在方案的设计说明中，要提出当前甲方使用此材料的不足，且可以根据 EASE 模拟的结果给出合理的建议。

（2）确定适当的声压级　根据厅堂的面积、容积以及结构的不同，来选择不同类型的扬声器系统。不同性质的厅堂，根据级别的高低，声压级也不尽相同。具体内容还需参照国家相关规定中的不同厅堂的声压级标准。这里在设计时主要考虑的是功率的大小以及灵敏度的高低。

（3）保证声压均匀地覆盖整个听众区　这跟扬声器的辐射特性、扬声器系统采用的分布方式以及房间是否存在声场缺陷有直接关系。另外，各扬声器的功率大小的分配也直接影响声压级的分布是否均匀。

（4）尽量减少声压的重叠与干涉　这和扬声器的分布排列形式、指向角度、扬声器覆盖角度的大小是密不可分的。特别是当多组音箱同时出现在同一声场时，此问题尤为严重。

（5）达到较高的传声增益　在声场中，扩声系统无论达到多么高的声压级，当有传声器或声学乐器存在时，总是不能完全发挥。因此，传声增益始终是一个不容忽视的问题。特别是当会议系统中有多只传声器出现时，更应该从建声以及电声角度综合加以分析，避免啸叫的发生。

（6）保证较高的语言清晰度　只要解决好了直达声和混响声的比例问题，则清晰度往往就会有较为可观的值。

（7）避免常见的声缺陷　这是建声的基础工作，一旦发生诸如驻波、声聚焦、回声、梳状滤波等现象，设计时就应首先从厅堂的结构上着手。如果建筑结构不能改变，则可以从外观装修上下工夫，比如增加屏风、障板、吸声球、扩散体等，以破坏声缺陷的产生，提高扩声质量。

13.4　视频显示系统

随着相关行业的发展及技术的进步，传统的会议显示系统应交互触摸的需求，已逐渐演变到会议交互显示系统。传统的显示设备如投影仪、拼接屏、LED 显示屏、电视也逐渐被功能更加丰富的智能交互大屏、LED 小间距一体机、商用显示屏、激光投影仪等新型显示设备所替代，以满足不同场景下新型办公会议交互显示的需求。

13.4.1　系统组成

会议显示系统可分为交互式电子白板显示系统、LED 显示系统、投影显示系统、液晶显示系统等。

显示系统可由信号源、传输路由、信号处理设备和显示终端组成。目前大多显示设备都可以实现多设备功能一体化，以降低设备故障率，提升整体使用体验。

图 13-11 为会议显示系统组成结构图。

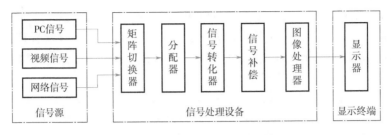

图 13-11　会议显示系统组成结构图

屏幕显示器的设置应根据会场的形状、大小、高度等具体条件,使参会者处在屏幕显示器的视角范围之内。决定选择多大规格显示屏的一组重要因素就是观看距离和视场角。视场角指的是屏幕两侧与人眼形成的水平夹角。观看距离越近,视场角越大;屏幕越大,视场角也越大;视场角越大临场感越强。屏幕尺寸与建议合理视距见表 13-2。

表 13-2　会议室屏幕尺寸与建议合理视距

显示尺寸/in	显示宽度/cm	显示高度/cm	视场角为40°时,最佳观看距离/m	会议室面积/m²
55	121.8	68.5	1.67	<30
65	143.0	80.5	1.98	<30
75	165.2	92.9	2.28	30~60
86	189.7	107.0	2.62	30~60
98	217.0	122.0	2.98	60~100
110	243.5	137.0	3.35	60~100
120	265.7	149.4	3.65	100~200
138	305.5	171.8	4.2	100~200
150	331.2	186.3	4.55	>200
165	365.4	205.6	5.02	>200
180	397.5	223.6	5.46	>200
220	443.3	249.4	6.09	>200

13.4.2　投影显示

(1) 电动屏幕方式的正投显示　电动屏幕方式的正投显示采用电动正投屏幕加吊装投影机的方式(在天花板上有空间的可以采用电动升降吊装架)。

投影屏幕尺寸主要受限于层高,要求屏幕底线要超过与会人员坐高,一般选 1.2~1.5m,因此 3m 层高的会议室,屏幕最大就是 120in;3m 以下层高,屏幕只能选择 100in 以下。一般将在不考虑投影机成像方式和投影机品质并且其他参数基本一致的前提下,亮度越高,图像质量越好。环境光线强,投影机亮度可选择高一些的;环境光线弱,投影机亮度选择低一些的。在黑房子内看 1000lm 投影机投出的图像,比在正常会议室光线下 5000lm 投影机投出的图像效果好(在其他条件一样的情况下)。

培训室、中小讲台型(主席台)会议室、普通圆桌会议室一般只设置一个显示屏,多采用正投方式,投影机亮度通常选择 3000~7000lm。

　　大型会议室一般将大屏幕设置在主席台两侧和主席台正中，常设三个屏幕，有的也会在会场后面设置屏幕。这种布置常见于较大的多功能厅主显示屏。在超高层会议厅（5m 层高以上），通常屏幕需要二次沉降或加长屏幕上边缘，以保证显示图像在合适位置。随着拼接边缘融合技术的发展，有些礼堂常将礼堂的整个背景设置成一个整屏。

　　（2）背投方式　屏幕后方有空间的前提下，选用背投是提升会场档次的一个非常好的办法。背投方式理论上不受外界光线干扰，所以图像质量明显优于正投，屏幕通常是硬质屏幕，而为了提高屏幕亮度，通常采用高增益（一般在 4dB 以上）的背面带菲涅尔透镜的屏幕，背投空间一般在 1 ~ 1.5m（做二次反射）。具体需要根据屏幕尺寸和投影机参数计算，计算方法也很简单，画出正投投影距离立面的光路图和离屏幕的空间位置，折叠纸就很容易找出反射镜的位置和大小，或用 CAD 软件根据光线出射角等于光线入射角的原理，也能画出二次反射（或一次）的光路图。

　　中高档圆桌会议室常选用这种方式做主显示屏，而大会场、法庭的主席台两侧的显示则常选择背投的方式。

　　（3）超短焦投影方式　超短焦投影仪的主要工作原理是通过机身内部的灯泡发光，依靠机身前的镜头对光线进行折射，进而将所需画面投射出来，且能在短距离之内投射出大屏画面。超短焦投影仪和长焦投影仪最大的区别就在于它们的投射比。投射 100in 的画面，长焦投影仪至少需要 2.5m 的距离，而超短焦投影仪则只需 0.35m。超短焦投影仪受空间限制比较小，投影仪的亮度一般以 ANSI 流明作为单位。在亮度相同的情况下，因距离投射墙面更近，超短焦投影仪的亮度一般会更高，画面清晰度也会更好，在白天观看也不会有太大问题。

13.4.3　拼接屏

　　拼接主要有箱体单元拼接、现场拼接、窄边液晶拼接、窄边等离子拼接。箱体单元拼接由于单元性能一致性好，在拼接墙中大受欢迎。现场拼接可以是背投拼接，也可以是正投拼接。无论是现场拼接中的背投拼接还是正投拼接，都可以做边缘融合，和环、球、弧形等变形显示。

　　拼接显示墙不再是一个一个的显示单元分别显示，而是整个拼接好后形成一个高分辨率的虚拟逻辑屏，所有的图像是通过在这个虚拟逻辑屏上开显示窗口来实现的。所以实际使用者都无须关心是几个单元拼接起来的，而只需要关心在这个虚拟逻辑屏上能开多少个视频显示窗口和计算机显示窗口。

13.4.4　LED 显示屏

　　LED 显示屏在多功能厅中可以作为舞台主屏，其余一般都是用于辅助信息的显示，如会议室、指挥中心的横幅显示，指挥中心主屏旁文字、时间信息的显示。随着 LED 彩屏技术的发展，现在的全彩 LED 屏已经越来越好，LED 屏亮度高，色彩还原性好，在显示领域应用广泛。

　　目前 LED 显示屏产业发展日新月异，LED 透明屏、互动屏、异形屏、MicroLED 等不断冲击我们的视野，各企业正在为大力发展拼尽全力，中国 LED 显示屏市场，以小间距 LED 显示屏崛起，引领 LED 显示屏发展的趋势明显，是室内高端显示工程的主要方向。

13.4.5　交互式会议平板

　　会议电视会场系统的工程设计应具有能与远端会场交互的功能。基于数字信息进行讨论、汇报和培训的会议室，宜采用具有交互式电子白板功能的显示系统。

图 13-12 为交互式会议平板拓扑图。

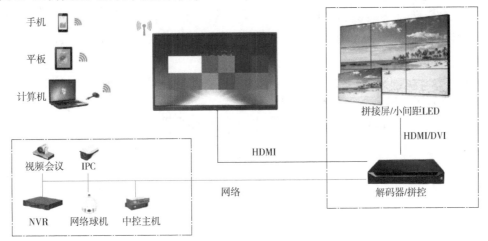

图 13-12　交互式会议平板拓扑图

会议平板具有以下功能：

1）无线传屏，Windows、Mac、Android、iOS 等终端，轻松一键，即可快速完成无线传屏，最大支持四画面同屏显示，多业务、多数据对比更加直观。

2）反向操控，Windows 主机投屏后可直接在触摸屏上远程操作投屏计算机的桌面，即使计算机不在眼前也可以自由控制。

3）扫码分享，会议平板上书写的内容，只需轻松一键，即可生成二维码，与会者可通过手机扫码或邮件将会议记录带走，方便用户分享保存。

4）屏幕互动，会议平板画面支持与大屏（液晶拼接大屏、小间距拼接大屏）画面进行实时同步显示，实现小屏操控、大屏实时同步显示，满足大小屏互动体验。

5）其他功能，会议平板大都拥有较强的扩展性，能兼容多种 USB 设备，网卡，无线键盘、鼠标，一台机器满足多种需求；且大都具有 Windows 和 Andriod 智能双系统，操作简单，支持一键转换，还可添加 APP，满足不同领域的企业的个性化需求。

13.5　音视频矩阵系统

13.5.1　音视频矩阵系统概述

为了满足不同演示场合的需求，现代多媒体会议中通常会设置多种不同的音视频信号源和大屏显示终端。音视频矩阵切换器专门用于对视频信号和音频信号进行切换、分配和处理，可将多路信号从输入通道切换输送到输出通道中的任一通道上，并且输出通道间彼此独立。此外，部分产品可以允许音视频异步控制。音视频矩阵切换器通常还带有断电现场保护、场逆程切换等功能，具备与计算机联机使用的网络控制接口，以确保状态显示效果更加直观，更加合理，设备操作更加简便。

视频部分：音视频矩阵通常具备倍线定标器技术，可接入任何视频输入格式，统一量化并矩阵切换。视频处理器可实现 HDMI 音视频信号加、解嵌功能；支持画中画、分割跨屏等多种效果显示模式；可实现跨屏拼接、旋转拼接、屏幕补偿等特定修正功能。利用 HDMI/DVI – D/ HD BaseT 长线输出传输，从而应用于各种要求较高的会议室或者大系统中的每个需要音视频处理的子系统，做到统一控制管理。

音频部分：数字/音频/混音器（混音、HPF、4-Band EQ、Comp、Gate、Delay 动态处理全部具备）。

控制部分：支持 PC、MAC 进行设备调试、iPad 影像/声音统一控制、各种控制接口。

图 13-13 为高清视频矩阵拓扑图。

图 13-13　高清视频矩阵拓扑图

13.5.2　分布式音视频管理系统

随着客户对更大规模音视频解决方案需求的提升，以及网络交换机技术的高速发展，分布式音视频管理系统的优势被大家所关注。

分布式音视频系统是基于 IP 网络的音视频信号数字化融合传输、融合处理、融合调度及智能管控等功能于一体的新一代多媒体信息系统，能够解决传统集中式音视频传输距离短、信源难于扩展等问题，具有实现多个区域高质量音视频信号快速互联互通、设备自由控制，海量信号集约共享、敏捷调度及业务协同等能力。

图 13-14 为分布式音视频管理系统架构图。

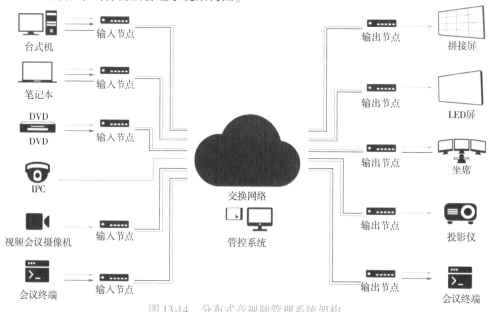

图 13-14　分布式音视频管理系统架构

分布式音视频管理系统采用分布式组网技术，节点设备可以任意扩展，会议室通过分布式架构搭建系统，主要有如下功能：

1）音频、视频的传输、切换设备及周围环境的集中控制。

2）视频包括：计算机信号、摄像机信号、视频会议信号等常用视频信号。

3）集中控制包括：设备电源控制、灯光控制、窗帘控制、I/O 报警信号控制等。

4）音频可实现多路叠加，视频可实现单屏多画面分割。

5）任意调取信号（权限范围内），把信号投放到显示器及指挥中心大屏。

6）直接读取 IPC 摄像头信号。只要是网络能连通并上传速率足够的 IPC 摄像头，不管本地、外地，均可直接读取并投放到大屏幕。

7）反馈功能。通过操作界面，可以了解温度状态、各种设备的当前状态，及环境方面的状态。

8）信号上大屏，支持拼接、跨屏、画中画、漫游。

9）指挥中心座席系统需快速调取信号时，可从几百路的信号中通过菜单快速切换实现即时响应。

13.6　会议录播系统

会议录播系统能将视频信号、音频信号、VGA 信号进行数据同步的整合录制，导出规范化的音频文件，有利于直播间、点播、后期处理编辑、储存备份等，查看者能够通过互联网登录网页页面进行直播或点播观看。

会议录播系统具有即时录制、实况直播间、后期处理点播、独立导播等基本功能，现阶段广泛用于录播教室、视频会议系统、庭审直播、手术治疗直播间等场所。

图 13-15 为会议录播系统拓扑图。

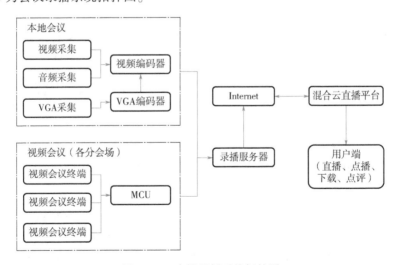

图 13-15　会议录播系统拓扑图

会议录播系统可实现功能包括：

1）同步录制，系统可将视频、音频及计算机屏幕同步录制到单个文件中。支持多路信号任意组合，最高支持 8 路高清视频信号或 VGA 信号的任意组合录制。

2）实时直播，系统可通过网络将现场的视频、音频及计算机屏幕进行实时直播，用户通过浏览器及视频播放器即可同步收看现场影音及图文内容。系统还支持 P2P 应用层组播功能，无须对网络设备进行特殊设置即可实现大规模的并发直播。系统支持 MMS 推送转发功能，用户可自行架设媒体服务器进行网络直播转发服务。

3）后期点播，系统内置 VOD 点播功能，录制结束时即可实现在线点播，用户通过浏览器及视频播放器即可回放录制好的影音及图文内容。

4）多方视频交互，系统可配合专业软件视频会议模块，实现多方视频、音频及 PPT 交互的需求。

13.7　无纸化会议系统

无纸化会议系统是通过文件的电子交换实现会议的无纸化。其主要有四点特征，分别是文件传输网络化、文件显示电子化、文件编辑智能化、文件输入输出可控化。核心功能主要是会议文件的分发和上传、文件同步演示、手写批注、投票表决等。

图 13-16 为无纸化会议系统拓扑图。

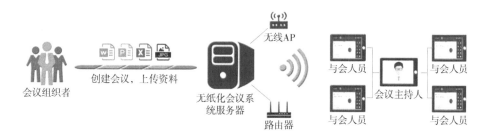

图 13-16　无纸化会议系统拓扑图

市场上无纸化会议系统大体分为两类：

一类是升降式无纸化会议系统，这类系统依靠升屏屏、传声器等硬件设备实现会议文件无纸化。因其硬件设备必须固定在会议室里，因此会议有空间上的限制。

另一类无纸化会议系统是移动无纸化会议系统，依托网络，需在个人手机或平板、PC 端安装软件，实现无纸化会议。

无纸化会议系统的功能包括：

（1）议程文稿　有权限的参会人员可以在会议过程中控制会议议程的进行状态，可查看所有的文稿内容，包括会议报告、会议资料、讲稿文件等；支持 OFFICE/PDF/TXT 等常见格式的文稿阅览。

（2）人员签到　为参会人员提供了查看全体参会人员基本信息的功能，具体展现参会人员的座位号、姓名、公司名称、职位和签到时间。电子会议可快速签到，告别传统签到模式。

（3）资料导入　会议资料信息可从 U 盘导入，避免纸质文件泄密的危险，便于携带，绿色环保；提供参会人员可以选择导入本次会议所需要的会议文档。

（4）会议记录　参会人员可通过会议记录功能编写自己所需要记录的文字内容，并可编辑、修改、删除、保存和导出。

（5）一键同屏　主要用于主持人、主讲人、参会人员的本地屏幕同步给所有人或所需人员，在他人的屏幕上同步显示分享人的桌面显示内容；支持同步资料，支持强制同屏。

（6）投票表决　为会议进行过程中相应的表决和选举提供投票的功能。首先需要会议主持人发起投票，然后参会人员可以选择投票选项，选择【实告】、【匿名】、【弃权】等按钮，告别传统投票。

13.8　舞台灯光系统

舞台灯光主要应用于多功能厅、剧场等，满足系统设计、配置和布置文艺演出等的要求，使整个舞台的布光做到科学、合理、美观。在演艺模式下，舞台灯光可以根据演艺的内容，做不同的舞台灯光效果。

舞台灯光的类型有面光、耳光、顶光、柱光、侧光、天地排光、脚光等。

图 13-17 为舞台灯光系统布局图。

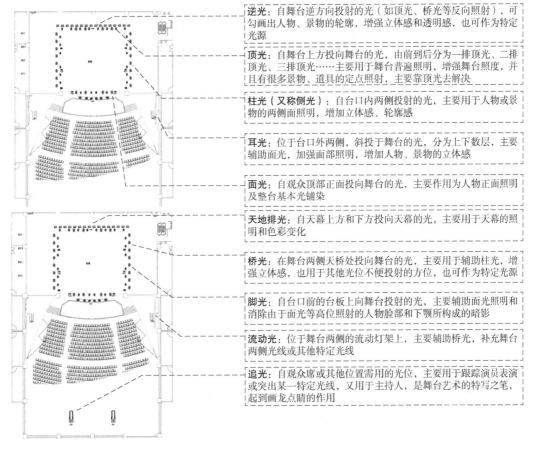

图 13-17　舞台灯光系统布局图

主要灯光设备：

1）PAR 灯（顶光），主要起到面光照明、换色、染色。其大小功率的灯珠都有，灯珠常用颜色有红光、绿光、蓝光、正白光等，混色效果丰富。

2）三基色灯（顶光），主要起到面光照明，烘托舞台演出气氛。

3）摇头光束灯（逆光、顶光），灯体转动带动光束运动，转动范围大，可做到 360° 旋转。

可视剧情需要，多支或多组灯光做统一动作或同时做不同动作，能够在舞台上产生韵味十足的视觉感受。

4）灯光控制台，是指对所有灯光的色彩变化、投射亮度进行调控以及无缝的切换，一般采用可控硅调光器设备进行控制。因而，在选择灯光控制台时，不仅要考虑到可控回路数和效果功能的性能，还应其操作的便捷性。经济许可的话，最好选用计算机控制台。

图 13-18 为常用舞台灯光设备系统图。

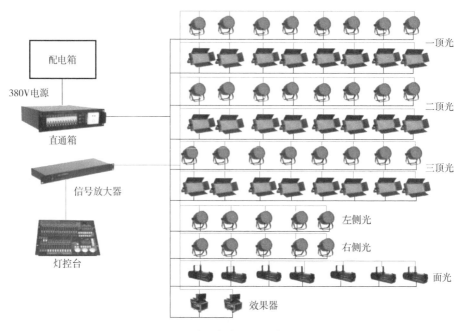

图 13-18　常用舞台灯光设备系统图

13.9　会议中控系统

会议中控系统就是通过中央控制器对会场的所有多媒体设备集中管理控制，包括整个系统设备电源的顺序开/关电、投影机开关、屏幕升降、灯光开关、会场音量、摄像头的方向调整、多媒体播放控制、多计算机信号的切换、远程视频及本地视听设备的切换等。其可根据现场需求进行模式化编程，以设置多种自动控制模式，如投影机、大屏幕拼接、液晶屏升降器、录播系统、高清摄像机、环境灯光和音量、电动窗帘及信号切换等一键控制。

会议中控系统的功能：

（1）电源管理

1）远程控制：在控制中心即可远程控制会议系统电源的开启和关闭。

2）预约管理：通过云会务系统预约开会，可提前设定时间开启会议室系统电源；会议结束后，定时关闭系统电源。

3）红外侦测：当人体侦测器检测到会议室没有人的时候，联动分布式综合管理系统可自动断电，实现节能、高效、无人值守的功能。

4）本地控制：在会议室墙上设置控制面板，可本地单独控制系统开启和关闭。

（2）灯光控制

1）远程控制：在控制中心即可远程控制会议室灯光的开启和关闭。

2）预约管理：通过云会务系统预约开会，可提前设定时间开启会议室系统灯光；会议结束后，定时关闭会议室灯光。

3）红外侦测：当人体侦测器检测到会议室没有人的时候，联动分布式综合管理系统可自动断电。

4）本地控制：在会议室墙上设置控制面板，可本地单独控制灯光开启和关闭。

（3）空调控制

1）本地控制：在会议室本地，可通过平板电脑控制会议室空调温度大小。

2）预约管理：通过云会务系统预约开会，可提前设定时间开启会议室空调；会议结束后，定时关闭会议室空调。

3）红外侦测：当人体侦测器检测到会议室没有人的时候，联动分布式综合管理系统可自动关闭空调。

（4）电动窗帘控制

1）本地控制：在会议室本地，可通过平板电脑控制会议室电动窗帘的开合。

2）预约管理：通过云会务系统预约开会，可提前设定时间开启会议室窗帘。

（5）音频管理

1）本地控制：在会议室本地，可通过授权控制会议室音量大小、音频矩阵的切换。

2）远程控制：通过分布式管理系统也可以实现音频的切换、调度等功能。

（6）视频管理

1）本地控制：在会议室本地，可通过授权控制会议室视频的切换。

2）远程控制：通过分布式管理系统也可以实现视频的调配和管理。

（7）场景模式管理

1）会讨模式：显示屏不需要开启，只需要开启扩声和灯光。

2）放映模式：显示屏开启，同时把需要投影的画面切换上屏幕，屏幕前端灯光微暗。

3）休息模式：灯光熄灭，扩声显示系统关闭，空调智能调控。

（8）互联互通

1）各个会议室的画面可以通过局域网，在指挥中心或者运营中心观看。

2）多功能大型演讲可以通过内部局域网，把演讲的音视频同步传输到培训室，进行直播。

3）宴会厅活动内容可以同步传输到包间里面，进行同步观看。

13.10　视频会议系统

视频会议系统的发展经历了三个阶段，从硬件视频会议系统，到软件视频会议系统，再到基于云架构的云视频会议系统。

传统视频会议系统包括软件视频会议系统和硬件视频会议系统。其中，软件视频会议系统需要网络、摄像头，以及移动设备终端，适合点对点的交流，或者外出办公以及企业中小团队协同办公使用。硬件视频会议系统需要配置如 MCU（多点控制单元）、摄像头、传声器、IT 等硬件设备，需要在会议前逐一对设备进行调试，在安全性和稳定性方面有较高要求。其适用于企业高级别会议和多个群体开会的场景，如领导专属会议、集团会议、案例分析会等。

近几年，随着云计算技术的不断普及和发展，云视频会议系统逐渐替代了传统视频会议系统。以钉钉、腾讯会议为代表，云视频会议系统以云计算为核心，用 SVC（交换虚拟电路）架构来取代传统视频会议需要的硬件设备，企业无须购买 MCU、摄像头等终端，只需要连接网络就能召开视频会议。相比于传统视频会议，云视频会议系统采用 SaaS 付费模式，维护费用低、部署简单，企业只需支出实际需要的硬件终端成本和较低的云服务器租赁费用，就能实现高效稳定的云会议服务，从而降低了中小企业视频会议的使用门槛。

云架构视频会议系统将终端与云端进行交互数据处理，通过云计算、大数据的技术，云架构视频会议系统更强大，信号更稳定，成本更低廉。

云视频会议的应用一般可分为两种情况：

一是企业无传统硬件会议室，个人及会议室参会均只使用软件账号登录，会议室连接简单的外置设备并加入线上会议，实现快速的沟通模式。

二是企业有部分传统硬件会议室，那么企业除了购买账号以外，还需购买 H. 323 协议等服务来实现硬件设备加入云会议的需求。H. 323 是一种音视频通信协议，是由 ITU 制定的一个标准协议簇，可以支持音频、视频和数据的点到点或点到多点的通信。它是行业的基本标准，市场上大多的视频会议 MCU 和终端都是遵循 H. 323 协议进行开发的。H. 323 协议可以与各个不同的网络、终端进行互通，是不同厂商系统互联的基础。

对于大型企业而言，内部建设的传统视频会议系统仍需继续使用，且对于数据安全性的要求也远远高于中小型企业，如政府、金融行业等领域。同时，还增加了出差人员或者外部用户入会等功能，但这也要求传统视频会议系统与云视频会议系统并行。

市场上的云视频会议服务商也注意到了这一点，因此提供了传统视频会议与云视频会议集成的服务。在企业内部部署独立的云视频会议系统，并与传统视频会议系统联通，通过服务器实现融合。

外部互联网的用户使用软件客户端参会，企业内部使用会议室加入会议，以此实现两平台的互联互通，即时高效地通信。

云视频会议的出现，将视频会议从封闭的会议室带到了随时随地沟通协作的时代，随着技术的发展，全息影像等虚拟技术很可能会被用到现实的视频会议中。未来是云视频会议的时代，大型企业也可能会摒弃现有的传统视频会议系统，转而做整套的独立云部署来代替沉重的硬件系统，这将降低运维成本，提高系统的可利用率。但这对运营商的网络能力有了更高的要求，大幅提升公网的网络带宽并制订合理的资费策略，对视频会议的发展也有较大的影响。

13.11 会议室配置设计

13.11.1 标准会议室

标准会议室作为日常会议使用频率最高的会议室，需要满足会议预定、快速投屏、便捷书写、视频会议、设备集中管理等常用功能，并满足不同的扩拾音需要及未来扩展需求。

标准会议室可通过智能会议大屏、环境物联设备，满足基础本地及远程会议需求。并可通过选配的方式对会议室的视频会议设备、扩拾音设备、电子桌牌、消音板等设备进行扩展升级，进一步满足多功能应用的需要。

13.11.2　视频会议室

视频会议室是作为远程视频交流协作的专用场所，需满足不同人群在不同场地进行远程视频讨论、沟通协作的需求。首先需要确保"听得清楚"，每个人都可以清晰交谈；其次需要"看得真切"，如面对面一般流畅自然；另外得"讲得明白"，具备丰富的协作能力，无缝连接到不同场景。

通过专业视频会议终端、双屏商显大屏、专业云台摄像头、无线全向麦、消音板满足专业视频会议需求。并通过不同的扩拾音组合、环境建声改善，满足视频讨论、远程接待、正式汇报等应用需求。

13.11.3　高管会议室

高管会议室一般是作为高层管理人员或接待重要人员使用的会议场所，常作为企业对外的"名片"，需要带来更加高科技的使用体验。会议室需具备本地扩音、铭牌显示、视频会议、多屏联动的基础功能需求。

高管会议室通过 LED 大屏显示，同步联动两侧商用显示设备，实现大小屏同步显示，并通过本地鹅颈传声器进行专业拾音和扬声器进行扩音；电子铭牌显示来访人及参会人公司、名字、职位等信息；通过视频会议分体式终端实现可靠的多机位视频会议通话；同时，也可配置无纸化会议系统。

13.11.4　报告厅

报告厅主要作为企业大型会议时使用，存在使用多样化、布局灵活等特点。主要需求是能通过大型显示屏看清会议内容，会场全体人员能听清主讲人声音，不能出现严重的混响和噪声等问题。而且支持多种形态的传声器使用，满足主持人、主讲人的不同使用需求。此外，需要电子铭牌显示主讲人职位、名字等信息。

报告厅常采用 LED 工程屏或宽屏作为主显示屏，两侧采用大尺寸商显屏作为辅助显示。拾音部分通过专业级无线传声器套装，支持无线手持麦、无线鹅颈麦混合使用；扩声部分采用专业级功放及无源音箱部署主扩和辅扩，实现全方位音频无死角；视频部分采用分体式视频会议终端，摄像头多机会接入；所有会议设备、灯光、空调、窗帘统一接入设备管理平台，实现集中控制。

第14章 楼宇自控系统

14.1 楼宇自控系统概述

14.1.1 楼宇自控系统知识思维体系

楼宇自控系统（Building Automation System，简称 BAS），是智能建筑弱电系统的重要组成部分，包含了对空调系统、给水排水系统、照明系统、变配电系统等的管理与协调，对整座写字楼内部的空调机组、送排风机、制冷机组、冷却塔、锅炉、换热器、水箱水泵、照明回路、变配电设备、电梯等机电设备进行信号采集和控制，实现设备管理系统自动化，起到改善系统运行品质、提高管理水平、降低运行管理劳动强度、节省运行能耗的作用。

图 14-1 为楼宇自控系统的组成。

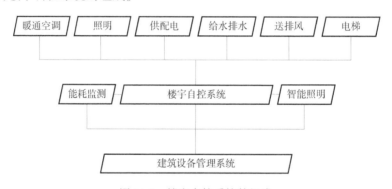

图 14-1 楼宇自控系统的组成

楼宇自控系统实质是一种集散式控制系统，即集中管理分散控制。通过在建筑设备上设置带有芯片的传感器采集现场信息，传感器将采集到的信息传递给按照区域设置的直接数字控制器，现场的控制器又按照一定的网络协议连接起来，组成控制网络，继而实现大范围的系统控制。网络控制器、上位机、存储设备等其他外部设备的加入使得系统成为一个统一整体，可实现集中操作、管理、显示以及报警等功能。

图 14-2 为楼宇自控系统知识思维体系的梳理，楼宇自控系统的学习相对比较复杂，首先要对监控对象有所了解，包括暖通空调、供配电系统、送排风系统、给水排水系统、照明系统、电梯系统等；其次要掌握监控手段，有些系统集成度高，那么通过软件层面的系统对接读取数据即可，有些则需要在现场通过硬件监控、设备组网来实现；最后还要了解楼宇自控系统在不同行业的应用。

14.1.2 技术应用需要的知识储备

图 14-3 为楼宇自控系统学习与实践中需要应用到的知识。

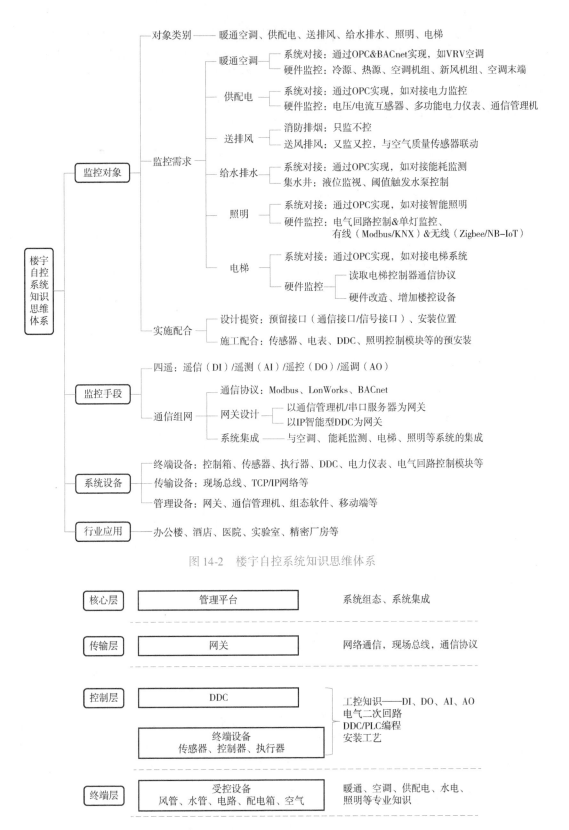

图 14-2　楼宇自控系统知识思维体系

图 14-3　楼宇自控系统学习与实践中需要应用到的知识

楼宇自控系统是多专业知识的综合,首先要对受控对象的运行原理和设备参数有所了解,包括空调暖通、供配电系统、照明系统等;其次楼宇自控系统需要综合利用电气知识和自控知识,才能完成 DDC 的接线设计;最后在系统组态过程中,还要对接其他系统,所以还要掌握网络知识以及软件相关知识。

图 14-4 为弱电智能化项目中,从工程应用角度分析,楼宇自控系统与视频监控系统技术架构的对比。

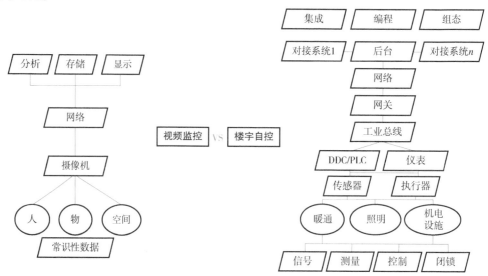

图 14-4　楼宇自控系统与视频监控系统技术架构的对比

当然,以上仅仅是就工程应用而言,实际上视频监控系统的技术也相当复杂,有大量的人工智能技术、物联网技术融入其中,在司法、交通、教育、医疗等行业也有应用,但这只是对于开发技术而言,项目应用技术相对还是比较简单,很多都是图形化的配置。并且即使没有操作过视频监控系统,也会在日常生活中有一定的接触和概念,接触过监控摄像机等;而楼宇自控则不然,非专业就不会接触到相关设施设备。这就造成了在学习中缺少相关的概念想象,自然提升了学习难度。

14.2　系统工作过程

14.2.1　楼宇自控系统结构

图 14-5 为典型的楼宇自控系统架构图。

楼宇自控系统是一个控制系统,涉及自动化专业和控制专业。在进行楼宇自控系统设计时,应该了解并掌握所控设备的工艺过程,对被控设备有何作用、如何进行工作、关键的控制过程是如何实现的等应充分掌握。

14.2.2　楼宇自控系统工作过程

图 14-6 为典型的楼宇自控系统的工作过程,可以理解为针对楼宇机电设施的管理闭环流程。

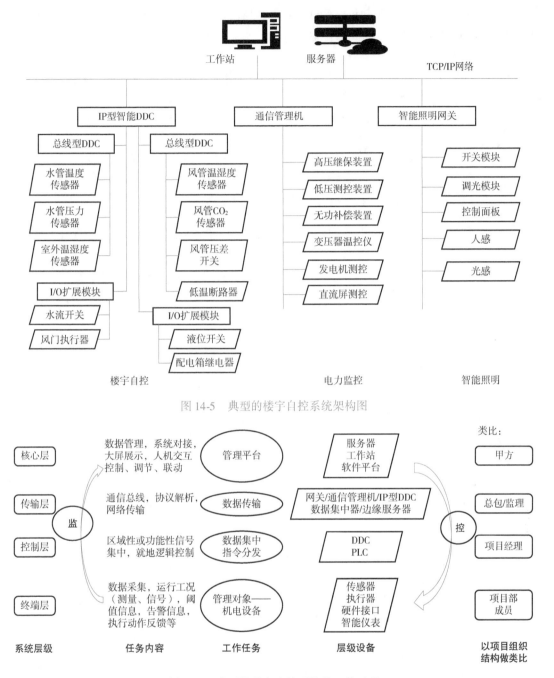

图 14-5　典型的楼宇自控系统架构图

图 14-6　典型的楼宇自控系统的工作过程

冷热源群控系统主要包括冷水主机、冷冻水泵、冷却水泵、冷却塔等主要设备，使用各类温度、压力、流量等参数。冷机群控主要包括机组的启停顺序控制、冷机的负荷台数控制、冷冻水的供回水压差控制、系统运行模式控制等。

空调机组的温度控制包括送风温度控制、回风温度控制、室内温度控制、混风温度控制，大致流程为采集不同区域的温度，由 DDC 进行 PID 计算，进而对水阀进行调节控制。

空调机组风阀控制主要包括新、回风阀控制，有时也有排风阀控制。其中，有的是简单的机组联锁控制，有些则是根据室内空气质量进行的新风阀调节控制。

机组的联锁控制包括水阀和机组的联锁控制、风阀与机组的联锁控制、风机压差的保护联锁控制、防冻开关联锁控制、机组故障联锁控制、水流开关保护联锁控制等，所有的联锁设计都应该纳入前期设计当中。

除了以上这些常规控制外，一些设备或系统还有很多其他控制。如 VAV 系统，除了上述控制外还涉及定静压控制、变静压控制、VAVBOX 与机组的联动控制、机频率控制等。所以要想把楼宇自控系统做好，就必须清楚其所控制设备或系统的工艺特性，了解其工作过程，掌握其控制关键。

14.3   DDC 基础知识

DDC 即 Direct Digital Control（直接数字控制器），用于楼宇自控系统中，是整个控制系统的核心。

DDC 代替了传统控制组件，如温度开关、接收控制器或其他电子机械组件，成为各种建筑环境控制的通用模式。DDC 系统是利用微信号处理器来执行各种逻辑控制功能，它主要采用电子驱动，但也可用传感器连接气动机构。DDC 系统的最大特点就是从参数的采集、传输到控制等各个环节均采用数字控制功能来实现。同时一个数字控制器可实现多个常规仪表控制器的功能，可有多个不同对象的控制环路。

图 14-7 为 DDC 的功能结构示意图。

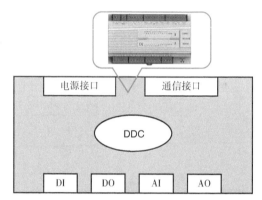

图 14-7   DDC 的功能结构示意图

14.3.1   功能分区

DDC 接线区域分为三大块：电源接口、通信接口、信号接口。

（1）DDC 通信接口   可分为总线型和 IP 型，其中 IP 型 DDC 很多可以作为网关使用，与总线型 DDC 混合组网。

（2）DDC 信号接口   DDC 信号接口有 DI、DO、AI、AO。点表是配置控制设备的最重要依据。如 AI 总计有 3 个，可能需要配置三个不同的传感器，如温度、湿度、压力传感器等；AO 有 4 个，就可能需要配置四个 AO 类型的执行器，如电动调节阀、电动加湿器等；同时点表还是配置 DDC 的最重要依据。如经过统计，有 AI 点 3 个，AO 点 4 个，DO 点 6 个，DI 点 8 个，那就需要根据这四种控制变量来选择 DDC 控制器。

如果 DDC 的 AI 够用，DI 恰好少 1 个，就不能用，不灵活。为解决此问题，现在的 DDC 都有端口变量相互转换的功能，使用者选型时就方便多了。AI 接口也可以灵活适用多种传感器，比如 0~10VDC 电压型的、4~20mA 电流型的，还有 PT1000 铂电阻的、NTC 10K 半导体电阻的等。

DDC 是可以二次开发的，即可以编程改变功能，以应用于楼宇自控的各种场合。

DDC 需要编程，配套相应的编程软件，很多 DDC 都是利用对话框或者图形化的形式来编程的，以此可降低难度。DDC 还能通过随机携带的小键盘编程。

DDC 有一体式的，也有模块化可扩展的，为方便接线，有的 DDC 会配有自动端子座。图 14-8 为 DDC 接线示意图。

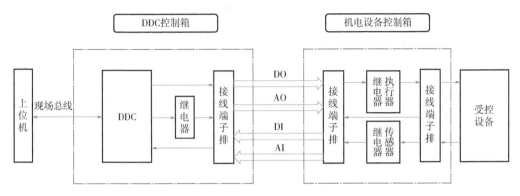

图 14-8　DDC 接线示意图

14.3.2　信号处理

楼宇自控制系统中 AI、AO、DI、DO 是集散控制系统中，模块上常见的一些基本标注。将现场模拟量仪表和开关量设备等进行清晰的分类，便于后期仪表和设备的弱电信号接线。

AI、AO、DI、DO 都是英文名称的首字母简写：

1）A 的英文全称为 Analog（模拟量）。

2）D 的英文全称为 Digital（数字量）。

3）I 的英文全称为 Input（输入）。

4）O 的英文全称为 Output（输出）。

AI 表示的是模拟量输入，AO 是模拟量输出，DI 是数字量输入，DO 是数字量输出。

AI、AO、DI、DO 的功能：

1）AI 模拟量输入是指把被控对象模拟量转换成计算机能识别的数字信号。被控对象模拟量有：温度、压力、流量、液位、成分，还有热电偶、热电阻输入卡件。把这些卡件统称为 AI 输入模块或 AI 输入设备。

2）AO 模拟量输出是指把计算机输出的数字信号转换成外部过程控制仪表或装置能够接收的模拟量信号，目的就是驱动现场各类执行机构的控制，如现场的电动调节阀、气动调节阀等的控制。

3）DI 数字量输入是指把生产过程中只有两种状态的开关量信号转换成计算机可识别的信号形式，如现场的限位开关、继电器、电动机等开关量状态。

4）DO 数字量输出是指把计算机输出的、表示开关量信号的二进制代码转换成能对生产过程进行控制或显示状态的开关量信号。如现场的指示灯亮/灭、电机的启/停、阀门的开/关、继电器的通/断等开关量的状态控制与显示。

图 14-9 为楼宇自控系统的信号转换流程示意图，如果接触过园区计算机网络系统，可以把 DDC 和网关分别理解为接入层和汇聚层设备。

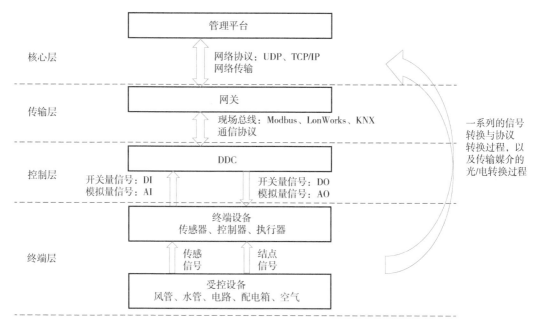

图14-9 楼宇自控系统的信号转换流程

14.4 中央空调的基础知识

中央空调系统的功能是以集中、半集中的方式对建筑物空调区域的空气进行净化（或纯化）、冷却（或加热）、加湿（或除湿）等处理，创造出一个生活或生产工艺标准所需的环境（其中包括温度、湿度、洁净度和新鲜度）。

常规的中央空调系统应包括如下部分：

（1）中央空调机组 其功能是提供空气调节所需要的冷（热）水源。按制冷方式划分为电制冷与热制冷。电制冷机组有活塞式冷（热）水机组、离心式冷水机组、螺杆式冷（热）水机组。热制冷机组有直燃型溴化锂吸收式冷（热）水机组。

（2）空气处理末端设备 其功能是对空气进行降温、加热、加湿、除湿以及净化过滤等。其常规设备有风机盘管、风柜、组合式空调机组、新风机组等。

（3）风管系统 其功能是引入室外新风、输送处理过的空气到各空调区域或把待处理的空气输送到空气处理末端设备。常规设备有各类送风口和通风机等。

（4）空调水系统 其功能是把机组冷冻水输送到空气处理设备或末端的水力管路系统。对于冷水机组来说，还有把机组热量输送到冷却塔的冷却水系统，输送冷冻水或冷却水的动力设备是水泵。

（5）控制系统 其功能是在空调系统运行中，对机组、空气处理设备与空调运行过程进行人工或自动调节与监控。常规控制装置包括传感元件、执行与调节机构。

14.4.1 中央空调分类

中央空调分类如图14-10所示：

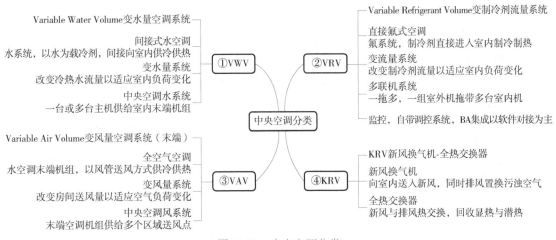

图 14-10　中央空调分类

14.4.2　工作原理与流程

VRV 空调都自带监控系统，楼宇自控系统对 VRV 空调的监控以软件层面的系统对接为主。

采用水冷式冷水机组作为冷源的中央空调系统是楼宇自控系统监控的主要监控对象，冷水机组适用于 VAV 空调系统与 VWV 空调系统。

图 14-11 为采用冷水机组的中央空调系统图。

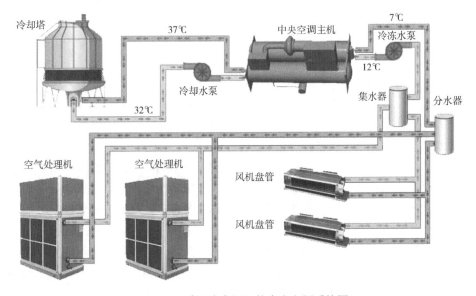

图 14-11　采用冷水机组的中央空调系统图

14.4.3　运行参数

1. 显热

显热主要是由于空气干球温度的变化而发生的热量转移，如空气干球温度的升高或降低而引起的热量。显热表现为对固态、液态或气态的物质加热，只要它的形态不变，则热量加进去后，物质的温度就会升高，加进热量的多少在温度上能显示出来，即不改变物质的形态而引起其温度变化的热量称为显热。如对液态水的加热，只要它还保持液态，它的温度就会升高。因此，显热只影响温度的变化而不引起物质形态的变化。

2. 潜热

物质发生相变（物态变化），在温度不发生变化时吸收或放出的热量称为"潜热"。物质由低能状态转变为高能状态时吸收潜热，反之则放出潜热。熔解热、汽化热、升华热都是潜热。潜热的发生总会伴随着物质相态的变化，比如对液态水的加热，水温度的升高，当达到沸点时，虽然热量不断地加入，但水的温度不升高，一直停留在沸点，加进的热量仅使水变成水蒸气，即由液态变为气态。"潜热"不能用温度计测量出来，人体也无法感觉到，但可通过实验计算出来。

3. 全热

全热就等于显热与潜热之和。所以，在空调环境里，因为空气里含有水蒸气，所以就要计算其显热负荷和潜热负荷，也就是全热负荷。显热交换器是针对特殊场合只能回收显热的一种单一换气设备；全热交换器适用于需要新风换气和能量全面回收的各种场合，是能回收空气中的显热和潜热（即全热）的新型新风换气设备。

4. 焓值

焓值是温度和湿度的综合，是一个能量单位，它表示在单位空气中温度和湿度综合后的能力刻度。在空调行业，由于主要是对空气进行加热、制冷、加湿、除湿处理，单单比较温度就不全面，甚至是错误的，因为降温需要冷量，除湿也需要冷量，所以要综合计算。

14.5 冷热源监控

14.5.1 冷源系统工作原理

冷源系统一般主要由制冷压缩机系统、冷媒（冷冻和冷热）循环水系统、冷却循环水系统、盘管风机系统、冷却塔风机系统等组成。

制冷压缩机组通过压缩机将空调制冷剂（冷媒介质如 R134a、R22 等）压缩成液态后送蒸发器中，冷冻循环水系统通过冷冻水泵将常温水泵入蒸发器盘管中与冷媒进行间接热交换，这样，原来的常温水就变成了低温冷冻水，冷冻水被送到各风机风口的冷却盘管中吸收盘管周围的空气热量，产生的低温空气由盘管风机吹送到各个房间，从而达到降温的目的。

冷媒在蒸发器中被充分压缩并伴随热量吸收过程完成后，再被送到冷凝器中恢复常压状态，以便冷媒在冷凝器中释放热量，其释放的热量正是通过循环冷却水系统的冷却水带走的。冷却循环水系统将常温水通过冷却水泵泵入冷凝器热交换盘管后，再将这已变热的冷却水送到冷却塔上，由冷却塔对其进行自然冷却或通过冷却塔风机对其进行喷淋式强迫风冷，与大气之间进行充分热交换，使冷却水变回常温，以便再循环使用。

在冬季需要制热时，中央空调系统仅需要通过冷热水泵（在夏季称为冷冻水泵）将常温水泵入蒸汽热交换器的盘管，通过与蒸汽的充分热交换后再将热水送到各楼层的风机盘管中，即可向用户供暖热风。

图 14-12 为水制冷空调工作原理，核心是围绕着对水的形态转换和热量的运输，理解工作原理有助于理解楼宇自控系统中设备的应用。

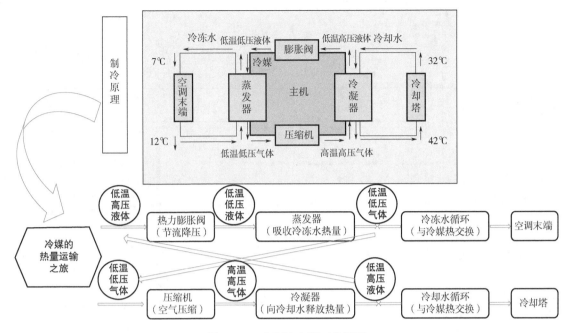

图 14-12 水制冷空调工作原理

学习制冷原理的核心就是把握冷媒的热量运输之旅，通过形态的变化制造、运输、交换和释放热量。

14.5.2 冷源系统控制逻辑

1. 冷水机组启停控制

根据冷冻水供回水温差和水流量来计算实际负荷，以此决定是否需要增加投入制冷机。

2. 冷水机组的轮换

根据运行时间决定机组的轮换，即每次需要启动冷水机组时，选择运行时间相对最短的，而每次需要停止一台冷水机组时，选择运行时间相对最长的。

3. 启停顺序

启停其他冷源系统设备的启停顺序：

启动：电动蝶阀→冷冻水泵→冷却水泵→冷却塔→冷水机组。

停止：冷水机组→冷却塔→冷冻水泵→冷却水泵→电动蝶阀。

4. 旁通阀控制

根据空调水系统最不利点供回水压差均值调节压差旁通阀，以保证水系统供回水管的压力平衡。

5. 冷却塔风机启停控制

根据冷却水供回水温度控制冷却塔风机的运行台数。当冷水机组自带独立的微机控制系统时，楼控系统还可通过第三方设备的通信接口进行监控。

6. 节能优化方案

节能优化的方案通常根据负荷控制设备运行台数；自动切换机组、水泵的运行时间，累积每台设备运行时间最短的机组，使每台设备运行时间基本相等，延长设备使用寿命；不同季节，根据室内温度及室外温度差值给出设备运行台数参考；冷却塔根据供回水温差及回水温度控制启停台数等。

图 14-13 为冷源系统监控原理图。

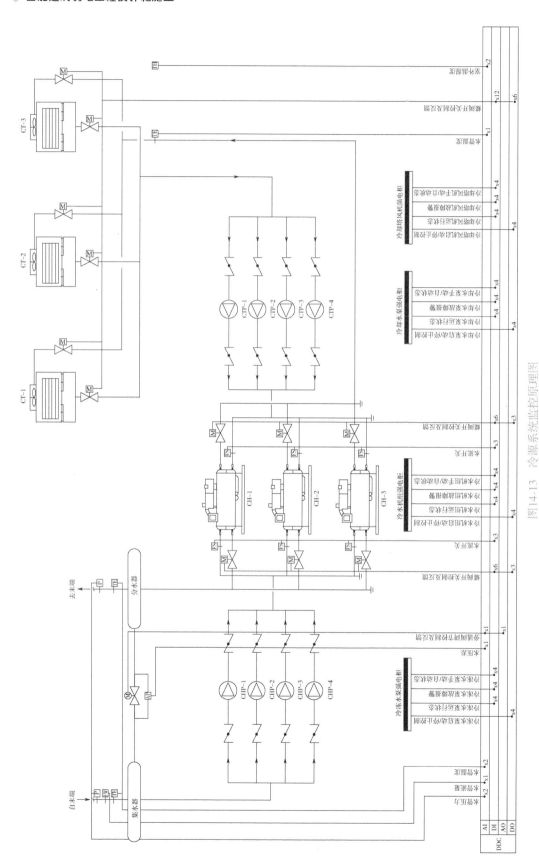

图14-13　冷源系统监控原理图

14.5.3　热源系统控制逻辑

热源系统的热源一般为城市热力管网、锅炉、热水机组等。

作为一次热源的热水或蒸汽，一般是通过换热器，进行热量交换后，得到二次热水再供给中央空调系统（空调机组、新风机组、风机盘管等），通常是60℃的热水，或者是生活热水系统。DDC 监测换热器二次侧水温度，来调节一次侧（水蒸气、热水）阀的开度，并根据换热器二次侧回水温度，来确定热水循环泵的启停。

图 14-14 为热源系统监控原理图。

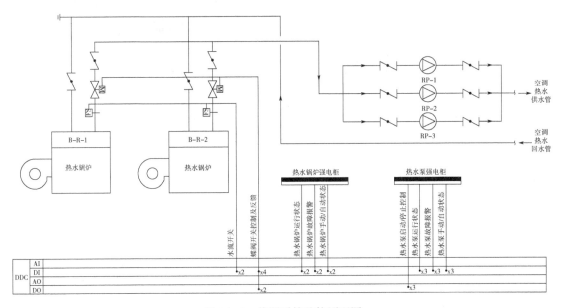

图 14-14　热源系统监控原理图

14.6　空调机组监控

送回风机按时间表启停，风阀、水阀与风机启停联锁。

利用回风温度与设定值的偏差进行 PID 运算，调节盘管水阀的开度。

自动控制加湿器开闭，保持回风湿度于设定值。

监测过滤器状态，过滤器堵塞时发出警报。

监测防冻状态，当产生防冻报警时，关闭新风阀、风机，盘管水阀开到最大。

冬夏季运行时，采用最小新回风比，即新风电动阀为最小开度，回风电动阀开度控制风量平衡。

过渡季时，根据焓值判断，当室外空气焓值低于回风焓值时，打开新风阀，关闭回风阀，充分利用室外新风。同时，还可在典型区域加设 CO_2 传感器，以感受人流变化情况，若空气质量有所下降，可以适当开大空调机组的新风门。

图 14-15 为空调机组监控原理图。

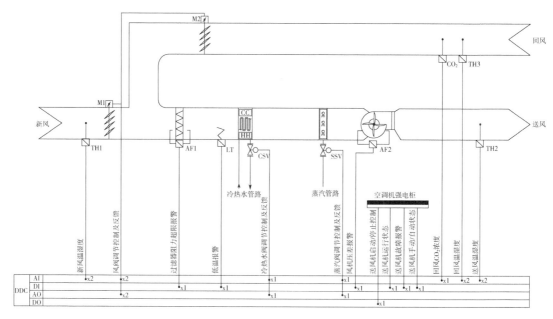

图 14-15　空调机组监控原理图

14.7　新风机组监控

送风机按时间表启停，新风阀与送风机启停联锁。

利用送风温度与送风温度设定值的偏差进行 PID 运算，调节盘管水阀的开度。

自动控制加湿器开闭，保持回风湿度于设定值。

监测过滤器状态，过滤器堵塞时发出警报。

监测防冻状态，当产生防冻报警时，关闭新风阀、送风机，盘管水阀开到最大。

图 14-16 为新风机组监控原理图。

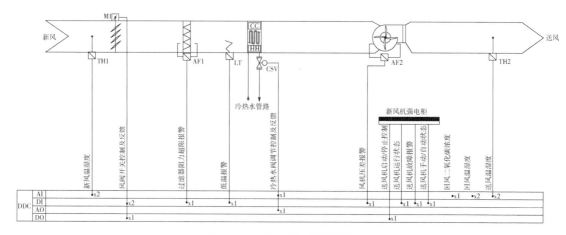

图 14-16　新风机组监控原理图

14.8　风机盘管监控

风机盘管是空调系统的末端装置，其工作原理是机组内不断循环所在房间的空气，使空气通过冷水（热水）盘管后被冷却（加热），以保持房间温度的恒定。其可与新风机组配合使用。

图 14-17 为风机盘管监控原理图。

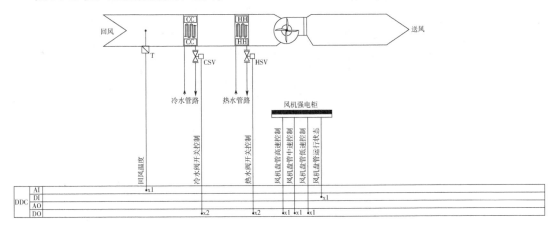

图 14-17　风机盘管监控原理图

14.9　送排风系统监控

排风系统：主要目的是排除室内空气，防止爆炸、中毒、空气不洁净等问题出现。

送风系统：将室外的新鲜空气送入室内，满足室内空气含量的要求。

排烟系统：主要是在消防范围内应用的，如地下车库、人防工程、楼宇等都有排烟系统，是在建筑物发生火情之后，为了防止人们烟气中毒，便于逃生等，采用排烟系统将烟气排走的装置。消防排烟风机只监视不控制。

送排风系统监控的主要作用有：①监测风机的运行状态、故障报警和手自动状态。②监测空气质量，当该区域的空气质量超过设定值时，系统自动运行相应的送风机和排风机，以使空气质量达到合理的要求。③定时自动控制风机的启停避免由于人员操作不及时产生的能源浪费。④各风机运行状态信号在主机上集中显示使管理人员在楼层平面图上即可掌握各风机的工作状况。

图 14-18 为送排风机盘管监控原理图。

14.10　给水排水系统监控

1. 给水

生活给水设计最为常见的是恒压变频自动供水装置。该装置能根据供水压力的监测值，自动调节生活给水泵变频器的频率。如选用该种设计方式，楼控一般仅监测给水泵及水箱液位状态，而不再进行控制。

图 14-19 为给水系统监控原理图。

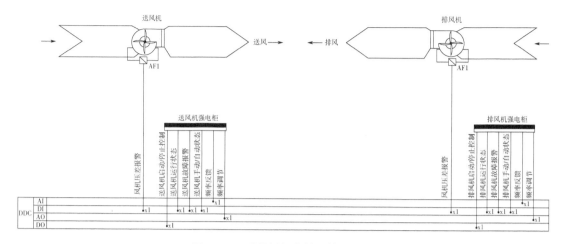

图 14-18 送排风机盘管监控原理图

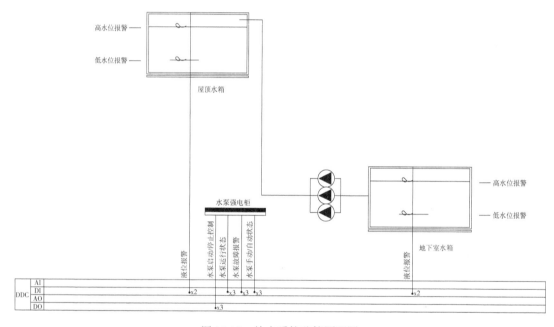

图 14-19 给水系统监控原理图

2. 排水

排水泵设计最为常见的是自带就地液位控制装置。该装置能根据液位状态控制排水泵的启停。楼控一般仅监测排水泵及集水坑的液位状态，而不再进行控制。

图 14-20 为排水系统监控原理图。

14.11 变配电系统监控

BA 系统对建筑物的高压配电、变压器、低压配电系统、备用发电机组的开关状态和故障报警进行监测，并检测进线回路的电压、电流、有功功率、功率因数和电度数据等。对供配电系统一般只监不控。

图 14-21 为低压配电系统监控原理图。

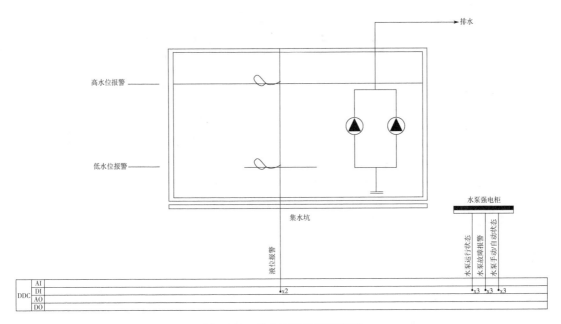

图 14-20　排水系统监控原理图

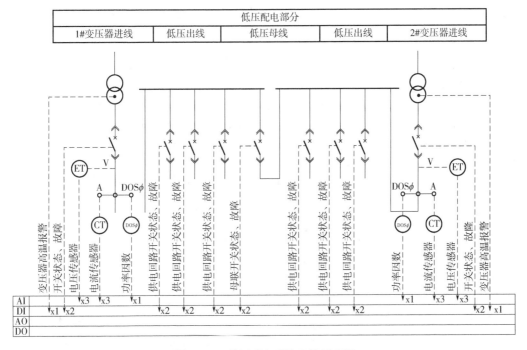

图 14-21　低压配电系统监控原理图

但实际上供配电系统目前通常是由电力监控系统专业集成,然后通过软件对接的方式提供数据给楼控系统的,所以上图仅供参考。

实际上的电力监控系统的实施如图 14-22 所示:

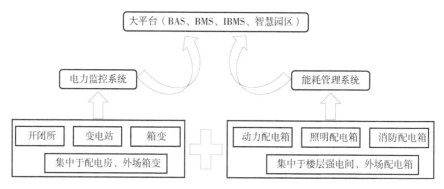

图 14-22　电力监控系统的实施

14.12　照明系统监控

BAS 对建筑物的公共照明设备，如公共区域照明、通道照明、园区照明、景观照明、广告灯照明和航空障碍灯照明等，按预定的时间表或照度进行开关控制，并监测其运行状态和故障报警。

当照明系统自带独立的控制系统时，楼控系统还可通过第三方设备的通信接口进行监控。

14.13　电梯系统监控

建筑物的垂直升降电梯、自动扶梯或自动步道等均由电梯生产厂家成套供应，包括电梯控制器、群控器和楼层显示器等。BA 系统只监测其运行情况（工作状态、楼层位置）和故障信息。

楼控系统还可通过第三方设备的通信接口对电梯系统运行参数进行监测。

14.14　PID 调节

工程实际中，应用较为广泛的调节器控制规律为比例、积分、微分控制，简称 PID 控制，又称 PID 调节。PID 控制器从问世至今已有近 70 年历史，它以结构简单、稳定性好、工作可靠、调整方便而成为工业控制的主要技术之一。

当被控对象结构和参数不能完全掌握，或得不到精确数学模型时，以及控制理论其他技术难以采用时，系统控制器结构和参数必须依靠经验和现场调试来确定，这时应用 PID 控制技术最为方便。即当我们不完全了解一个系统和被控对象，或不能通过有效测量手段来获取系统参数时，最适合用 PID 控制技术。PID 控制，实际中也有 PI 和 PD 控制。

14.14.1　比例控制（P）

比例控制是最常用的控制手段之一，如控制一个加热器处于恒温 100℃ 的状态，当开始加热时，离目标温度相差比较远，这时通常会使温度快速上升，当温度超过 100℃ 时，则关闭输出。

滞后性不是很严重的控制对象使用比例控制方式就可以满足控制要求，但很多被控对象是具有滞后性的。也就是如果设定温度是 200℃，当采用比例方式控制时，如果选择的 P 值较大，则会出现当温度达到200℃输出为 0 后，温度仍然会止不住地向上爬升，比如升至230℃，当温度超过200℃太多后又开始回落，尽管这时输出开始迅速加热，但温度仍然会向下跌落一定的温度才会止跌回升，如降至170℃，最后整个系统会在一定的范围内进行振荡。如果这个振荡的幅度是允许的，则可以选用比例控制的方式。

14.14.2　比例积分控制（PI）

积分是针对比例控制有差值或是振荡时涉及的，它常与比例一块进行控制，也就是 PI 控制。

积分项是一个历史误差的累积值，如果光用比例控制时，达不到设定值或发生振荡，此时，积分项就可以解决达不到设定值的静态误差问题。例如，一个控制在使用了 PI 控制后，存在静态误差，输出始终达不到设定值，这时积分项的误差累积值会越来越大，这个累积值乘上积分放大系数后会在输出的比重中越占越多，使输出值越来越大，最终达到消除静态误差的目的。

14.14.3　PID 算法

控制点目前包含三种比较简单的 PID 控制算法，分别是增量式算法、位置式算法、微分先行。这三种是较为简单的基本算法，各有其特点，能满足控制的大部分要求。

楼宇智能自动化 PID 系统在楼宇建设中按照统一的规定进行计算，中央控制器通过 AI 和 BAS 采集楼宇间各机电设备的参数以及变化趋势或历史数据，同时，根据外界环境的改变自动对楼宇内部各项设施进行调节，使楼宇内的安全防范、电梯、照明、供电系统、空调、给水排水的子系统保持稳定，当其中某项数据没有按照预定的数值进行改变时，则会发出控制信号，通过 AO 和 DO 直接对相应的机电设备进行控制。

14.14.4　楼宇自控 PID 流程

楼宇智能自动化 PID 系统主要包括过程输入通道、过程控制计算机以及过程输出通道三个部分。

图 14-23 楼宇自控系统中 PID 调节工作原理。

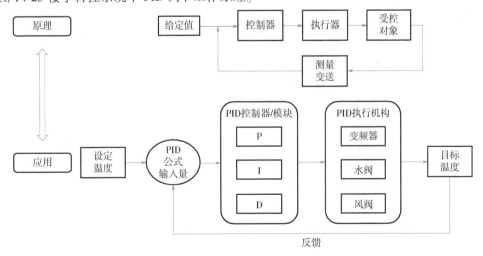

图 14-23　楼宇自控系统中 PID 调节工作原理

楼宇智能自动化 PID 系统中，过程输入通道由两个部分组成，一部分是模拟量输出，主要负责将计算机输出的代码数据控制信号转化成能直接受控的电流信号或模拟电压，再由放大器去驱动调节阀等控制机器进行与数据匹配的实际操作。其通常是由 D/A 转换器、接口电路、执行器和放大器组成。另一部分是数字量输出，其通过计算机输出的受控开关信号，经过放大器去驱动电磁阀等继电器执行器。它由光电耦合器、接口电器、执行器和放大器组成。

楼宇智能自动化 PID 系统中的过程控制计算机承载着直接运算和终端控制的任务，通过过程输入通道集成采集受控对象的海量数据与参数，再按照已预设的算法程序进行系统计算，罗列计算过程或得出数据结论，然后由原通道向受控对象发送数据控制信息，再由输出通道控制调节阀等。

楼宇智能自动化 PID 系统过程输出通道主要有模拟量输出与数字量输出两个部分。模拟量输出主要是针对楼宇内部原始数值对控制器进行操控，将模拟出的数字信号改变为相应的电流信号，再通过放大器驱动楼宇内部各机电设备的调节阀，使各机电设备可以实现对楼宇的智能自动化控制。这一部分由接口电路、D/A 转换器、放大器以及执行器构成。数字量输出是通过模拟量输出的信号对楼宇各机电设备进行控制，再由放大器对继电器与电磁阀进行驱动。其主要由接口电器、光电耦合器、放大器以及执行器构成。

14.15 楼宇自控节能策略

目前，确保能源高效利用，实现设备的优化控制，最终达到节能降耗的指标，是新时期楼宇自控所要解决的问题。如图 14-24 所示，楼宇自控系统可以采用以下节能控制策略。

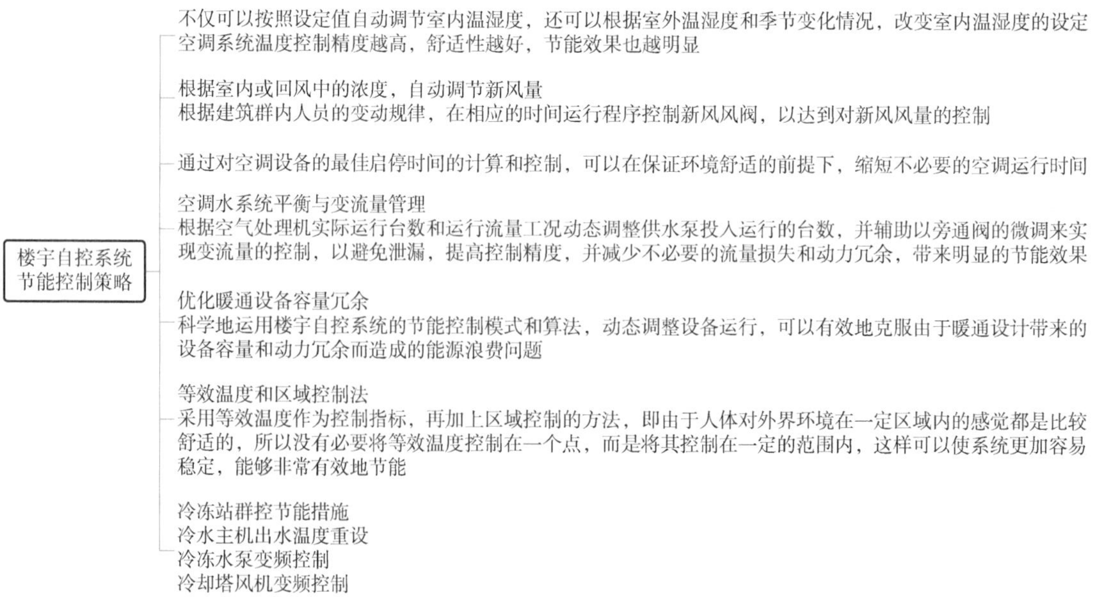

图 14-24 楼宇自控系统节能控制策略

第15章 能耗监测系统

能耗监测系统是指通过对国家机关办公建筑和大型公共建筑安装分类和分项能耗计量装置,采用远程传输等手段及时采集能耗数据,实现重点建筑能耗的在线监测和动态分析功能的硬件系统和软件系统的统称。

由中国建筑节能协会建筑能耗与碳排放数据专业委员会发布的《2022年中国建筑能耗与碳排放研究报告》指出,2020年全国建筑全过程碳排放总量为50.8亿tCO_2,占全国碳排放的比重为50.9%。因此,如果建筑碳排得不到合理的控制,将对我国节能减排目标产生严重影响,开展建筑物节能减排工作成为当务之急。传统建筑能耗存在缺少分类分项计量、数据缺失或统计不精准、实时性差、横向对比分析困难等问题,对建筑物能源的浪费无法追踪溯源,更无法对建筑节能指标做出客观评判。

公共建筑是建筑节能减碳的重要领域,公共建筑开展能耗限额管理是实现公共建筑低碳发展的重要抓手。2021年9月22日中共中央、国务院关于《完整准确全面贯彻新发展理念做好碳达峰碳中和工作的意见》中,更是再次明确了“逐步开展公共建筑能耗限额管理”的意见。推动公共建筑能耗限额管理不仅是指标测算的问题,还需要针对国内外公共建筑能耗限额管理政策实施过程的经验及障碍进行充分调研,提出可行的政策推动建议,为推广公共建筑能耗限额管理提供坚实的基础。

15.1 能耗监测

15.1.1 基本功能

1. 基本统计

1)安装能源分类分项计量装置,实现按日、周、月、季、年对能耗总量进行统计,从而掌握能耗总量变化趋势,追踪单位年度节能量目标的落实情况。

2)通过分项计量和数据远程采集,掌握重点设备用能节能运行水平情况,追踪重点用能设备节能运行水平的变化情况。

3)通过对典型标杆设备进行远程实时动态监测,并进行结果对比,使生产使用者及其管理者做出对自身能效水平的基本判断。

2. 能源审计

1)重点应放在高能耗设备节能运行管理水平的分析、审计和判断,对高能耗设备是否是由运行管理、操作流程造成的进行判断,为能效公示和实现低成本及无成本改造提供依据。

2)通过数据分析和审计,确定具有评价能耗指标及运行状况的代表性设备,为评判同类型设备的合理用电水平提供依据。

3. 能效公示

1)通过对能耗数据指标的公示,让员工了解建筑、楼层、房间之间的能耗差异,从而提高生产者和管理者提高运行水平、节能工作的意识。

2）通过数据比较、数据分析，及时发现及预警设备老化、故障等现象，为及时进行节能改造提供必要的数据基础和依据。

4. 设备监测

1）对设备运行状态进行实时监测，实时显示现场设备的用电状态。

2）经过一定时间的运行数据积累，通过比较不同生产状态的能耗数据曲线等，可对设备的故障状态和部件老化等进行判断和告警。

5. 预付费管理

对应该收费的商铺或公寓进行装表计量，按实用水、电、气进行收费，有效减低水电成本，促进水电费用回收，达到节约用水、节约用电的目的。

15.1.2 电能计量

电能耗计量监测利用数字电能表采集电能的数据，在需要计量收费和监测的区域设计安装数字电能表，包括：

1）总用电量计量：在每台变压器低压干线处安装数字电能表，对总的用电量进行计量。

2）分层计量：办公楼以自用办公为主，在楼层普通照明配电箱、楼层公共照明配电箱和楼层空调配电箱设置数字电能表进行分层计量。

3）分户计量：在公寓、办公楼裙楼商业和食堂等末端用户设置数字电能表进行分户计量。

4）重点用电设备计量。

分类分项计量监测如下：

1）照明、插座系统电耗（照明和插座用电、走廊和应急照明用电、室外景观照明用电）。

2）空调系统电耗（空调机房用电、空调末端用电）。

3）动力系统电耗（电梯用电、水泵用电、通风机用电）。

4）特殊电耗（弱电机房、消防控制室、厨房餐厅等其他特殊用电）。

15.1.3 用水监测

水能耗计量监测采用水表采集水能的数据，在需要计量收费和监测的区域设计安装水表。

根据项目对水表计量收费和监测的要求，需要计量监测的区域如下：

（1）总用水量 在园区给水干管设置数字流量表计量。

（2）厨房餐厅用水 在厨房餐厅给水管设置数字流量表计量。

（3）洗手间用水 在楼层洗手间给水管设置数字流量表计量。

（4）分户计量 在公寓、办公楼裙楼商业和食堂等末端用户设置数字流量表进行分户计量。

（5）空调系统用水 在空调系统给水管设置数字流量表计量。

15.1.4 燃气监测

燃气能耗计量监测采用燃气表采集燃气的数据，在需要计量收费和监测的区域设计安装燃气表。

根据项目对燃气表计量收费和监测的要求，需要计量监测的区域如下：

（1）总燃气用量 在园区燃气干管设置燃气表计量。

（2）厨房餐厅用燃气 在厨房餐厅燃气管设置数字燃气表计量。

（3）分户计量　在公寓、办公楼裙楼商业和食堂等末端用户设置数字燃气表进行分户计量。

15.2　系统组成

能耗监测系统由数据采集系统、数据传输网络系统、后台分析软件系统三大部分组成，完成数据感知、数据采集、数据传输、系统应用与展示功能。

图 15-1 为能耗监测系统架构图。

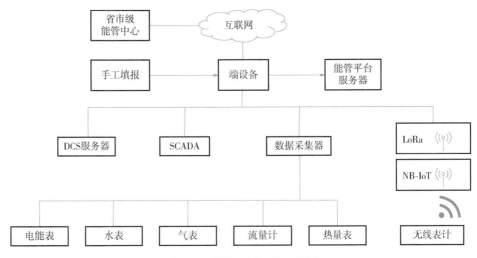

图 15-1　能耗监测系统架构图

15.2.1　数据感知

数据感知层由各种数字能耗计量仪表实现，如空调能量表、数字流量表、数字电能表、数字燃气表等，计量末端设备的耗能量。办公建筑由水暖电专业根据规范要求和物业管理要求设置能耗计量仪表，智能化专业对各专业仪表的设置提供优化建议。

15.2.2　数据采集

数据采集层由能耗数据采集器和数据采集链路组成，能耗数据采集器对数字电能表、数字燃气表、数字流量表、空调能量表等设备进行能耗数据采集、数据过滤与存储，并通过信息网络系统，将能耗数据上传到能耗监测服务器。数据采集链路指传输数据的方式，如 RS485 总线、M-BUS 总线以及 Nb-IoT 无线等方式。

15.2.3　管理服务

系统服务层由能耗监测服务器和能耗监测软件组成，负责对项目能耗数据进行汇总、统计、分析、计算、处理和存储，实现能耗计量收费、能耗分析、能耗查询、能耗预警和管理优化等功能。

15.2.4 系统展示

办公建筑要求支持用户可通过手机、PAD、计算机客户端等方式访问，实时掌握建筑的能耗动态。同时通过 IBMS 平台和信息发布系统在监控中心大屏进行展示。

企业端系统在数据传递过程中确保从生产网络（内网）获取的能耗数据以单向传递、隔离加密、文件摆渡的形式安全传递到办公网络（外网），再通过外网主机侧的 CA 数字认证证书进行身份认证识别后上传至省（市）级平台。

15.3 主要设备应用

15.3.1 电能表

电能表计量装置是计量电能所必需的计量仪表和辅助设备的总称，包括电能表、电流互感器及其二次回路等。

1. 电子式多功能电能表

（1）计量功能　应具有监测和计量三相电流、电压、有功功率、功率因数、有功电能、最大需量、总谐波含量的功能。

（2）通信接口　应具有数据远传功能，以及具有符合行业标准的物理接口。

（3）通信协议　应采用标准开放协议或符合我国现行标准《多功能电能表通信协议》DL/T 645 中的有关规定。

（4）精度等级　有功电能表准确度应不低于 1.0 级，无功电能表准确度不低于 2.0 级。

2. 互感器

（1）精度等级　互感器准确度应不低于 0.5 级。

（2）其他性能参数　应符合国家现行规范《互感器　第 2 部分：电流互感器的补充技术要求》GB/T 20840.2 规定的技术要求。

15.3.2 流量计量

流量计量是计量中央空调和给水排水系统中水、蒸汽等用量的计量器具的总称，包括水表、流量计、燃气表等。

1. 水表

（1）计量功能　应具有监测和计量累计流量的功能。

（2）通信接口　应具有数据远传功能，以及具有符合行业标准的物理接口。

（3）通信协议　应采用 Modbus 协议或相关行业标准协议。

（4）精度等级　应不低于 2.5 级。

（5）其他性能参数　应符合国家现行标准《封闭满管道中水流量的测量 饮用冷水水表与热水水表　第 1 部分：规范》GB/T 778.1 的规定。

2. 蒸汽流量计

（1）计量功能　应具有监测和计量累计流量的功能。

（2）通信接口　应具有数据远传功能，以及具有符合行业标准的物理接口。

（3）通信协议　应采用 Modbus 协议或相关行业标准协议。

（4）精度等级　应不低于 2.0 级。

（5）其他性能参数　应符合国家现行标准《封闭管道中气体流量的测量 涡轮流量计》GB/T 18940 的规定。

3. 燃气表、燃油表

（1）计量功能　应具有监测和计量累计流量的功能。

（2）通信接口　应具有数据远传功能，以及具有符合行业标准的物理接口。

（3）通信协议　应采用 Modbus 协议或相关行业标准协议。

（4）精度等级　应不低于 2.0 级。

15.3.3　数据采集器

能耗监测数据采集器是基于分项能耗数据采集技术导则，针对能耗数据采集系统设计开发的专用能耗数据采集设备。分类能耗是指根据国家机关办公建筑和大型公共建筑消耗的主要能源种类划分进行采集和整理的能耗数据，如电、燃气、水等。

能耗数据采集器是一种采用嵌入式微计算机系统的建筑能耗数据采集专用装置，具有数据采集、数据处理、数据存储、数据传输以及现场设备运行状态监控和故障诊断等功能，支持对不同用能种类、不同品牌的计量装置进行数据采集。数据采集器是采集系统的重要设备，具备向下定时采集终端数据、向上自由配置进行数据远程传输的功能，且各项参数可以简便地进行本地配置。采集器可同时兼容各种电气 EIA-485 的终端设备，不受传输协议限制。数据采集器应支持根据数据中心命令采集和主动定时采集两种数据采集模式，且定时采集周期可以灵活配置。

15.3.4　管理后台

（1）系统概况　平台运行状态，当月能耗折算、地图导航，各能耗逐时、逐月曲线，当日、当月能耗同比分析滚动显示。

（2）用能概况　对建筑、部门、区域、支路、分类分项等用能进行对比，支持当日逐时趋势、当月逐日趋势曲线、分时段能耗统计对比、总能耗同环比对比。

（3）用能统计　对建筑、区域、分项、支路等结构按日、月、年报表的形式统计，对分类能源用能进行统计，支持报表数据导出 EXCEL，支持选择建筑数据进行生成柱状图。

（4）复费率统计　复费率报表按日、月、年对单栋建筑下不同支路的尖、峰、平、谷用电量及成本费用进行统计分析。支持数据导出到 EXCEL。

（5）同比分析　对建筑、分项、区域、支路等用能按日、月、年以图形和报表结合的方式进行用能数据同比分析。

（6）能源流向图　能源流向图展示单栋建筑指定时段内各类能源从源头到末端的能源流向，支持按原始值和折标值查看。

（7）夜间能耗分析　夜间能耗以表格、曲线、饼图等形式对选择支路分类能源在指定时段工作时间与非工作时间用能情况进行统计对比，并支持导出报表。

（8）设备管理　设备管理具有设备台账和维保记录等功能。辅助用户合理管理设备，确保设备的正常运行。

（9）用户报告　用户报告针对选定的建筑自动统计各能源的月使用的同环比趋势，并提供简单的能耗分析结果，针对用电提供单独的复费率用能分析，且报告可编辑。

15.4 设计要求

15.4.1 电气

1. 计量装置选型应符合的要求

1）变压器出线侧总断路，应设置电子式多功能电能表进行计量。

2）变电所所有出线回路，均应设置电子式普通电能表进行计量。

3）其他场所均采用电子式普通电能表进行计量。

2. 计量系统应满足的要求

1）能提供建筑物总能耗、分项能耗、一级子项能耗及部分二级子项能耗数据。

2）系统构成时，能源中心和用电区域（单元）的物理链路在通信回路上应分开。

3）电力干线系统的配置应为计量系统的细化提供可能性。

3. 电力系统计量设计

1）电力用电应按不同功能的设备类别分别计量：电梯、水泵、通风机、室外景观电力用电等。

2）特殊区域电力用电应按区域单独计量，如信息中心、洗衣房、厨房餐厅、游泳池、健身房等。

15.4.2 给水排水

1. 计量装置选型应符合的要求

1）总水量计量应采用具有远传功能的数字式水表，厨房、卫生间等分项用水计量宜采用具有远传功能的数字式水表，其余表计的选用宜根据投资、测量精度、安装条件等综合考虑。

2）给水系统和设备的能耗计量应根据系统型式、使用水温等情况选择合适的计量器具，并应符合规定：冷水系统应选用冷水表计量；热水系统应选用热水表计量；蒸汽热交换器宜选用蒸汽流量计计量；水—水热交换器宜选用热量计计量。

2. 水计量设计

1）市政给水管网的引入管上应设置总水表计量。

2）每栋单体建筑宜设分水表计量。

3）给水系统应根据不同用水性质、不同的产权单位、不同的用水单价和单位内部经济核算单元的情况，进行分别计量。

4）当热水系统的计量装置后设有回水管时，回水管上应设计量装置。

5）给水系统中餐饮用水、游泳池补充水、冷却塔补充水、空调水系统补充水、锅炉补充水、水景补充水应单独计量。

6）喷灌系统、雨水回用系统、中水回用系统和集中式太阳能热水系统应进行计量。

7）热交换器的热媒用量应进行计量。

15.4.3 暖通空调

1. 计量装置选型应符合的要求

1）能量计量装置［主要指冷（热）量表］应由流量传感器、温度传感器和计算器组成。

2）热量表应根据公称流量选型，并校核在设计流量下的压降。公称流量可按照设计流量的 80% 确定。

3）冷（热）量总表、煤气总表、燃油总表等应具有数据远传功能，其余表计的选用宜根据投资、测量精度、安装条件综合考虑。

2. 集中采暖系统计量设计

1）在保证分室（区）室温调节的前提下，应按经济核算单元设置热计量装置。

2）建筑物热力入口处应设置热计量装置。

3）公共用房和公共空间宜设置单独的采暖系统及热计量装置。

3. 多联式空调（热泵）系统计量设计

1）在同一区域组合或同一空调系统内，宜按经济核算单元设置空调用电计量装置。

2）系统跨越两个或两个以上经济核算单元时，应采取电能核算分配计量措施。

3）公共用房和公共空间宜设置单独的空调系统。

4）空调新风系统的划分宜与多联式空调（热泵）系统一致，以便进行电能核算。

4. 集中式空调系统计量设计

1）采用区域性冷源和热源时，每栋单体建筑的冷源和热源入口处应设置冷（热）量计量装置。

2）建筑内部宜按经济核算单元设置用能计量装置。

3）空调风系统宜按经济核算单元布置，以便进行电能计量。

4）公共用房和公共空间宜设置单独空调水系统和风系统，同时设置相应的冷（热）量计量装置和电能计量装置。

5）当采用冷凝热回收时，宜单独设置热回收计量装置。

5. 制冷站计量设计

1）制冷站应设置冷量计量装置。

2）空调冷却水及冷水系统应设置补水计量装置。

6. 锅炉房及热交换站计量设计

1）燃煤锅炉应设置计量装置（如铁路道衡、汽车衡等）。

2）原煤输送系统应设置计量装置（如皮带秤、流量秤等）。

3）燃油、燃气锅炉应设置油、气计量装置。

4）蒸汽锅炉应设置蒸汽流量和水量计量装置；宜设置蒸汽凝结水回收量及回收热的计量装置。

5）热水锅炉应设置供热量和补水量计量装置。

6）热交换站应分别设置空调热水、生活热水的热计量装置。

15.4.4　数据传输

能耗监测系统的传输方式取决于能耗计量装置的数量、分布、传输距离、环境条件、信息容量及传输设备技术要求等因素，应以有线为主、无线等其他方式为辅的传输方式。

数据传输的性能指标和技术指标应保证能耗计量装置与数据采集器、数据采集器与数据中心管理服务器之间可靠通信。数据采集器与数据中心管理服务器之间的身份认证及数据加密过程应符合相关导则的要求。

数据传输过程中配置的信息转换、放大等设备应设置在建筑物弱电井（间）内，宜以专用箱体防护。传输设备和计量装置宜以不间断电源集中供电。

数据传输应以固定格式的编码传输能耗数据。

15.5 预付费系统

能耗计量表计增加预付费模块，即可实现预付费功能。系统主要完成电能表、水表参数设置，商户售电/售水管理及能耗管理工作，操作简便，实现物业公司远程实时操作和实时监控，能够有效地统计和管理数据。

第16章 智能照明系统

智能照明系统主要以互联网及物联网技术，通过系统控制软件实现灯具产品按设计方案呈现不同的色彩并构成整体景观视觉效果，同时兼具智能强电控制、舞美灯光控制、音乐喷泉管理、智慧路灯管理、视频监控、数据处理等功能。

基于 KNX/EIB 总线技术的智能照明系统，是当前的主流应用技术。KNX 是 Konnex 的缩写。KNX 是从三个早期标准演变而来的，即欧洲家庭系统协议（EHS）、BatiBUS 和欧洲安装总线（EIB 或 Instabus）。它可以使用双绞线（树形、线形或星形拓扑）、电力线、RF 或 IP 连接，在这个网络上，设备形成分布式应用，并且可以进行紧密的交互。

16.1 KNX/EIB 应用于智能照明

KNX/EIB 电气安装总线系统是将计算机控制技术领域最新的现场总线技术应用于传统的电气安装领域，系统中的所有总线元件都有独立的智能体，所以不需要中央控制单元（例如 PC），因此 KNX/EIB 系统的组成极为简便，既可以用于小型（楼层）的安装，也可用于大型项目（机场、酒店、行政办公楼、工业建筑等）。

KNX/EIB 总线元件从功能上可以分为三大类：传感器、执行器、系统元件。

16.1.1 KNX/EIB 系统

KNX/EIB 系统采用单元地址化结构设计，根据系统的等级结构和应用控制器的功能赋予每个功能部件以相应的物理地址，控制命令通过总线传递到相应的地址，达到控制目的。其中物理地址采用树状结构，系统以线——域——多个域的方式进行拓展。

1. 线

线路是 KNX/EIB 拓扑结构里最小的单元。每台总线设备可通过发送电信号的方式同其他设备交换信息，最多可以有 64 台总线设备在同一线路上运行。实际连接的总线设备数量取决于所选的总线电源和单个设备的电源需求。

KNX/EIB 系统中线的概念如图 16-1 所示。

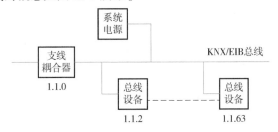

图 16-1　KNX/EIB 系统中线的概念

2. 域

每一条线可以使用 64 个总线装置，当超过这个数量时就要增加线。多条线经由线路耦合器（LC）连接在主干线上，就构成了域。一个域最多 15 条线，每条线最多 64 个总线设备，故而一个域的最大容量为 960 路总线设备。

每条线路包括主线必须有自己的电源提供单元。

KNX/EIB 系统中域的概念如图 16-2 所示。

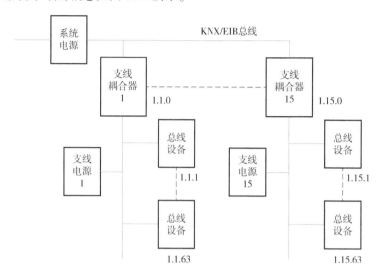

图 16-2　KNX/EIB 系统中域的概念

3. 多个域

同样当系统的装置数量超过一个域的容量时，可以将不同的域经由区域耦合器进行连接，总线系统上最多可以包括 15 个域，可以连接超过 14000 个总线设备。

KNX/EIB 系统中多个域的概念如图 16-3 所示。

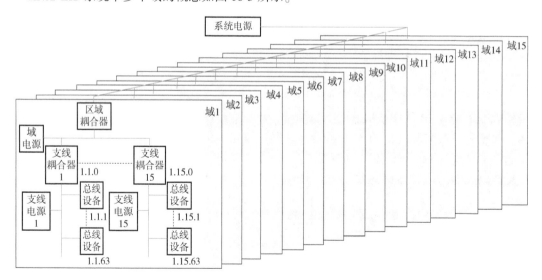

图 16-3　KNX/EIB 系统中多个域的概念

4. 与其他系统连接

KNX/EIB 系统采用的是开放式通信协议，采用符合通信协议的接口——即网关，可以将 KNX/EIB 系统自由地与其他系统相连，如 ISDN、电力网、楼宇管理设备等，实现数据的双向交换。

16.1.2　通信传输技术

KNX/EIB 和其他现场总线协议一样，各总线设备之间通过报文交换它们的信息。报文是由一连串的符号组成，里面包含如开关指令或信号。因为 KNX/EIB 系统采用双绞线进行信号传输，总线电线是对称的结构，而且电线的安装不存在对地电位，所以在两根芯线之间不会由于电位差而引起对地电位的故障。传输技术在传输速度、脉冲产生和脉冲接收方面，设计得使总线电线不需要终端阻抗就可以任意的拓扑。

在 KNX/EIB 上传输的速率最大值为 9.6kb/s，相当于每秒 40~50 份报文。

在任何时候，所有的总线设备总是同时接收到总线上的信息，只要总线上不再传输信息时，总线设备即可独立决定将报文发送到总线上。KNX/EIB 的传输是按事件控制的，也就是说，当事件真正发生时和需要传输信息时才将报文发送到总线上。

KNX/EIB 总线用于连接整个 KNX/EIB 系统中的传感器、执行器部件。

其系统结构是分布总线式结构，系统内各智能模块不依赖于其他模块而能够独立工作，模块之间应是对等关系。

16.1.3　KNX/EIB 网络架构

KNX/EIB 单网络采用自由拓扑方式，可以是星形、菊花链以及树形的方式，但是禁止采用环网。图 16-4 为 KNX/EIB 单网络自由拓扑方式。

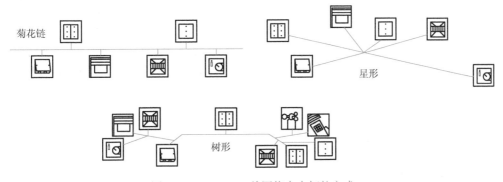

图 16-4　KNX/EIB 单网络自由拓扑方式

KNX/EIB 信号的数据传输与系统电源通过 2 根双绞线传输（红色线、黑色线），剩余的线对（黄色线、白色线）作为额外的电源传输线，或者作为红黑 KNX/EIB 线对的备用线。常用电缆型号为 YCYM2×2×0.8。

系统布线要求：

1）每个网段元件的数量不超过 64 个。

2）每个网络总长度不超过 1000m。

3）系统电源到设备最远距离 350m。

KNX/EIB 系统布线要求如图 16-5 所示。

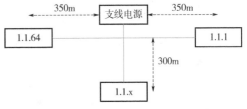

图 16-5　KNX/EIB 系统布线要求示意图

16.2　KNX/EIB 智能照明控制系统组成

KNX/EIB 采用全分散分布式总线结构，并符合国际通用的 EIB 标准和 LEED 认证要求，主

要由输入单元、输出单元、系统单元和传输网络构成:

(1) 输入单元 智能面板和各种感应器、红外遥控器、电话网关等。

(2) 输出单元 智能开关/调光控制器、I/O 控制器、时钟控制器。

(3) 系统单元 KNX/EIB USB 模块、支线耦合器、系统电源、系统管理软件等。

(4) 传输网络 KNX/EIB 控制线缆、IP 网络等。

所有设备均内置微处理器和存储单元,并通过 KNX/EIB 总线(可采用总线型、星形和树形)连接成网络。智能控制系统所有单元器件可以记忆对其设定的参数。每个元件在控制网络中均有唯一的地址码以供识别,可以单独对每个元件进行编程。所有对智能设备的控制设定被分散存储在各个元件中。

KNX/EIB 智能照明整体控制系统结构如图 16-6 所示:

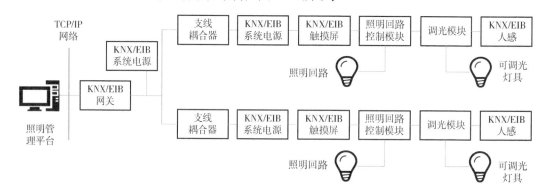

图 16-6　KNX/EIB 智能照明整体控制系统结构

系统通过输入单元(智能面板、红外遥控器)控制各设备工作状态。输入单元通过群组地址和输出组件建立对应联系。当有输入时,输入单元将其转变为指令信号在 KNX/EIB 上广播,所有的输出单元(开关控制器、窗帘控制器等)接收并做出判断,控制相应输出。

16.3　控制功能实现

16.3.1　技术要求

系统可对办公环境包括照明环境、遮阳环境、温度环境进行集成式控制,达到节能、自动运行、控制方便的目的。

大会议室安装触摸屏,可对会议室中的空调、灯光、投影仪、电动窗帘进行集中控制,实现各种场景模式控制,如会议模式、投影模式、休息模式、演讲模式。

中小会议室安装多功能智能面板,可对会议室中的空调、灯光、投影仪、电动窗帘进行集中控制,实现各种场景模式控制,如会议模式、投影模式、休息模式、演讲模式。

现场智能控制面板带有场景控制功能,每个按键对应一个 LED 状态指示灯。

通过定时控制可对公共通道等处的灯光实现各种定时控制,可在不同的时段开启不同数量的灯光,达到自动控制及节能的效果。

大开间办公区域采用现场面板控制、定时控制、人体感应控制及光线感应控制相结合的方式进行灯光控制,可在上班期间自动开启灯光,人走自动关闭灯光,自然光线足够时,自动关闭灯光,同时也可在现场手动进行控制,达到自动控制,管理方便及节能的效果。

小开间办公室采用现场面板控制与人体感应控制相结合的方式进行灯光控制，可实现人来开灯，人走自动关闭灯光的效果，达到自动控制及节能的效果。

重要区域的多功能智能面板开关，同时可对灯光、遮阳窗帘、空调或风机盘管等进行集成式的控制，以达到最佳节能的目的。例如当太阳光强烈时，可自动将遮阳卷帘放下，在有自然光的办公场所，当自然光线足够时，可自动将灯光关闭。

安装在公共区域如走道、多功能厅、报告厅中的现场智能控制面板应具备防误操作（或防乱按）的功能，以避免在有重要活动时出现不必要的错误操作，提高系统的安全性。

安装在照明箱中的灯光开闭控制模块具有电流检测功能，当照明回路中的灯损坏时，可立即在中控计算机上显示并报警，以便管理和维修。此外，灯光开闭控制模块还可对灯光开启的时长及次数进行计时、计次，方便物业管理。

灯光控制模块中的开闭控制继电器带有自锁功能，以便在系统掉电时，灯光开闭状态可保持不变；也可以设定为强行开或关，以便在特殊情况如消防报警时实现联动。

灯光控制模块中的开闭控制继电器必须带有手动强制开关及 LED 状态指示，便于紧急情况处理及维护。

实现多点共同控制时，智能照明控制系统不需要增加连接线的数量，系统内任何一点的控制方式，只需通过软件定义实现。

智能照明控制系统具有独立的中央控制平台，可以中文、图形化的界面对整个灯光控制系统进行中央控制。

智能照明控制系统可自成体系，也可通过 OPC 方式与 BAS 和 IBMS 互联。

该系统有多种控制方式，如可以实现就地面板控制、人体感应控制、红外线遥控控制、电话控制、定时控制、光线感应控制及集中控制。

该系统可根据不同的具体时间，对整栋建筑的内外照明进行不同的灯光场景控制，以满足白天及夜晚的照明装饰要求。

该系统能与消防系统进行联动，在出现消防报警时，系统可将部分区域或所有区域的照明电源或电器电源自动切断以降低火灾的危险，当消防信号消除后，所有灯光应恢复到报警前的状态。

16.3.2　控制方式

1. 时间控制

时间控制是指由中控室来设定设备的开启、关闭时间表。上班前，中央控制开启办公区域照明；中午休息，中央控制系统关闭办公区域照明，同时移动感应器开启，有人进入此区域时，开启照明；下班时间，中央控制系统关闭区域内照明，开启移动感应器，同时给予本地控制手动权限，比如走廊平时不开，有人时打开，以节约建筑能耗。

2. 本地控制

本地控制是指在受控区域中就近墙面安装智能控制面板。对面板上的按键进行编程，就可以控制相应区域的灯光或是窗帘的开启、角度变换以及风机盘管的工作状态。在会议室设置墙面手动开关，在会议中，即可以根据会议的进程、内容调整灯光、投影等设备。

3. 照度控制

照度控制是指在建筑物外立面安装环境照度传感器探测自然光；在建筑物内不同房间、大厅、走廊等处安放光感探头或照度传感器。采集不同位置的亮度值并输入到控制系统，进行简单比较后决定开启\关闭照明设备，又或较为复杂地与电动窗相互协调，达到相应照度。

4. 恒照度控制

恒照度控制是指利用照度传感器与调光模块相配合，将特定区域内的照度控制在恒定的范围内。

5. 中央控制

中央控制是指在中央机房，对整栋建筑内的器件进行统一的管理与控制。总控中心的计算机安装中控软件，接口集成系统。可通过软件了解各个楼层的使用情况，并且可以直接由中控中心计算机发出指令，进行所需要的各项操作，达到整体化一的效果。

6. 移动感应控制

移动感应控制是指根据是否有人或物体移动和亮度来决定开启或关闭相应设备，达到节能的目的。其在走廊安装最为合适。

7. 存在感应控制

存在感应控制的灵敏度高于移动感应器，只要生命体存在于其感应的区域就会被感应到，且不需要大幅度的移动。

8. 逻辑控制

逻辑控制是用于实现较为复杂的逻辑关系处理的。例如，在办公场景中从单独房间控制转换到对中大型会议室的总体操控。

9. 窗帘、自然光控制

窗帘驱动器用来驱动电动窗帘，控制百叶的翻转角度；配合照度感应器调节窗帘。其也可充分利用自然光调节室内的亮度。

10. 场景控制

根据房间和区域的不同应用场景，利用照明、空调、电动窗帘等设备的开/闭/调光组合，设置多种恰当的固定场景模式来适应当前情境，编程后即可一键控制，实现不同情境下的场景模式开启、切换和关闭。如在办公室设置办公模式、午休模式、清扫模式；在会议室设置欢迎、讨论模式，宣讲模式，休息模式等。

表 16-1 为各场景的照明控制组合方式。

表 16-1　各场景的照明控制组合方式

	时间控制	照度控制	场景控制	人感控制	手动控制	应急控制
走道和电梯厅	√			√		√
门厅、中庭	√	√	√			√
休息厅		√	√	√	√	√
视听室			√		√	
剧场			√		√	√
会议厅			√	√	√	√
办公场所	√	√	√		√	
大楼外立面	√		√		√	

第 17 章 机房工程

17.1 机房建设

在当今信息化建设中，数据中心基础设施建设处于非常关键的地位，因为各个弱电子系统的整个控制系统大多转向了数字化，而数据中心则承载着这些控制系统的核心组件及其相关数据，其重要性不言而喻。

数据中心一般包括计算机机房、电信机房、消防控制机房、安防控制机房、电话机房、广播机房、楼宇控制机房、生产调度中心、应急指挥中心等。

在建筑智能化系统中，机房工程属于其中的一个子系统。但实际上机房是一种涉及建筑和装饰技术、空调技术、供配电技术、抗干扰技术、防雷防过压技术、净化技术、消防技术、安防技术等多种专业的综合性的系统。

图 17-1 为机房基础设施建设示意图。

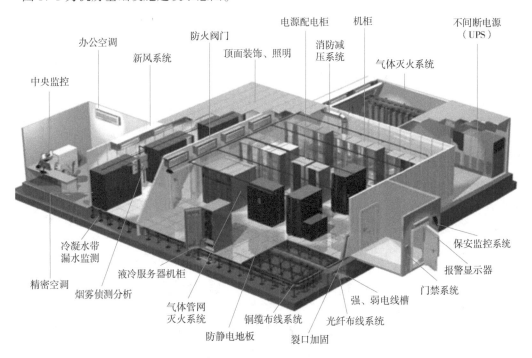

图 17-1　机房基础设施建设示意图

17.1.1　机房基础设施建设内容

图 17-2 为机房基础设施建设内容。

机房建设工程各阶段工作内容包括：

1）机房设计阶段——选址、设备布置、设计建筑与结构、电气、空气调节、智能化系统、网络与布线系统、给水排水、消防与安全、电磁屏蔽等系统。

2）机房施工与竣工阶段——室内装饰装修、供配电、空气调节、给水排水、网络与布线、智能化系统、竣工验收等。

3）机房运维管理阶段——运维管理组织架构与人力资源、服务流程管理、基础设施运维管理、能效和能源管理、应急管理、安全管理、成本与容量管理、资产与档案管理、文件与质量管理、外包管理等。

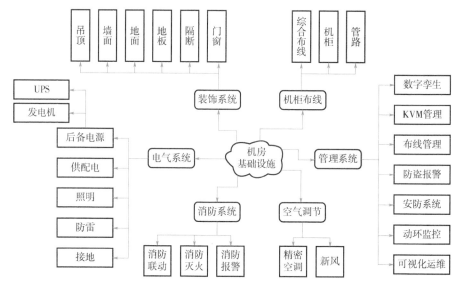

图 17-2 机房基础设施建设内容

17.1.2 数据中心分级及其性能要求

根据我国现行规范《数据中心设计规范》GB 50174，数据中心可划分为 A、B、C 三级。设计时应根据数据中心的使用性质、数据丢失或网络中断在经济或社会上造成的损失或影响程度确定所属级别。

1. A 级数据中心

符合下列情况之一的数据中心应为 A 级：

1）电子信息系统运行中断将造成重大的经济损失的。

2）电子信息系统运行中断将造成公共场所秩序严重混乱的。

A 级数据中心性能要求：

A 级数据中心的基础设施宜按容错系统配置，在电子信息系统运行期间，基础设施应在一次意外事故后或单系统设备维护或检修时仍能保证电子信息系统正常运行。

A 级数据中心同时满足下列要求时，电子信息设备的供电可采用不间断电源系统和市电电源系统相结合的供电方式：

1）设备或线路维护时，应保证电子信息设备正常运行。

2）市电直接供电的电源质量应满足电子信息设备正常运行的要求。

3）市电接入处的功率因数应符合当地供电部门的要求。

4）柴油发电机系统应能够承受容性负载的影响。

5）向公用电网注入的谐波电流分量（方均根值）允许值应符合现行国家标准《电能质量 公用电网谐波》GB/T 14549 的有关规定。

当两个或两个以上的地处不同区域的数据中心同时建设，互为备份，且数据实时传输、业务满足连续性要求时，数据中心的基础设施可按容错系统配置，也可按冗余系统配置。

A 级数据中心举例：金融行业、国家气象台、国家级信息中心、重要的军事部门、交通指挥调度中心、广播电台、电视台、应急指挥中心、邮政、电信等的数据中心及企业认为重要的数据中心。

2. B 级数据中心

符合下列情况之一的数据中心应为 B 级：

1）电子信息系统运行中断将造成较大的经济损失的。

2）电子信息系统运行中断将造成公共场所秩序混乱的。

B 级数据中心性能要求：

B 级数据中心的基础设施应按冗余要求配置，在电子信息系统运行期间，基础设施在冗余能力范围内，不得因设备故障而导致电子信息系统运行中断。

B 级数据中心举例：科研院所、高等院校、博物馆、档案馆、会展中心、政府办公楼等的数据中心。

3. C 级数据中心

不属于 A 级或 B 级的数据中心应为 C 级。C 级数据中心的基础设施应按基本需求配置，在基础设施正常运行的情况下，应保证电子信息系统运行不中断。

4. 灾备数据中心

在同城或异地建立的灾备数据中心，设计时宜与主用数据中心的等级相同。当灾备数据中心与主用数据中心数据实时传输备份，业务满足连续性要求时，灾备数据中心的等级可与主用数据中心等级相同，也可低于主用数据中心的等级。

5. 按等级建设数据中心基础设施

数据中心基础设施各组成部分宜按照相同等级的技术要求进行设计，也可按照不同等级的技术要求进行设计。当各组成部分按照不同等级进行设计时，数据中心的等级应按照其中最低等级部分确定。例如，电气按照 A 级技术要求进行设计，而空调按照 B 级技术要求进行设计，则此数据中心的等级为 B 级。

17.1.3 数据中心建设选址和对建筑结构的要求

1. 数据中心选址要求

在保证电力供给、通信畅通、交通便捷的前提下，数据中心的建设应选择环境温度相对较低的地区，这样有利于降低能耗。

电子信息系统受粉尘、有害气体、振动冲击、电磁场干扰等因素影响时，将出现运算差错、误动作、机械部件磨损、腐蚀、缩短使用寿命等情况。因此，数据中心位置选择应远离产生粉尘、有害气体、强振源、强噪声源等场所，和避开强电磁场的干扰。

水灾隐患区域主要是指江、河、湖、海岸边，A 级数据中心的防洪标准应按 100 年重现期考虑；B 级数据中心的防洪标准应按 50 年重现期考虑。在园区内选址时，数据中心不应设置在园区低洼处。

对数据中心选址地区的电磁场干扰强度不能确定时，需做实地测量，测量值超过规定的电磁场干扰强度时，应采取屏蔽措施。

从安全角度考虑，A级数据中心不宜建在公共停车库的正上方，当只能将数据中心建在停车库的正上方时，应对停车库采取防撞防爆措施。

大中型数据中心是指主机房面积大于200m²的数据中心。由于空调系统的冷却塔或室外机组工作时噪声较大，如果数据中心位于住宅小区内或距离住宅太近，噪声将对居民生活造成影响。居民小区和商业区内人员密集，也不利于数据中心的安全运行。

2. 设置在建筑物内局部区域的数据中心，有以下因素影响主机房位置的确定

1）设备运输：主要是冷冻、空调、UPS、变压器、高低压配电等大型设备的运输，运输线路应尽量短。

2）管线敷设：管线主要有电缆和冷媒管，敷设线路应尽量短。

3）雷电感应：为减少雷击造成的电磁感应侵害，主机房宜选择在建筑物低层中心部位，并尽量远离建筑物外墙结构柱体（其柱内钢筋作为防雷引下线）。

4）结构荷载：由于主机房的活荷载标准值远远大于建筑的其他部分，从经济角度考虑，主机房宜选择在建筑物的低层部位。

5）水患：数据中心不宜设置在地下室的最底层。当设置在地下室的最底层时，应采取措施，防止管道泄漏、消防排水等水渍损失。

6）机房专用空调的主机与室外机在高差和距离上均有使用要求，因此在确定主机房位置时，应考虑机房专用空调室外机的安装位置。

3. 数据中心对建筑结构的要求

建筑平面和空间布局应具有灵活性，并应满足数据中心的工艺要求。

主机房净高应根据机柜高度、管线安装及通风要求确定。新建数据中心时，主机房净高不宜小于3.0m。

变形缝不宜穿过主机房。

主机房和辅助区不应布置在用水区域的直接下方，不应与振动和电磁干扰源为邻。

设有技术夹层和技术夹道的数据中心，建筑设计应满足各种设备和管线的安装及维护要求。当管线需穿越楼层时，宜设置技术竖井。

数据中心的抗震设防类别不应低于丙类，新建A级数据中心的抗震设防类别不应低于乙类。

改建的数据中心应根据荷载要求进行抗震鉴定，并应符合国家现行标准《建筑抗震鉴定标准》GB 50023的有关规定。经抗震鉴定后需要进行抗震加固的建筑，应按国家现行标准《混凝土结构加固设计规范》GB 50367、《建筑抗震加固技术规程》JGJ 116和《混凝土结构后锚固技术规程》JGJ 145的有关规定进行加固。当抗震设防类别为丙类的建筑改建为A级数据中心时，在使用荷载满足要求的条件下，建筑可不做加固处理。

新建A级数据中心首层建筑完成面应高出当地洪水百年重现期水位线1.0m以上，并应高出室外地坪0.6m以上。

17.1.4 机房环境要求

主机房和辅助区内的温度、露点温度和相对湿度应满足电子信息设备的使用要求。

主机房的空气粒子浓度，在静态或动态条件下测试，每立方米空气中粒径大于或等于0.5μm的悬浮粒子数应少于17600000粒。

数据中心装修后的室内空气质量应符合国家现行标准《室内空气质量标准》GB/T 18883

的有关规定。

总控中心内，在长期固定工作位置测量的噪声值应小于 60dB。

主机房和辅助区内的无线电骚扰环境场强在 80～1000MHz 和 1400～2000MHz 频段范围内不应大于 130dB（μV/m），工频磁场场强不应大于 30A/m。

在电子信息设备停机条件下，主机房地板表面垂直及水平向的振动加速度不应大于 500mm/s²。

主机房和辅助区内绝缘体的静电电压绝对值不应大于 1kV。

17.1.5 机房布局

机房的组成应根据系统运行特点及设备具体要求确定，一般宜由主机房、辅助区、支持区和行政管理区等功能区组成。

在确定设计网络中心机房面积及位置后，就要确定机房布局，即根据机房平面及用户需求，遵循机房建设规范及相关标准，划分合理的布局。

1. 功能区布局基本原则

1）机房系统是一个封闭区域，走廊两端进出设门禁、防火门。

2）主机房周围（介质库、监控室）是和机房同等保护区域，应在机房内设立。

3）配电室、钢瓶室输出管线距离主机房尽可能近一点。

4）监控室一般设在主机房的隔壁。

5）消防、门禁安保监控应另设值班室 24h 实时监控。

2. 机房的功能布局

（1）主机房 主机房用于安置小型机/服务器等主机，并作为通信网络区域（内外网络）、存储区域和介质库区域。

（2）监控室 监控室是网络管理人员上班、值班的场所，监控室和主机房相通，主要对主机房进行监控和管理，减少人员频繁进入主机房。

（3）资料室 资料室是存放资料的房间。

（4）配电室 配电室负责整个主机房关键设备的配电，放置 UPS 及电池系统。

（5）钢瓶间 放置气体钢瓶的钢瓶间，要求开门方向正对消防通道，保证危急时刻的快速处理。但若小机房采用无管网则不需要设置。

（6）辅助功能区

1）会议接待室：为机房的参观人员及内部的机房管理人员准备的临时接待场所。

2）硬件维修和软件开发室：设备的维修和软件的开发测试，不能在主机房内进行。

3）休息室：提供给机房管理人员值班休息的场所。

4）值班及更衣室：值班和更衣室设置在机房的入口，便于管理和人员进出。

5）洗漱间和卫生间：洗漱间和卫生间的设置应靠近管理人员主要的工作区域。

图 17-3 为机房布局示意图。

17.2 机房装修

机房装修包括吊顶、墙面、地面、门窗、隔断、地板、保温、防水、防鼠、降噪、楼板承重等项目。

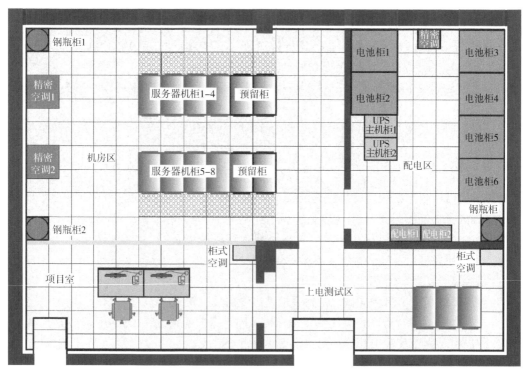

图 17-3　机房布局示意图

室内装修设计选用材料的燃烧性能应符合国家现行标准《建筑内部装修设计防火规范》GB 50222 的有关规定。

主机房室内装修应选用气密性好、不起尘、易清洁、符合环保要求、在温度和湿度变化作用下变形小、具有表面静电耗散性能的材料，不得使用强吸湿性材料及未经表面改性处理的高分子绝缘材料作为面层。高分子绝缘材料是现代工程中广泛使用的材料，常用的工程塑料、聚酯包装材料、高分子聚合物涂料都是这类物质。其电气特性是典型的绝缘材料，有很高的阻抗，易聚集静电，因此在未经表面改性处理时，不得用于机房的表面装饰工程。但如果表面经过改性处理，如掺入碳粉等，使其表面电阻减小，从而不易积聚静电，则可用于机房的表面装饰工程。

主机房内墙壁和顶棚的装修应满足使用功能要求，表面应平整、光滑、不起尘、避免眩光，并应减少凹凸面。

主机房地面设计应满足使用功能要求，当铺设防静电活动地板时，活动地板的设置应根据电缆布线和空调送风要求确定，并应符合下列规定：

1）当活动地板下的空间只作为电缆布线使用时，地板高度不宜小于 250mm。活动地板下的地面和四壁装饰可采用水泥砂浆抹灰。

2）当活动地板下的空间既作为电缆布线，又作为空调静压箱时，地板高度不宜小于 500mm。活动地板下的地面和四壁装饰应采用不起尘、不易积灰、易于清洁的材料。楼板或地面应采取保温、防潮措施，一层地面垫层宜配筋，围护结构宜采取防结露措施。

3）技术夹层的墙壁和顶棚表面应平整、光滑。当采用轻质构造顶棚做技术夹层时，宜设置检修通道或检修口。

4）当主机房内设有用水设备时，应采取防止水漫溢和渗漏的措施。

5）门窗、墙壁、地（楼）面的构造和施工缝隙均应采取密闭措施。密闭措施包括：密封胶嵌缝、压缝条压缝、纤维布条粘贴压缝、加穿墙套管等。

6）当主机房顶板采用碳纤维加固时，应采用聚合物砂浆内衬钢丝网对碳纤维进行保护。

图 17-4 为机房顶面装修示意图。

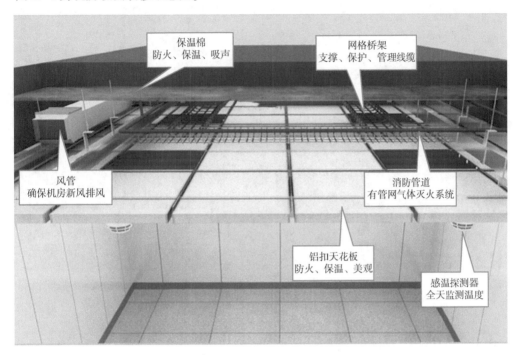

图 17-4　机房顶面装修示意图

图 17-5 为机房墙面装修示意图。

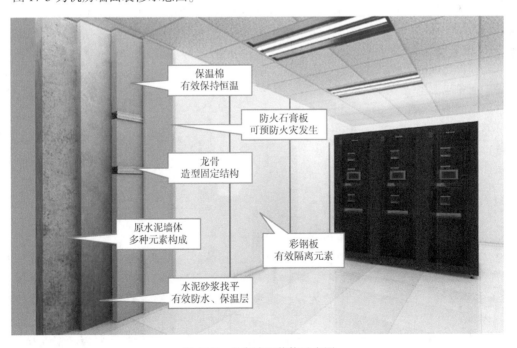

图 17-5　机房墙面装修示意图

图 17-6 为机房地面装修示意图。

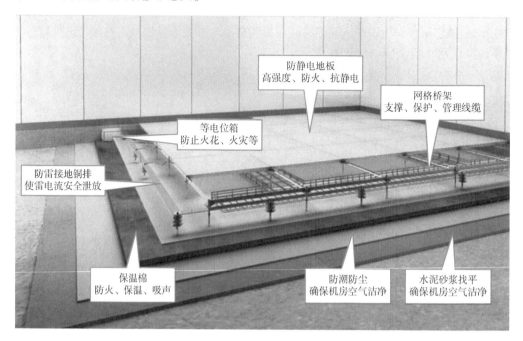

图 17-6　机房地面装修示意图

17.3　机房电气系统

完善的数据中心供电系统是保证机房服务设备、关键网络设备、场地设备、辅助设备用电安全和可靠的基本条件。高品质的机房供电系统体现在：无断电故障、高容错；在不影响负载运行的情况下可进行在线维护，有防雷、防火、防水等保护功能。

数据中心电气系统的组成包括：

1）高低压配电系统。

2）应急电源系统。

3）不间断电源系统。

4）精密列头柜及 PDU 系统。

5）照明及应急照明系统。

6）防雷接地系统。

17.3.1　高低压配电系统

高低压配电系统的主要作用是传输和分配电能。

高压配电系统主要由高压配电一次设备和与之相关的二次设备组成，主要包括高压开关柜、高压母线、高压断路器、氧化锌避雷器、高压电缆、接地开关、互感器、变压器等；二次设备主要有继电保护装置、计量装置、测量装置、指示仪表、操控电路、温湿度控制电路等。

低压配电系统主要由低压配电柜动力和照明线路等组成，包括低压断路器、空气开关、负荷开关、控制开关、接触器、继电器、低压计量及检测仪表等设备。

图 17-7 为数据中心高低压配电系统图。

17.3.2　应急电源系统

应急电源系统主要包括应急柴油发电机组和蓄电池组。

柴油发电机组由柴油发动机、交流发电机、控制系统及各种辅助部件组成，是将机械能转化为电能，通过电缆将电能提供给用户的设备。其通常作为备用或主用电源，具有机动灵活、使用方便、随时供电、维护简单的特点。

EPS（Emergency Power Supply）紧急电力供给，是当今重要建筑物中为了

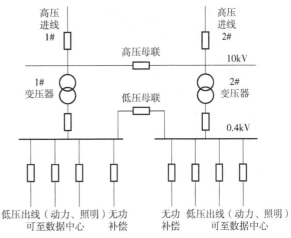

图 17-7　数据中心高低压配电系统图

电力保障和消防安全而采用的一种应急电源。它主要由输入输出单元、充电模块、电池组、逆变器、监控器、输出切换装置等部分组成。

17.3.3　不间断电源（UPS）系统

不间断电源（Uninterruptible Power Supply），简称 UPS，由蓄电池组和 UPS 主体设备组成，是能够提供持续、稳定、不间断电源的重要外部设备。

图 17-8 为机房低压配电及 UPS 供电系统图。

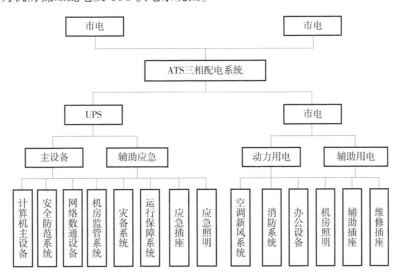

图 17-8　机房低压配电及 UPS 供电系统图

当市电输入正常时，UPS 将市电稳压后供应给负载使用，此时的 UPS 就是一台交流式电稳压器，同时它还向机内电池充电；当市电中断时，UPS 立即将电池的直流电能，通过逆变器切换转换的方法向负载继续供应交流电，使负载维持正常工作。

1. UPS 分类

（1）按储能方式分　按储能方式，UPS 可分为动态式 UPS 和静态式 UPS。

动态式 UPS 的典型代表是飞轮 UPS,因目前飞轮厂商较少且初期采购成本高昂,特别是后备时间通常仅有数十秒,所以市场应用较局限。

目前市面上应用最多的是静态式 UPS,其储能介质多为电池,根据应用场景的不同需求,后备时间多从 5 分钟到数小时,可灵活配置。

(2) 按输入/输出方式分   按输入/输出方式分,UPS 可以分为单相输入/单相输出 UPS、三相输入/单相输出 UPS 和三相输入/三相输出 UPS。对于中大功率 UPS (≥20kVA),三进三出 UPS 应用最为广泛。

(3) 按工作方式分   按工作方式分,UPS 可以分为后备式 UPS、在线互动式 UPS、Delta 变换式 UPS 和在线双变换式 UPS 四种。

其中,在线双变换式 UPS 常态工作于市电整流、逆变双变换模式,整流器能将市电中的异常杂波、噪声及频率不稳定等问题消除,使逆变器输出纯净的标准正弦波给负载。输出的电压、频率的稳定性和精度优于其他 UPS。目前,80% 的 UPS 采用该架构。

表 17-1 为四种类型的 UPS 的性能对比与应用。

表 17-1   四种类型的 UPS 的性能对比与应用

UPS 类型	典型功率范围	输出波形	切换时间	其他
后备式	0.3~1kVA	方波	有	常态下供电质量不佳,逆变器只在供电异常时才启用。电路结构简单,成本低,效率极高,一般备电时间在 10 分钟左右,主要应用于个人计算机
在线互动式	0.5~5kVA	方波/正弦波	有	常态下供给负载经过一定滤波的市电。电路简单,成本低,效率极高,多用于个人计算机或办公设备
Delta 变换式	20~200kVA	正弦波	无	常态下供给负载较为稳定、纯净的正弦波。电路结构复杂,成本高,效率高,过载能力强
在线双变换式	1~1600kVA	正弦波	无	常态下供给负载稳定、纯净的正弦波。电路结构复杂,成本高,电压调节能力强,易于并机,适用于 $N+1$ 设计

2. UPS 架构

在线双变换式 UPS 根据输出是否带有隔离变压器,又分为工频 UPS 和高频 UPS(虽然从名称上来看,工频 UPS 与高频 UPS 是基于工作频率来分类的,但业界一般用有无输出隔离变压器来做区分)。

图 17-9 为 UPS 架构示意图。

图 17-9   UPS 架构示意图

（1）工频 UPS 的特点　工频 UPS 输出带隔离变压器，抗冲击短路能力强。输出电压无直流分量，能抑制输出电压的三次谐波，和缓解不平衡负载对输出的影响。变压器还能使用户关键负载与电池直流母线电压隔离，即使是在 UPS 的逆变器发生严重故障时也不会出现直流电直挂用户负载的情况。

早期的工频机采用的是可控硅整流工频，如果没有选配额外的输入滤波器，那么其输入电流谐波大，输入功率因数不佳。

图 17-10 为可控硅整流工频 UPS 的输入电流谐波示意图。

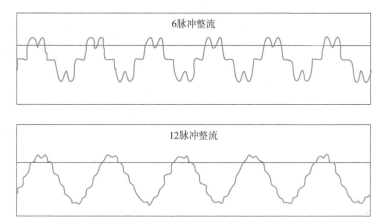

图 17-10　可控硅整流工频 UPS 的输入电流谐波示意图

（2）高频 UPS 的特点　高频 UPS 无输出隔离变压器，减小了体积和承重，提升了效率。采用 IGBT（或 MOSFET 等高速开关管）整流。开关频率通常大于 6kHz，输入功率因数 >0.99，输入电流谐波 <5%，对电网友好，可以减小柴油发电机组的配比。

图 17-11 为高频 UPS 的输入电流谐波示意图。

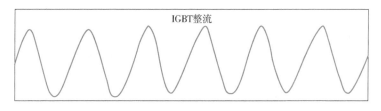

图 17-11　高频 UPS 的输入电流谐波示意图

对于轨道交通等涉及公共安全的重要场景，行业传统应用惯例是要求 UPS 输出内置隔离变压器。现如今对 UPS 的输入指标要求也越来越高。

3. UPS 运行模式

UPS 有四种运行模式：

（1）正常操作模式　在正常交流电源供应下，整流器将交流电转换为直流电，将市电中的"电源污染"消除，并同时对蓄电池充电。再供给逆变器将直流电转换为交流电，提供更稳定的电源给负载。

图 17-12 为正常操作模式下 UPS 工作流程。

（2）停电模式　当交流电源发生异常或整流器、电抗器故障时，蓄电池组提供直流电给逆变器，使交流输出不会有中断，进而达到保护负载的作用。

图 17-13 为停电模式下 UPS 工作流程。

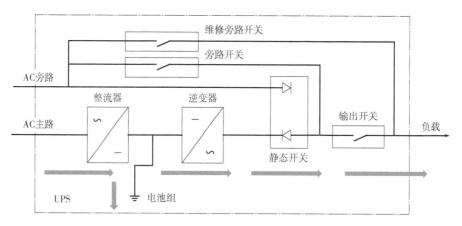

图 17-12　正常操作模式下 UPS 工作流程

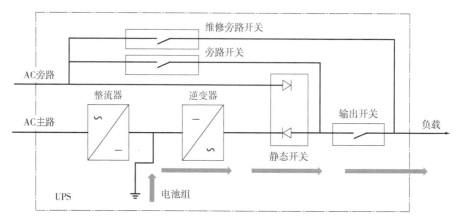

图 17-13　停电模式下 UPS 工作流程

（3）备用电源模式　当逆变器发生异常状况如逆变器熔体熔断、短路等故障时，逆变器会自动切断以防止损坏，若此时旁路交流电源正常，静态开关会将电源供应转为由旁路备用电源输出给负载使用。

图 17-14 为备用电源模式下 UPS 工作流程。

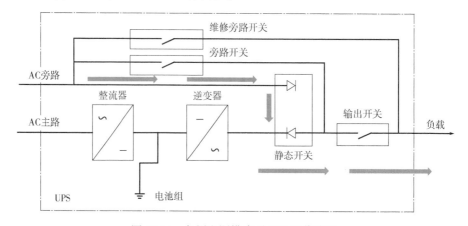

图 17-14　备用电源模式下 UPS 工作流程

（4）维修旁路模式　当 UPS 要进行维修或更换电池而且负载供电又不能中断时，可以先切断逆变器开关，然后激活维修旁路开关，再将整流器和旁路开关切断。交流电源经由维护旁路开关继续供应交流电给负载，此时，维护人员可以安全地对 UPS 进行维护。

图 17-15 为维修旁路模式下 UPS 工作流程。

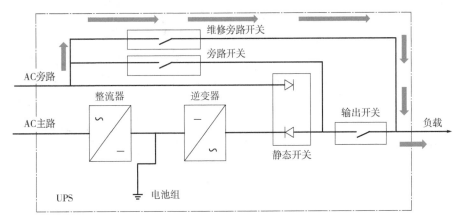

图 17-15　维修旁路模式下 UPS 工作流程

4. UPS 系统架构

在 UPS 系统中共有 4 种基本 UPS 架构，并针对不同的行业或者应用场景进行深化演变，以满足不同行业或者应用场景的需要。从 MTBF（即平均无故障工作时间）的角度去深化，有多达 12 种的 UPS 应用架构，不过 MTBF 越高，UPS 架构投资越大，所以在 UPS 架构设计中，常用的就是这基本的 4 种 UPS 架构。

（1）单机 UPS 系统架构　这是 UPS 架构的最基本配置，图 17-16 为单机 UPS 系统架构。

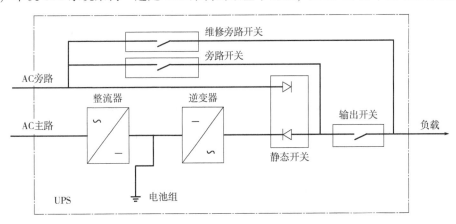

图 17-16　单机 UPS 系统架构

（2）双机并联 UPS 系统架构　在单机 UPS 架构基础上扩展一台 UPS，两台 UPS 平均分配负载，负载量不大于单机 UPS 的 50% 容量。当一台 UPS 故障时，另外一台 UPS 承担所有负载；当两台 UPS 都故障时，由静态旁路供电。图 17-17 为双机并联 UPS 系统架构。

（3）双机串联冗余 UPS 系统架构　在单机 UPS 架构基础上扩展一台 UPS，两台 UPS 分别带负载，一般负载的 UPS 为核心负载 UPS 的旁路供电，保证核心负载运行的可靠性；一般负载和核心负载的负载量不超过一般负载 UPS 的容量。此种架构目前已很少应用了，在 UPS 项目改造中，可以利用旧 UPS 提升系统可靠性。图 17-18 为双机串联冗余 UPS 系统架构。

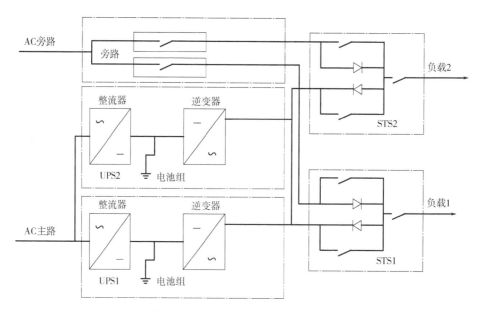

图 17-17　双机并联 UPS 系统架构

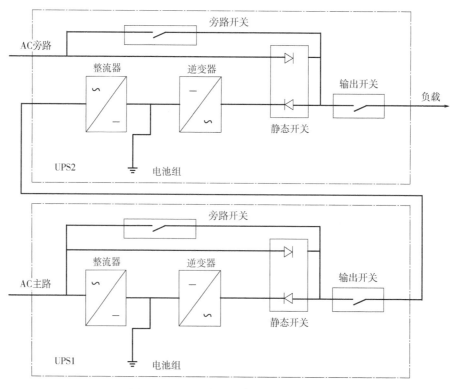

图 17-18　双机串联冗余 UPS 系统架构

（4）双母线 UPS 系统架构　两套 UPS 单机系统或者两套 UPS 并机系统组成两路供电的架构方式，对于单电源负载可以采用 STS 互投后为负载供电，双电源负载可以采用两路供电的方式。图 17-19 为双母线 UPS 系统架构。

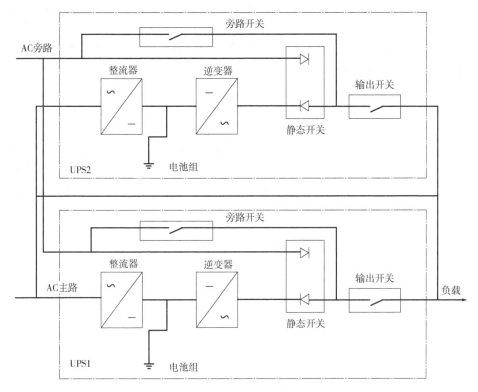

图 17-19　双母线 UPS 系统架构

以上 4 种 UPS 基本架构设计, 可以应用在各种行业中, 有所区别的是 UPS 应用在不同行业时, 针对负载特性和应用环境所组成的 UPS 结构不同, 如医疗手术室内要求配置隔离变压器的 IT 配电系统, 电力变电站和发电厂要求 UPS 可以适应直流电源输入以及输入、输出、旁路隔离等。

5. UPS 容量计算

不间断电源系统的基本容量可按下式计算:

$$E \geqslant 1.2P$$

式中　E——不间断电源系统的基本容量, 不包含备份不间断电源系统设备 $[kW/(kV \cdot A)]$;

　　　P——电子信息设备的计算负荷 $[kW/(kV \cdot A)]$。

确定 UPS 容量时需要留有余量, 其目的有两个, 一是使 UPS 不超负荷工作, 保证供电的可靠性; 二是为了以后少量增加电子信息设备时, UPS 的容量仍然可以满足使用要求。按照公式 $E \geqslant 1.2P$ 计算出的 UPS 容量只能满足电子信息设备的基本需求, 未包含冗余或容错系统中备份 UPS 的容量。

17.3.4　机柜 PDU 配电系统

在目前的数据中心内, 机柜的功率密度已经在上升。常见的机柜设计功率密度由原来的 2~3kW, 到现在的 4~8kW, 甚至更高达 10~20kW。所以机柜配电方案也需根据 IT 设备的需求进行设计。

(1) 单电源机柜 PDU 配电　配电柜提供一路市电给机柜 PDU。当机柜功率密度小于 4kW 时, 采用 220V/16A 的 PDU, 当机柜功率密度小于 8kW 时, 采用 220V/32A 的 PDU。对应配置 1 条 PDU，PDU 接口数量 8～12 位，通常小型企业的数据中心采用此架构机柜配电解决方案。

（2）双电源冗余机柜 PDU 配电　配电柜提供给机柜两路市电给机柜 2 个 PDU。当机柜功率密度小于 4kW 时，采用 220V/16A 的 PDU，当机柜功率密度小于 8kW 时，采用 220V/32A 的 PDU，对应配置 2 条 PDU，PDU 接口数量 8～12 位，常应用于 A 或 B 级数据中心的配电架构。由于服务器多是双电源供电，但交换机和部分服务器是单电源供电，不能保证停电后整个 IT 系统可以正常工作，所以需要为单电设备提供双电源切换设备。

以上为常见的机柜 PDU 配电解决方案，还有两种不常见的机柜 PDU 解决方案。如机柜功率密度超过 7kW，常见的 PDU 已不满足 IT 设备的需要，需要增大 PDU 的容量，规格常为 220V/63A，支持小于 15kW 功率密度的机柜。还有一种是输入三相交流电源进入 PDU 后，分配成三路单相电源给负载供电。

17.3.5　照明及应急照明系统

主机房和辅助区一般照明的照度标准值应按照 300～500lx 设计，一般显色指数不宜小于 80。支持区和行政管理区的照度标准值应符合国家现行标准《建筑照明设计标准》GB 50034 的有关规定。

主机房和辅助区内的主要照明光源宜采用高效节能荧光灯，也可采用 LED 灯。荧光灯镇流器的谐波限值应符合国家现行标准《电磁兼容　限值　第 1 部分：谐波电流发射限值（设备每相输入电流≤16A)》GB 17625.1 的有关规定，灯具应采取分区、分组的控制措施。

辅助区的视觉作业宜采取下列保护措施：

1）视觉作业不宜处在照明光源与眼睛形成的镜面反射角内。

2）辅助区宜采用发光表面积大、亮度低、光扩散性能好的灯具。

3）视觉作业环境内宜采用低光泽的表面材料。

非工作区域内的一般照明照度值不宜低于工作区域内一般照明照度值的 1/3。

主机房和辅助区应设置备用照明，备用照明的照度值不应低于一般照明照度值的 10%；有人值守的房间，备用照明的照度值不应低于一般照明照度值的 50%；备用照明可为一般照明的一部分。

数据中心应设置通道疏散照明及疏散指示标志灯，主机房通道疏散照明的照度值不应低于 5lx，其他区域通道疏散照明的照度值不应低于 1lx。

数据中心内的照明线路宜穿钢管暗敷或在吊顶内穿钢管明敷。

技术夹层内宜设置照明和检修插座，应采用单独支路或专用配电箱（柜）供电。

17.3.6　防雷接地系统

数据中心的防雷和接地设计应满足人身安全及电子信息系统正常运行的要求，并应符合国家现行标准《建筑物防雷设计规范》GB 50057 和《建筑物电子信息系统防雷技术规范》GB 50343 的有关规定。

机房的防雷等级为二类标准设计。

建筑的总配电室应提供第一级防雷，因此在机房工程市电配电柜与设备处应配置第二级、第三级复合防雷器。

图 17-20 为机房三级防雷示意图。

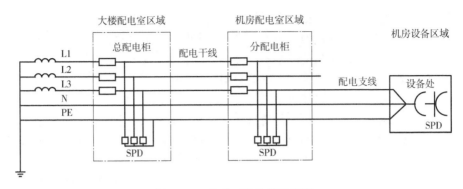

图 17-20　机房三级防雷示意图

电子信息设备有两个接地：一个是为电气安全而设置的保护接地，另一个是为实现其功能性而设置的信号接地。

保护性接地包括：防雷接地、防电击接地、防静电接地、屏蔽接地等。

功能性接地包括：交流工作接地、直流工作接地、信号接地等。

按 IEC 标准规定，除个别特殊情况外，一个建筑物电气装置内只允许存在一个共用的接地装置，并应实施等电位联结，这样才能消除或减少电位差。这对电子信息设备也不例外，其保护接地和信号接地只能共用一个接地装置，不能分接不同的接地装置。在 TN-S 系统中，设备外壳的保护接地和信号接地是通过连接 PE 线实现接地的。保护性接地和功能性接地宜共用一组接地装置，其接地电阻应按其中最小值确定。

图 17-21 为机房内部防雷接地系统图。

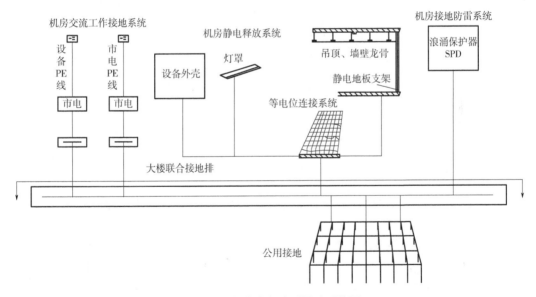

图 17-21　机房内部防雷接地系统图

关于电子信息设备信号接地的电阻值，IEC 有关标准及等同或等效采用 IEC 标准的国标均未规定接地电阻值的要求，只要实现了高频条件下的低阻抗接地和等电位联结即可。当与其他接地系统联合接地时，按其他接地系统接地电阻的最小值确定。若防雷接地单独设置接地装置时，其余几种接地宜共用一组接地装置，其接地电阻不应大于其中最小值，并应按国家现行标准《建筑物防雷设计规范》GB 50057 的要求采取防止反击措施。

1）独立的防静电接地系统的接地电阻值无设计要求时应小于10Ω。

2）独立的防雷接地系统的接地电阻值无设计要求时应小于10Ω。

3）独立的交流工作接地电阻值应小于等于4Ω。

4）独立的直流工作接地电阻值应小于等于4Ω。

5）独立的安全保护接地电阻值应小于等于4Ω。

6）对于共用接地系统，防雷接地与交流工作接地、直流工作接地、安全保护接地共用一组接地装置时，接地装置的接地电阻值必须按接入设备中要求的最小值为检验验收标准，一般小于等于1Ω。

数据中心内所有设备的金属外壳、各类金属管道、金属线槽、建筑物金属结构必须进行等电位联结并接地。这是国家现行标准《数据中心设计规范》GB 50174 强制性条文，必须严格执行。对数据中心内所有设备的金属外壳、各类金属管道、金属线槽、建筑物金属结构等做电位联结及接地是为了降低或消除这些金属部件之间的电位差，是对人员和设备安全防护的必要措施，如果这些金属之间存在电位差，将造成人员伤害和设备损坏，因此，数据中心基础设施不应存在对地绝缘的孤立导体。

图 17-22 为机房等电位联结示意图。

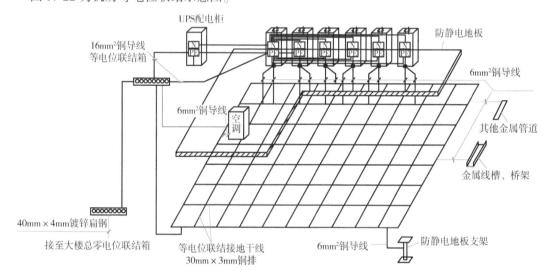

图 17-22　机房等电位联结示意图

电子信息设备等电位联结方式应根据电子信息设备易受干扰的频率及数据中心的等级和规模确定，可采用 S 型、M 型或 SM 混合型。

S 型（星形结构、单点接地）等电位联结方式适用于易受干扰的、频率在 0 ~ 30kHz（也可高至 300kHz）的电子信息设备的信号接地。从配电箱 PE 母排放射引出的 PE 线兼作设备的信号接地线，同时实现保护接地和信号接地。对于 C 级数据中心中规模较小（建筑面积为 100m² 以下）的主机房，电子信息设备可以采用 S 型等电位联结方式。

M 型（网形结构、多点接地）等电位联结方式适用于易受干扰的、频率大于 300kHz（也可低至 30kHz）的电子信息设备的信号接地。电子信息设备除连接 PE 线作为保护接地外，还采用两条（或多条）不同长度的导线尽量短直地与设备下方的等电位联结网格连接。大多数电子信息设备应采用此方案实现保护接地和信号接地。

SM 混合型等电位联结方式是单点接地和多点接地的组合，可以同时满足高频和低频信号接地的要求。具体做法为设置一个等电位联结网格，以满足高频信号的接地要求；再以单点接地方式连接到同一接地装置，以满足低频信号的接地要求。

采用 M 型或 SM 混合型等电位联结方式时，主机房应设置等电位联结网格，网格四周应设置等电位联结带，并应通过等电位联结导体将等电位联结带就近与接地汇集排、各类金属管道、金属线槽、建筑物金属结构等进行连接。每台电子信息设备（机柜）应采用两根不同长度的等电位联结导体就近与等电位联结网格连接。

图 17-23 为机房 S 型、M 型或 SM 混合型等电位示意图。

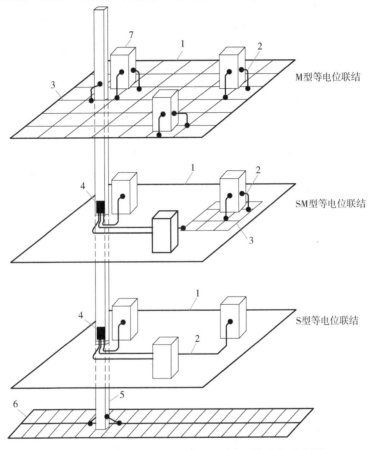

图 17-23　机房 S 型、M 型或 SM 混合型等电位示意图

1—等电位联结带 30mm×3mm 紫铜带　2—接地线 6mm 铜导线　3—等电位连接网格 100mm×0.3mm 铜箔或 25mm 铜编织线　4—等电位连接端子箱　5—建筑金属结构　6—建筑基础　7—机柜

等电位联结网格应采用截面面积不小于 25mm² 的铜带或裸铜线，并应在防静电活动地板下构成边长为 0.6 ~ 3.0m 的矩形网格。等电位联结网格的尺寸取决于电子信息设备的摆放密度，机柜等设备布置密集时（成行布置，且行与行之间的距离为规范规定的最小值时），网格尺寸宜取最小值（600mm×600mm）；设备布置宽松时，网格尺寸可视具体情况加大，目的是节省铜材。如图 17-24 为机房等电位联结网格。

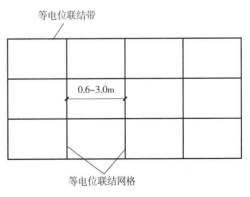

图 17-24　机房等电位联结网格

17.4 空气调节系统

电子信息设备在运行过程中产生大量热，这些热量如果不能及时排除，将导致机柜或主机房内温度升高，过高的温度将使电子元器件性能劣化、出现故障，或者降低使用寿命。此外，制冷系统投资较大、能耗较高，运行维护复杂。因此，空气调节系统设计应根据数据中心的等级，采用合理可行的制冷系统，这对数据中心的可靠性和节能具有重要意义。

一般的空调能够调节温度、调节湿度和调节空气洁净度，因此应用于很多的行业中，但是对一些特定功能的房间则无法做到，需要安装精密空调，如机房、实验室、仪器室、博物馆、储藏室等场所。

精密空调又被称为恒温恒湿空调，是能够对环境的湿度和温度进行准确控制的机房专用空调。精密空调的特点是送风量大、焓差比较小、显热比高以及空气净化率高，湿度变化率小于10%RH/h（湿度设定在40%~60%时），湿度能够精确到±3%，温度变化率小于5℃/h（温度设定在15~30℃时），温度可以精确到±0.5℃。精密空调的设计寿命能够达到10年，连续运行时间长达86400h，平均无故障率达到25000h，维护比较好的精密空调可以运行15年左右。

17.4.1 机房精密空调

根据目前的行业发展情况，机房精密空调主要有以下类型：

1) 风冷型机房精密空调（风冷型）即空调的制冷剂通过风来冷却，安装在室外的冷凝器（精密空调室外机）将冷凝剂的热量带走，使制冷剂放出热量，这种是最常见的。

2) 水冷型机房精密空调（水冷型）的结构跟风冷型的差别不大，主要的差别是：水冷型机房精密空调增加有水冷板式或壳管式换热器，制冷剂在经过水冷板式或壳管式换热器时放出热量，而水冷板式或壳管式换热器的冷水吸收热量后经水泵排到冷却塔，再由冷却塔将热量排放到空气中去。由于冷却塔为热湿型交换设备（空气与水直接接触），所以，也有选用干冷型室外冷凝器的。另外，请读者朋友注意，水冷型机房精密空调和下面阐述的冷冻水型机房精密空调是完全的两款产品。

3) 冷冻水型机房精密空调（冷冻水型）的室内机主要由冷冻水盘管、风机、水阀组成，冷冻水直接进入到室内机盘管内，即可理解为空调末端制冷系统没有压缩机。同时，此类空调系统末端单机制冷量不是固定的，与系统里面的进回水温度、出回风工况密切相关，同一套机组在不同工况下，机组制冷量可能相差几倍。

4) 双冷源型机房精密空调（双冷源型）是为确保机房精密空调的制冷效果而采用的。一般有下面两种组合：

①风冷+冷冻水，以冷冻水系统为主用，风冷系统为备用。

②水冷+冷冻水，以冷冻水系统为主用，水冷系统为备用。

5) 乙二醇冷机房精密空调（乙二醇冷却制冷），这种机型主要用在北方寒冷地区，也可以视为一种水冷型机房精密空调。一旦室外温度低于0℃时，在水中加入乙二醇溶液，以保证冷却水不结冰。

6) 冷冻水双盘管型机房精密空调（双盘管），此类制冷方式就是在一套冷冻水机组内，设置两套独立的冷冻水盘管，并连接至不同的冷冻水水源，以提高系统的安全性，和节省机组占地面积，在同一套结构系统内形成2N设计。

7）热管式机房精密空调（热管空调）属于非常大的一个空调系统，根据末端形式不同、机组制冷介质不同又有非常多的名称，如重力背板、冷水背板、吊顶式热管空调、热管列间等。

8）各类利用自然冷的其他直接自然冷或间接自然冷型机房精密空调（自然冷），此类设备非常多，基本都是定制化的制冷系统解决方案，如腾讯的 T-block，亚马孙在全球使用的间接蒸发自然冷却系统解决方案等，但这类方案应用较少。

17.4.2　设计与安装

数据中心的风管及管道的保温、消声材料和黏结剂应选用非燃烧材料或难燃 B_1 级材料。冷表面应做隔气、保温处理。

采用活动地板下送风时，地板的高度应根据送风量确定。主机房内的线缆数量很多，一般采用线槽或桥架敷设。当线槽或桥架敷设在高架活动地板下时，线槽占据了活动地板下的部分空间。当将活动地板下的空间作为空调静压箱时，应考虑线槽及消防管线等所占用的空间，空调送风量应按地板下的有效送风面积进行计算。

主机房应维持正压。主机房与其他房间、走廊的压差不宜小于 5Pa，与室外静压差不宜小于 10Pa。主机房维持正压的目的是防止外部灰尘进入主机房。

空调系统的新风量应取下列两项中的最大值：

1）按工作人员计算，每人 40m³/h。

2）维持室内正压所需风量。

主机房内空调系统用循环机组宜设置初效过滤器或中效过滤器。新风系统或全空气系统应设置初效和中效空气过滤器，也可设置亚高效空气过滤器和化学过滤装置。末级过滤装置宜设置在正压端。

设有新风系统的主机房，在保证室内外一定压差的情况下，送排风应保持平衡。设有新风系统的主机房，应进行风量平衡计算，以保证室内外的差压要求，当差压过大时，应设置排风口，避免造成新风无法正常进入主机房的情况出现。

打印室、电池室等易对空气造成二次污染的房间，对其空调系统应采取防止污染物随气流进入其他房间的措施。打印室内的喷墨打印机、静电复印机等设备以及纸张等物品易产生尘埃粒子，对除尘后的空气将造成二次污染；电池室内的电池（如铅酸电池）有少量氢气溢出，对数据中心存在不安全因素，因此应对含有污染源的房间采取措施，防止污染物随气流进入其他房间。如对含有污染源的房间不设置回风口，直接排放；与相邻房间形成负压，减少污染物向其他房间扩散；对于大型数据中心，还可考虑为含有污染源的房间单独设置空调系统。

采用全新风空调系统时，应对新风的温度、相对湿度、空气含尘浓度等参数进行检测和控制。寒冷地区采用水冷冷水机组空调系统时，冬季应对冷却水系统采取防冻措施。当室外空气质量不能满足数据中心空气质量要求时，应采取过滤、降温、加湿或除湿等措施。

室内机安装的基本要求：

1）房间整体通风顺畅，送风、回风无障碍。

2）安装位置综合考虑，结合上下水、液管、气管连接。

3）室内机安装处妨碍出风的物体较少。

如现场无特殊要求，当室外机高于室内机时，建议垂直最大距离为 20m；当室外机低于室内机时，建议垂直最大距离为 5m；建议管道总长不超过 60m，管道长度大于 30m 时，需加装 DX 管道延长组件。

图 17-25 为室外机高于室内机的安装示意图。

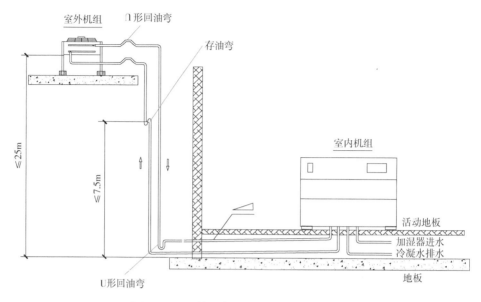

图 17-25　室外机高于室内机的安装示意图

图 17-26 为室外机低于室内机的安装示意图。

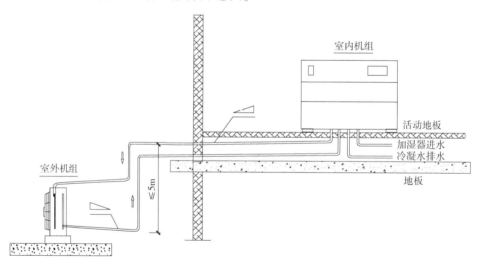

图 17-26　室外机低于室内机的安装示意图

17.4.3　气流组织

　　主机房空调系统的气流组织形式应根据电子信息设备本身的冷却方式、设备布置方式、设备散热量、室内风速、防尘和建筑条件综合确定，并应采用计算流体动力学对主机房气流组织进行模拟和验证。

　　气流组织形式选用的原则是：有利于电子信息设备的散热，建筑条件能够满足设备安装要求。电子信息设备的冷却方式有风冷、水冷等，风冷有上部进风、下部进风、前进风、后排风等。影响气流组织形式的因素还有建筑条件，包括层高、面积等。因此，气流组织形式应根据设备对空调系统的要求，结合建筑条件综合考虑。采用 CFD 气流模拟方法对主机房气流组织进行验证，可以事先发现问题，减少局部热点的发生，保证设计质量。

对单台机柜发热量大于 4kW 的主机房，宜采用活动地板下送风上回风、行间制冷空调前送风后回风等方式，并宜采取冷热通道隔离措施。

图 17-27 为机房气流组织形式。

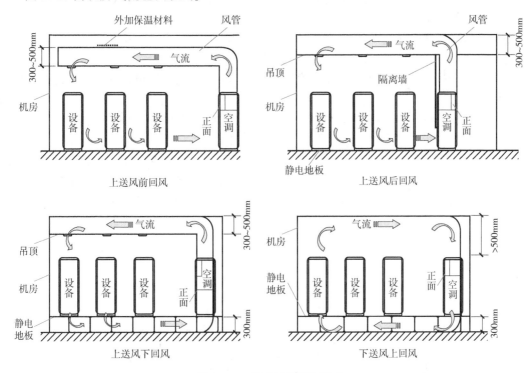

图 17-27　机房气流组织形式

当电子信息设备对气流组织形式未提出特殊要求时，主机房气流组织形式、风口及送回风温差可按表 17-2 选用。

表 17-2　主机房气流组织形式设计

气流组织形式	下送上回	上送上回（或侧回）	侧送侧回
送风口	1）活动地板风口（可带调节阀） 2）带可调多叶阀的格栅风口 3）其他风口	1）散流器 2）带扩散板风口 3）百叶风口 4）格栅风口 5）其他风口	1）百叶风口 2）格栅风口 3）其他风口
回风口	格栅风口；百叶风口；网板风口；其他风口		
送回风温差	8～15℃，送风温度应高于室内空气露点温度		

17.4.4　封闭冷通道

机房封闭冷热通道设计是一项应用于降低因工作而发热的设备温度的技术，目前数据中心机房设备应用较多。

从节能的角度出发，机柜间采用封闭通道的气流组织方式，可以提高空调利用率；采用水平送风的行间制冷空调进行冷却，可以降低风阻。

1. 冷通道的作用

1）冷通道遏制通过确保机架的所有级别（甚至是顶层）都能获得冷空气，从而消除了空间的浪费，达到高效空间的效果。

2）冷通道封闭使冷却系统更加高效，通过提供有效的冷却和消除热点，提高了数据中心的整体效率，确保设备以最佳水平运行。

3）冷通道封闭系统可以冷却更高的空气温度负载。具有行内冷却功能的冷通道封闭系统可处理每个机架超过 30kW 的热负荷。

4）冷空气可以到达需要去的地方，确保了没有热点，并且没有设备承受比制造商指定的更高的温度。

5）最大限度地减少冷热空气的混合，从而更好地控制进气温度，有效隔离。

2. 封闭冷通道工作原理

冷通道封闭是基于冷热空气分离有序流动的原理，冷空气由高架地板下吹出，进入密闭的冷池通道，机柜前端的设备吸入冷气，通过给设备降温后，形成热空气由机柜后端排出至热通道。热通道的气体迅速返回到空调回风口。在较高的机架密度下，冷通道封闭在失效情况下起着更为重要的支撑作用。

图 17-28 为机房封闭冷通道工作原理。

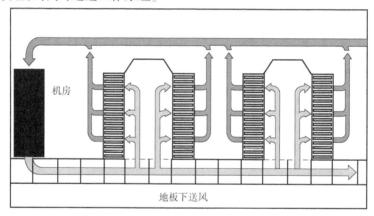

图 17-28　机房封闭冷通道工作原理

在以往的空调系统设计中，多采取"房间级"制冷系统，这是一种集中制冷模式，是将空调房间视作一个均匀空间，按现场最大需求量来考虑，但是这种模式忽视了空间各部分的需要，缺少考虑制冷效率、制冷成本的意识。随着数据中心数据量的增加，发热功率直线上升，需要更大的制冷量及更高的制冷效率才能满足需求。目前，针对这一状况，各个数据中心厂家推出了气流遏制等解决方案。

随着科学技术的发展以及高密度大型数据中心建设需求的出现，人们逐渐认识到集中制冷的弊端和按需制冷的必要性。按需制冷就是按机房内各部分热源的即时需要，将冷媒送到最贴近热源的地方，这个阶段典型的制冷解决方案就是行级制冷、水冷空调及冷冻水空调的应用。其最大的特点是制冷方式的定量化和精准化，从"房间级"制冷转变为"行级"制冷，随着数据中心的大发展，最后到"机柜级"以及"芯片级"制冷。

17.5　机房布线

数据中心布线系统与网络系统架构密切相关，数据中心布线系统应根据网络架构进行设计。设计范围应包括主机房、辅助区、支持区和行政管理区。主机房宜设置主配线区、中间配线区、水平配线区和设备配线区，也可设置区域配线区。主配线区可设置在主机房的一个专属区域内；占据多个房间或多个楼层的数据中心可在每个房间或每个楼层设置中间配线区；水平配线区可设置在一列或几列机柜的端头或中间位置。数据中心布线系统基本结构如图 17-29 所示。

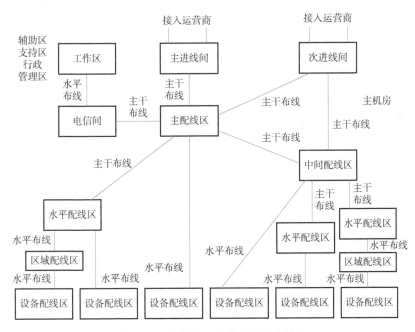

图 17-29　数据中心布线系统基本结构

承担数据业务的主干和水平子系统应采用 OM3/OM4 多模光缆、单模光缆或 6A 类及以上对绞电缆，传输介质各组成部分的等级应保持一致，并应采用冗余配置。

MPO 是多芯推进锁闭光纤连接器件，通过阵列完成多芯光纤的连接；MTP 是基于 MPO 发展而来的机械推拉式多芯光纤连接器件，MTP 兼容所有 MPO 连接器件的标准和规范。单个 MPO/MTP 连接器件可以支持 12 芯、24 芯、48 芯或 72 芯光纤的连接。存储网络光纤链路设计采用多芯 MPO/MTP 预连接系统是为了满足存储设备的损耗性能要求。

主机房布线系统中 12 芯及以上的光缆主干或水平布线系统宜采用多芯 MPO 预连接系统。存储网络的布线系统宜采用多芯 MPO/MTP 预连接系统。

数据中心存在下列情况之一时，应采用屏蔽布线系统、光缆布线系统或采取其他相应的防护措施：

1）电磁环境要求未达到国家现行规范《数据中心设计规范》GB 50174 规定时。

2）网络有安全保密要求时。

3）安装场地不能满足非屏蔽布线系统与其他系统管线或设备的间距要求时。

为防止电磁场对布线系统的干扰，避免通过布线系统对外泄漏重要信息，应采用屏蔽布线系统、光缆布线系统或采取其他电磁干扰防护措施（如建筑屏蔽）。当采用屏蔽布线系统时，应保证链路或信道的全程屏蔽和屏蔽层可靠接地。

17.6　机房消防

机房的消防安全是机房安全稳定运行的重要保障，作为初期火灾的主要扑灭手段，其自动灭火功能显得尤为重要。

A 级数据中心的主机房宜设置气体灭火系统，也可设置细水雾灭火系统。当 A 级数据中心内的电子信息系统在其他数据中心内安装有承担相同功能的备份系统时，也可设置自动喷水灭火系统。

B 级数据中心和 C 级数据中心的主机房宜设置气体灭火系统，也可设置细水雾灭火系统或自动喷水灭火系统。

17.6.1 气体灭火系统

气体灭火系统自动化程度高、灭火速度快，对于局部火灾有非常强的抑制作用。

常用的气体灭火剂分为卤代烷和惰性混合气体，前者的典型代表为七氟丙烷（HFC-227ea），后者的典型代表为 IG-541。卤代烷的灭火机理是化学反应，惰性气体灭火机理是控制氧气浓度和窒息。气体灭火系统具有响应速度快、灭火后药剂无残留、对电子设备损伤小等特点。图 17-30 为气体灭火控制流程图。

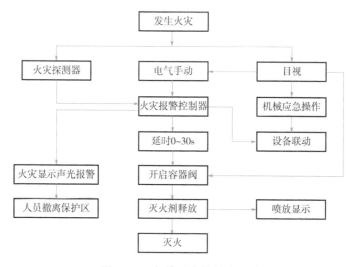

图 17-30　气体灭火控制流程图

1. 无管网灭火系统

无管网灭火系统是指按一定的应用条件，将灭火剂储存装置和喷放组件等预先设计、组装成套且具有联动控制功能的灭火系统，又称预制灭火系统。该系统又分为柜式气体灭火装置和悬挂式气体灭火装置两种类型，适用于较小的、无特殊要求的防护区。

机房无管网灭火系统如图 17-31 所示。

2. 管网灭火系统

管网灭火系统是指按一定的应用条件进行计算，将灭火剂从储存装置经由干管、支管输送至喷放组件实施喷放的灭火系统。管网灭火系统又可分为组合分配系统和单元独立系统。

机房管网灭火系统如图 17-32 所示。

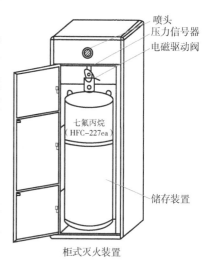

图 17-31　机房无管网灭火系统

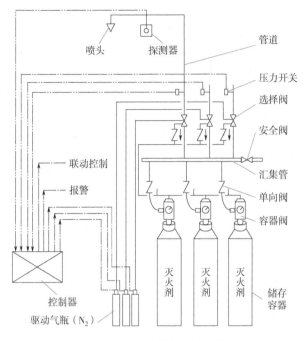

图 17-32 机房管网灭火系统

现行国家规范《气体灭火系统设计规范》GB 50370 中规定，采用有管网灭火系统时，一个防护区的面积不宜大于 800m²，且容积不宜大于 3600m³；采用预制灭火系统时，一个防护区的面积不宜大于 500m²，且容积不宜大于 3600m³，故大部分的系统均可以通过面积和体积的大小去选择。

3. 钢瓶间设计

钢瓶间设置的数量根据防护区的总数量、设计压力、钢瓶间的设置位置等确定。现行国家规范《气体灭火系统设计规范》GB 50370 中提到，一个钢瓶间保护的防护区不超过 8 个，同时要兼顾钢瓶间储气压力，对于储气压力为 4.2MPa 的系统，输送最大距离约为 45m。钢瓶间位置需要综合考虑机房的功能布局，尽量减小与防护区的距离，在建筑布局满足的条件下钢瓶间可居中布置。对于多层的机房而言，考虑到有利于压力计算，钢瓶间尽可能设置在上层。

4. 防护区体积计算

常规的防护区体积计算都是用净高乘以净面积，但对于最上面一层的防护区而言，由于跨度较大，屋面往往采用结构找坡，顶面为一定坡度的斜屋面。因此该类的防护区不能简单地采用面积乘以高度，而是需先采用几何方法累加。另外，当机房的吊顶和地板下需要保护时，应与机房合为一个防护区。当吊顶和地板下不需保护时，需要扣除这部分体积。

5. 管网布置

气体灭火管网布置不同于水喷淋布置，管网不能采用四通配件，一般布置成"工"字形或者"H"形，对于形状规则的矩形防护区，采用直接布置即可；对于一些被分割得不规则的防护区，如"L"形房间，则需要将防护区虚拟分割成两个矩形模块后，再进行布置。

气体灭火设计应根据防护区的类别合理选择设计参数；从规范、造价、建筑空间等方面选择有管网和无管网系统；结合建筑布局优化钢瓶间位置及数量；注意不规则防护区的体积计算及管网布置；做好专业交圈，合理避开结构构件，完善钢瓶间内管网布置。

17.6.2 高压细水雾灭火系统

高压细水雾灭火系统是水灭火系统的一种新型技术，它是一种由高压水通过特殊喷嘴产生的细水雾来灭火的自动消防给水系统。其以水为灭火剂，且用水量仅为水喷淋的3%~5%，避免了大量的排水造成的次生损害。相对于传统的灭火系统而言，其管道管径小（≤40mm），使安装费用也相应降低，且使用成本和日常维护工作量相对其他灭火方式也大大减少。

传统水消防系统是严禁应用在电气类区域的，但对于高压细水雾灭火系统来说，雾滴长时间地悬浮在空中，水雾的汇聚、凝结需要极长的时间才能完成，因此很难在电极表面形成导电的连续水流或表面水域。试验结果表明，高压细水雾灭火系统能有效地抑制、扑灭火灾，不会造成电器短路和电子元件的其他损坏。

高压细水雾灭火系统由高压细水雾泵组、区域控制阀组、细水雾喷头、不锈钢管道等组成。其在设计时区别于传统的水喷淋系统。

高压细水雾灭火系统采用特殊喷头，为避免喷头堵塞，对灭火介质的水质有着极高要求。系统用水的最低标准为国家饮用水标准，用水需进行预处理。

高压细水雾灭火系统的设计压力达12MPa以上，测试压力达18MPa以上。系统要求的抗高压性高于其他水消防系统，其设备、组件、管材的选材首要原则是耐高压；其次考虑水质要求，要耐腐蚀，保证不淤积、不堵塞；最后综合考虑性价比和使用寿命。

高压细水雾灭火系统的雾滴的质量较轻，发生火灾时，排烟增加了火羽流的浮升力，造成高压细水雾很难到达火焰根部，降低了灭火效果。有研究表明，在风速小3m/s的场所，高压细水雾系统可以保持较好的控火灭火效果。所以在系统设计时需要和暖通等专业协商相关设计参数。

17.7 机房管理

17.7.1 动环监控

动环监控是指动力环境监控系统，主要监控对象包括：智能电量仪、配电开关、UPS、精密空调、温湿度、新风、漏水、门禁、视频、消防等，实现7×24h的全面集中监控和管理，保障机房环境及设备安全高效运行，以实现最高的机房可用率，并不断提高运营管理水平。

其具体监控对象与范围包括：

1）动力设备：市电、UPS、蓄电池、发电机、高压配电屏、低压配电屏、通信电源。

2）环境设备：精密空调、工业空调、通信专用空调、中央空调、民用空调、新风机、除湿机、增湿机。

3）整体环境：温度、湿度、漏水、火灾、粉尘、气体（甲烷、一氧化碳、二氧化碳）。

4）安防：视频图像、门禁系统、玻璃破碎、振动、红外。

5）IT设备：服务器、交换机、路由器、防火墙、资产管理。

6）能耗：空调能耗、机柜能耗、设备能耗。

图17-33为机房动环监控系统图。

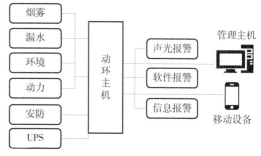

图 17-33　机房动环监控系统图

17.7.2　可视化运维

三维可视化运维管理平台基于数字孪生技术对数据中心机房运行情况和机柜及各类设备进行管理，满足"集中监控、集中维护、集中管理"的维护管理要求，具有实时监控设备、预判故障发生、迅速排除故障、记录处理相关数据和进行综合管理呈现等多种支撑能力。

主要应用功能：

（1）资产管理可视化　可以与各种 IT 资产配置管理数据库进行集成，也可以将各种资产台账表格直接导入，提供以数据可视化的方式展示和相关信息搜索能力，让呆板的资产和配置数据变得鲜活易用，提升机房资产数据的可用性、实用性和使用效率。

（2）机房容量可视化　机房容量可视化管理模块提供以机柜为单位的数据中心容量管理，以树形结构和 3D 可视化展现两种方式，全面表现机房和机柜整体使用情况，对于空间容量、电力容量、承重容量等进行精确统计和展现，帮助运维人员高效地管理机房的容量资源，让机房各类资源的负荷更加均衡，提升数据中心资源使用效率。

（3）设备监控可视化　设备监控可视化整合各类专业监控工具（如动环监控、视频监控、门禁监控、网络监控和带外监控等），把分散的监控界面整合为统一窗口，解决监控数据"孤岛"问题，提升监控数据价值和监控管理水平。

17.8　模块化机房

模块化数据中心融合了供配电系统、机柜系统、制冷子系统、综合布线及智能管理系统等。其主要由机柜、密闭通道、供配电系统、制冷系统、智能监控系统、综合布线和消防系统组成。单个模块化数据中心按照最大 N 台机柜（包括服务器机柜、网络机柜、综合布线柜）配置。

图 17-34 为模块化机房组成图。

17.8.1　微模块数据中心优势

（1）快速部署、缩短建设周期　微模块数据中心可加快规划与设计速度，根据设计目标以合理的方式配置系统结构，微模块批量生产可以实现现货供应，因而提高了交货速度；标准化的连接方式可减少现场配置与连接的工作量，加快安装速度。

（2）方便扩展、分期建设　采用微模块的架构，数据中心可以逐步增加，因而可使从 1 个微模块到几十个微模块根据需求分期建设。

（3）标准模块、稳定可靠　微模块

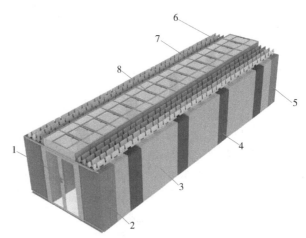

图 17-34　模块化机房组成图
1—端门　2—PDF 配电柜　3—服务器机柜　4—空调
5—综合布线柜　6—电源线走线槽　7—信号走线槽　8—天窗

数据中心采用模块化、标准化和高整合设计，使得整个系统稳定度高。同时，微模块数据中心可依据客户需求，在电力备援方案上提供 N、N + 1、2N 等配置方案，满足 TIA-942 最高级 Tier4 的水平。

17.8.2 应用设计

模块化数据中心主要应用于传统数据中心机房的局部高密部署和中小型机房的快速建设。其主要采用密闭冷通道方案，同时也支持密闭热通道方案。

模块化数据中心可应用于面积为 $50 \sim 100m^2$ 的中小型数据中心机房内，支持水泥地面安装和架空地板安装。支持 10 ~ 20 个云计算高密服务器机柜的部署，支持单机柜功率密度为 3 ~ 25kW。

模块化数据中心 380V 制式按机柜的配置数量可分为多种配置，如图 17-35 所示为 10 机柜模块化机房典型配置表。

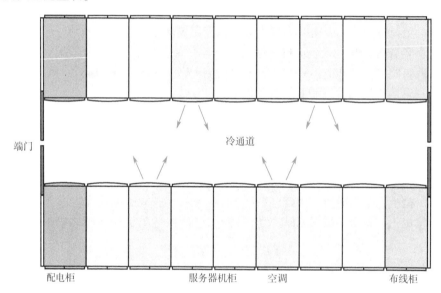

图 17-35 10 机柜模块化机房典型配置表

17.8.3 行业应用分析

1. 在中小型机房应用的分析

中小型机房（此处指设有 10 ~ 100 个机柜的机房），因为机柜数量不算太多，面积也较小，如果采用微模块机房则冷/热通道数量通常不超过 4 个；而且机房建筑常不规则，模块布置容易受限，出现模块大小不一、单排与双排机柜混搭、建筑立柱插入模块、建筑高度不足等情况，难以发挥出标准模块复制的优势。而且小型机房的 IT 设备配置相对比较简单随意，标准化较差，相应导致微模块机房很难标准化匹配，所以更考验厂商的定制化能力。

2. 在大中型机房的应用分析

大中型机房项目（此处指设有 100 个机柜以上），因为机柜数量较多，机房面积大，所以一般都需要设计多个机柜冷/热通道（通常 4 个以上），此时微模块机房容易发挥多个标准模块复制的优势，如果设计和配置得当，部分项目还可以优化施工工艺和降低建设、运营成本。但仍有受制于建筑条件、IT 配置方式、渐进式扩容、系统和设备利旧、运维管理划分、用户使用习惯、项目成本管理等多种原因。在实际项目中大规模采用全微模块化的数据中心仍然有限，采用外置下送风空调 + 传统机柜 + 冷通道封闭半模块化方案的才更常见。

3. 不同行业用户的适用性分析

运营商和 IDC 行业的机房因为规模大，追求经济性，机柜功率密度较高，分区出租管理的需求多，设备灵活调整的机会也多，是最适合也是最早采用微模块机房的行业。而且很多 IDC 客户的 IT 设备有自己特定的配置模式，对 IT 配置掌控力强，可根据 IT 设备配置推导出相匹配的微模块机房设备配置，且业务增量大，所以容易大规模标准复制。

金融行业机房一般以中等密度为主，少量高密度，侧重安全性和稳定性，技术上相对保守，所以微模块机房应用相对较少，还是以下送风精密空调的传统机房为主。即使考虑节能，也是在传统双排机柜上加上冷通道封闭，只有少数高密区机房和分支机构小机房会优先采用微模块机房。其目的除了解决个别高密区机房应用之外，更多是在于简化地市级银行支行、测试机房、弱电间等小机房的采购方式和节约建设成本。

政府、医疗、教育、一般企事业单位，此类用户的需求比较碎片化，一般以中小型机房为主，配置不统一，而且功率密度大多不高，从技术角度看，除了少数空调布置受限的情况外，做微模块机房主要在机房设备统一采购和售后服务方面有优势，技术上的迫切性有限。很多客户采用微模块机房更多是为了标新立异和美观，工程采购管理界面简单，很大程度上是受行业风向的影响。

第18章 IBMS系统

IBMS（Intelligent Building Management System），建筑智能化集成系统，是指在BAS的基础上更进一步地与通信网络系统、信息网络系统实现更高一层的建筑集成管理系统。

IBMS是项目智能化系统的上层建筑，是该项目中所有智能化子系统的"大脑"。它通过统一的平台，将所有子系统的数据收集上来，存储到统一的开放式关系数据库当中，使各个原本独立的子系统，可以在统一的IBMS平台上互相对话，充分做到数据共享。将建筑内的机电设备以及相关子系统集成起来，形成可以在统一人机界面下实现对所有机电设备以及子系统，进行监视、控制和管理，并提供集中报警和联动的功能。

IBMS是智能化系统的两个中心，即数据中心和管理中心，如图18-1IBMS系统管理概念图所示。

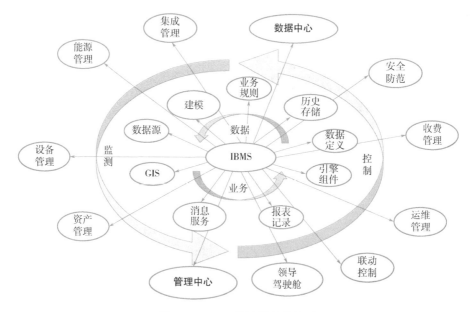

图18-1 IBMS系统管理概念图

IBMS更突出的是管理方面的应用，即如何全面实现优化控制和管理，达到节能降耗、高效、舒适、环境安全的目的。

18.1 系统结构

IBMS平台由边缘计算网关、管理平台及各大应用包括领导驾驶舱、集成管理、能源管理、运维管理、三维可视化、运营服务等，共同组成一套建筑物联运营管理体系，同时配合简单易用的操作界面，为建筑行业客户如办公楼、商业综合体、校园、医院等提供完整的智慧建筑解决方案。

18.2　系统集成功能

集成管理应用通过软件集成和物理集成的方式，把各种纷繁的操作界面和数据接口统一起来，将所有需要监控的弱电控制子系统集成在一个操作台上，让用户可以在一个平台上进行统一设备监测、统一报警管理、跨子系统联动控制、模式管理、数据报表分析等操作，从而实现"降低人工成本""保证安全运行品质""降低运行能耗"的目标。

系统集成功能基于子系统提供的运行参数信息和控制点，提供控制逻辑或运行模式、应用场景编辑功能，如场景模式、时间模式、联动模式等多种模式管理，且均可自定义管理。

除此之外，系统集成功能可自由设置记录、保存平台采集到的各集成子系统设备的历史运行数据，并提供给用户浏览、查询、分析的手段。

表 18-1 为典型 IBMS 系统集成功能。

表 18-1　典型 IBMS 系统集成功能

系统	功能内容
冷热源	提供冷热源系统设备图形化监控功能
空调通风	提供空调通风系统设备图形化监控、列表查询功能
给水排水	提供给水排水系统设备图形化监控、列表查询功能
机房环控	提供机房环控系统设备图形化监控、列表查询功能
信息发布	提供信息发布系统设备图形化监控、列表查询功能
电梯	提供电梯系统设备图形化监控、列表查询功能
多媒体会议	提供多媒体会议系统设备图形化监控功能
室内环境监测	提供室内环境监测系统设备图形化监控、列表查询功能
火灾自动报警	提供火灾自动报警系统的实时/历史报警信息查询功能
门禁	提供门禁系统设备图形化监控、列表查询功能
停车场	提供停车场系统实时数据查看、车辆收费查询、车辆出入查询、在场车辆查询功能
入侵报警	提供入侵报警系统设备图形化监控功能
视频监控	提供视频监控系统设备图形化监控、列表查询、视频总览功能。视频总览包括实时视频预览、历史视频回放，可对视频设备进行云台八向控制、静音、截图、调整焦点等操作
电子巡更	提供电子巡更系统历史记录查询、报表统计分析功能

18.3　智能联动

IBMS 平台集成以后，实现了各子系统之间的"对话"，可以互相联动和协调。原本各自独立的子系统在集成平台的角度来看，就如同一个系统一样，无论信息点和受控点是否在一个子系统内都可以建立联动关系，解决全局事件之间的响应。这种跨系统的控制流程，大大提高了建筑的自动化水平。这些事件的综合处理，在各自独立的智能化系统中是不可能实现的，而在集成系统中却可以按实际需要配置实现，这就极大地提高了建筑的集成管理水平。

18.3.1　联动配置

IBMS 平台能够实现跨子系统的集成控制和联动功能（表 18-2）。

表 18-2　IBMS 平台系统联动功能

序号	功能名称	功能描述
1	消防系统与视频监控系统的联动	当出现消防报警时，监控大屏上会以电子地图的方式显示消防报警点的位置，轮巡消防报警点的视频，同时在操作台左侧报警管理屏上自动弹出消防报警处理窗口
2	视频监控系统突发事件联动	当运营人员通过监控大屏两侧的视频监视器窗口发现了某业态的突发事件后，通过点击对应的视频位置按钮，系统则进入突发事件联动预案。此时，监控大屏应轮巡事件发生位置周边的视频图像，同时，在电子平面图闪烁指示事件发生地点，辅助运营人员迅速确定事件发生位置
3	门禁系统与视频监控系统的联动	当非法入侵发生时，在报警管理中会出现实时的报警记录，可单击报警记录中附带的摄像头图标调取报警点实时监控视频进行查看
4	入侵报警系统与视频监控系统的联动	当有报警信号发生时，在报警管理中会出现实时的报警记录，可点击实时报警记录模块的摄像头图标进行报警点实时监控视频的查看

联动功能从业务角度上可分为突发事件联动和日常运营联动。

18.3.2　联动触发

（1）突发事件联动　对于不同的突发情况，系统能够根据用户的需求设定多种不同联动方式，包括但不限于以下突发情况：消防报警、安防报警、人群拥堵、机电设备故障报警等（可使用工具配置）。

（2）消防报警　发生消防报警时，各子系统应能够按照消防标准要求触发一系列的联动动作，IBMS 能同时实时显示各联动设备的动作情况，并能够自动显示发生报警位置的视频信息（表 18-3）。

表 18-3　IBMS 消防报警联动功能

序号	联动内容
1	显示通风系统排烟风机开/关机状态
2	显示门禁锁的开/闭状态
3	调用视频安防监控系统图像
4	显示信息引导及发布系统是否切换为消防模式
5	集中控制软件电子地图显示发生报警位置
6	集中控制软件向相关管理人员发送短信通知

18.3.3　安防报警

发生安防报警时，各子系统应能够按照安保要求触发一系列的联动动作，IBMS 能同时实时显示各联动设备的动作情况，并能够自动显示发生报警位置的视频信息（表 18-4）。

表 18-4　IBMS 安防报警联动功能

序号	联动内容
1	显示门禁锁的开/闭状态
2	调用视频安防监控系统图像
3	显示电梯所在楼层，同时调用电梯内的视频信息
4	集中控制软件电子地图显示发生报警位置
5	集中控制软件向相关管理人员发送短信通知

18.3.4　机电设备报警

发生机电设备报警时，IBMS 能自动联动相关子系统，并能够实现维保提示等功能。触发应急预案的重点包含但不局限于表 18-5 中机电设备联动报警功能：

表 18-5　IBMS 重点机电设备联动报警功能

所属系统	机电设备报警类型
供暖通风和空气调节	送、排风机故障报警
	空调末端故障报警
	冷却塔风机故障报警
	冷冻水泵、冷却水泵故障报警
	冷水机组故障报警
	热水锅炉故障报警
给水排水	生活水泵故障报警
电梯监控	电梯设备故障报警

18.4　领导驾驶舱

领导驾驶舱通过对建筑物各项数据的连接整合分析及可视化应用，建设数据驾驶舱模块，可包含运营数据驾驶舱（定制）、设备总览驾驶舱、运维驾驶舱、能源驾驶舱等，以此构建运营数据指挥中心。

18.5　运维管理

运维管理应用是帮助物业及后勤管理人员解决作业流程不规范、责任不清、信息不流畅、工作效率低、管理难、决策难等问题，实现了设备设施从台账的录入、启用、巡检、保养、维修、报废到报表分析等全生命周期的规范化、标准化、精细化的管理。

平台采用功能强大的工作流引擎、统一消息平台，对物联网设备设施实现设备档案管理、设备维修管理、设备巡检管理、设备保养管理、报事报修、综合巡更、排班管理、仓库管理、合同管理、知识库管理、供应商管理、报表管理等功能。除此之外，平台还可结合移动端扫码服务和移动端报事报修功能，高效高质量服务于人、物、事，彻底落实线上加线下运维一站式闭环管理。

18.6　能源管理

能源管理应用能够实时监测能源消耗情况，收集各类能源使用数据，构建多维度、多层级的数据分析模型，为节能运维提供决策支持，帮助用户实现精细化能源管理。

平台可针对不同的能源类型（如电、水、冷量、气体等），提供多维度（如按类型分项、按楼层分区域以及其他自定义维度）、多层级（如楼层、楼栋、整个项目）的数据统计分析功能，并可按照能源管理的需要自定义配置能源维度、能源层级，以适应不断变化的能源管理方式。除此之外，其还可针对能源数据分析管理实现诸如能源概览、明细、报表、趋势、对比、排名、报告、定额、校核等功能。

18.7　运营服务

运营服务应用助力物业、客户形成标准化与全面数字化的运营管理体系，通过智慧人行、车行系统实现业主、企业、访客一体化智能管控，无感通行；同时，提供场地管理、餐厅、会议室预订、场地预订等功能，提升建筑物空间管理效率，为企业提供丰富的办公体验。

第 19 章　PoE 技术的应用

PoE 英文全称为 Power over Ethernet，即以太网供电，也被称为基于局域网的供电系统或有源以太网。PoE 技术能够在现有的以太网布线基础架构不做任何改动的情况下，为诸如网络摄像机、无线 AP 等以太网设备传输数据的同时还能为此类设备提供直流供电。

19.1　PoE 系统工作原理

19.1.1　PoE 系统组成

一个完整的 PoE 系统包括供电端设备 PSE（Power Sourcing Equipment）和受电端设备 PD（Powered Device）两部分。

1）供电端设备：支持 PoE 功能的以太网交换机等网络设备，为受电端设备供电，同时也是整个 PoE 以太网供电过程的管理者。它又可以分为 Midspan（PoE 功能在交换机外）和 Endpoint（PoE 功能集成到交换机内）两种。

2）受电端设备：能够通过网线被供给电源的摄像机、IP 电话、无线 AP 等设备。PD 接受 PSE 提供的电源，即 PoE 系统的客户端设备。

图 19-1 为 PoE 系统结构图，其表明了一个完整的 PoE 系统的设备组成。

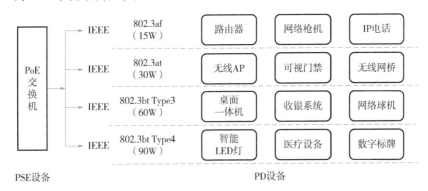

图 19-1　PoE 系统结构图

19.1.2　PoE 系统供电流程

PSE 设备在给 PD 设备供电时会经历如下流程：

（1）PD 检测　PSE 设备在为 PD 设备供电前，先输出一个低电压检测受电设备是否符合 IEEE 802.3af 标准，即是否为标准 PD。

（2）功率分级　当检测到 PD 设备且确认为标准 PD 后，PSE 设备会根据 PD 设备返回的受电功率等级进行分级，并且评估此 PD 设备所需的功率损耗。

（3）开始供电　分级确认后，PSE 设备会向 PD 设备输出 48V 的直流电，并确认 PD 设备不超过 15.4W 的功率要求。

（4）实时监控　为 PD 设备提供稳定可靠的 48V 的直流电，满足 PD 设备不超过 15.4W 的功率消耗。

（5）断开供电　当 PD 设备从网络中断开时，PSE 设备就会快速（300～400ms）停止为 PD 设备供电，并返回至 PD 检测过程，以检测线缆的终端是否连接 PD 设备。

一个完整的 PoE 系统供电流程如图 19-2 所示。

总的来说，标准的 PSE 供电设备内部有专门的 PoE 控制芯片，会在供电之前进行检测，当设备连接好之后，PSE 设备会向 PD 设备发送一个信号，检测其是否为支持 PoE 供电的标准 PD 设备。

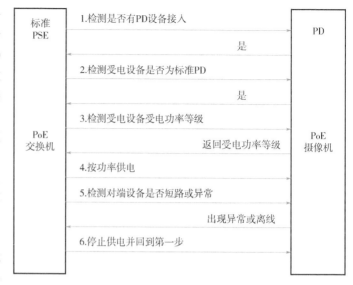

图 19-2　PSE 设备与 PD 设备间供电交互流程

但市场上也有部分非标准的

PoE 产品，属于强制供电型设备。PSE 设备通电即自动开启供电，没有检测步骤，不管终端是否是 PoE 受电设备都供电，此类不符合 IEEE 标准的非标设备极易烧毁接入的 PD 设备，在选择 PSE 设备时要格外注意。

19.1.3　PoE 的供电线序

1. 数据线对供电（Alternative A）

PSE 设备通过数据线对（1/2，3/6）给 PD 设备供电，如图 19-3 所示。PSE 设备向以太网线注入直流电，由于直流电采用的频率和数据频率互不干扰，所以可以在同一对线同时传输电流和数据。

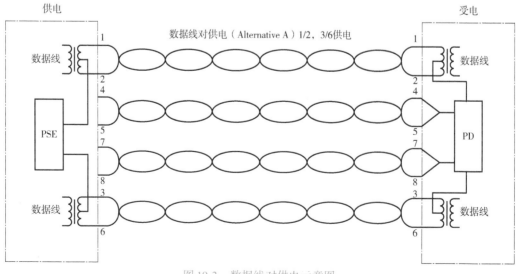

图 19-3　数据线对供电示意图

2. 空闲线对供电（Alternative B）

PSE 设备通过空闲线对（4/5，7/8）给 PD 设备供电，如图 19-4 所示：

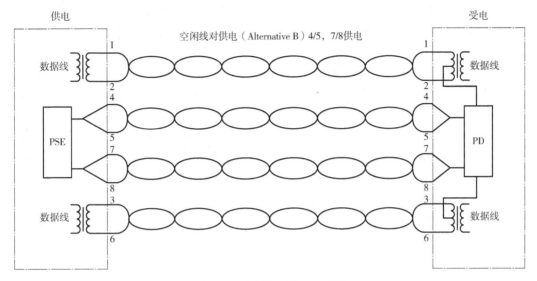

图 19-4　空闲线对供电示意图

以上是针对百兆 PoE 交换机的供电线序，从图 19-3 和图 19-4 可以看出，Alternative A 模式下网线只要 1、2、3、6 线芯连通即可；而 Alternative B 模式下要保证 8 芯全部连通。

3. 8 芯供电

对于千兆 PoE 交换机，受限于数据传输的需要，需要 8 芯网线全部连通，采用全部 4 个线对（1/2，3/6，4/5，7/8）提供供电，千兆 PoE 系统供电如图 19-5 所示：

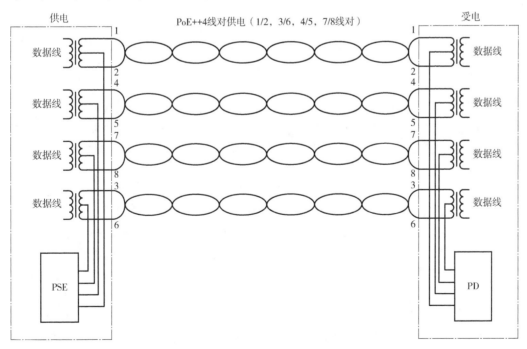

图 19-5　千兆 PoE 系统供电

19.1.4　PoE 的传输距离

网络的传输，其实就是网络信号在双绞线上的传输。作为一种电子信号，在传输的过程中，势必会受到电阻和电容的影响，导致网络信号的衰变。而当信号衰减到一定程度之后，就会影响到数据的有效、稳定传输，所以，双绞线才有了传输距离限制。

超 5 类或 6 类网线的传输距离都不得超过 100m。

但市场上有部分 PoE 交换机是可以实现超越 100m 的传输的，如 150m 甚至 250m，是什么原理呢？

如果将速率下降到一定程度，比如 10M，即传输带宽 10M，传输距离就可以达到 250m。

PoE 的供电距离与网线是息息相关的，网线的阻抗越低，传输距离也就越远。PoE 供电距离要求越远，输出的电压就必须要越高。所以在实际应用当中，普通的 PoE 交换机想要达到 150m 的传输距离，对网线质量有严格的要求，必须使用超 5 类以上的网线。

另外，并不是所有 PoE 交换机只要降低到 10M 带宽就能轻松地传输 250m，这还得取决于交换机的品质，如果交换机内部交换芯片自适应能力太差、电源芯片管理能力不强，即便强制 10M 传输，也不能保证 250m 稳定传输，甚至连 150m 也达不到。勉强使用会导致功耗增加，超过 PoE 供电功耗后工况很不稳定，掉包严重，传输带宽和信号严重衰减，信号不稳定，加速 PoE 交换机设备老化，造成后期维护困难等问题。

所以，超过 100m 传输距离的 PoE 交换机是存在的，不过对交换机本身的性能还有网线的要求，都非常之高，另外，也需要清楚是否需要采用降低数据传输速率这样的方式来提高传输距离。

19.2　PoE 技术标准

为了规范和促进 PoE 供电技术的发展，解决不同厂家供电和受电设备之间的适配性问题，IEEE 标准委员会先后发布了三个 PoE 标准：IEEE 802.3af 标准、IEEE 802.3at 标准、IEEE 802.3bt 标准。

2003 年 6 月，IEEE 802.3 工作组制定了 IEEE 802.3af 标准，作为以太网标准的延伸，对网络供电的电源、传输和接收都做了细致的规定。例如：IEEE 802.3af 标准规定 PSE 设备需要在每个端口上提供最高 15.4W 的直流电源。这是由于电缆中的一些功率耗散，因此受电设备仅有 12.95W 可用。

2009 年 10 月，为满足大功率终端的需求，出现了 IEEE 802.3at 标准，IEEE 802.3at 标准在兼容 802.3af 标准的基础上，提供最高 25.5W 的功率，以满足新的需求。

2018 年 9 月，为进一步提升 PoE 供电功率以及对标准进行优化，IEEE 标准委员会发布了 IEEE 802.3bt 标准。IEEE 802.3bt 标准进一步提升了供电能力，Type 3 可提供高达 51W 的供电功率，Type 4 可提供高达 71.3W 的供电功率。此外，还包括对 2.5GBase-T、5GBase-T 和 10GBase-T 的支持，包括了高性能无线接入点和监控摄像头等设备的接入。

通常来说，符合 IEEE 802.3af 或 IEEE 802.3at 标准的设备，称为 Type 1（Class 0 至 Class 3）或 Type 2（Class 4）设备，符合 IEEE 802.3bt 标准的设备，称为 Type 3（Class 5、Class 6）或 Type 4（Class 7、Class 8）设备。

将 IEEE 802.3af 标准对应的供电技术称为 PoE 供电，将 IEEE 802.3at 标准对应的供电技术称为 PoE + 供电，将 IEEE 802.3bt 标准对应的供电技术称为 PoE + + 供电，也称为 4PPoE（4 - Pair PoE）。

表 19-1 为 PoE 技术标准的发展与应用。

表 19-1　PoE 技术标准的发展与应用

类型	标准	PSE 最低输出功率	PD 最低输入功率	缆线类别	缆线长度	供电线对
Type1	IEEE 802.3af PoE	15.4W	12.95W	Cat.5e	100m	2 对
Type2	IEEE 802.3at PoE +	30W	25.5W	Cat.5e 及以上规格	100m	2 对
Type3	IEEE 802.3bt PoE ++	60W	51 ~ 60W	Cat.5e 及以上规格	100m	2 对，Class 0 ~ 4
						4 对，Class 0 ~ 4
						4 对，Class 5 ~ 6
Type4	IEEE 802.3bt PoE ++	90W	71 ~ 90W	Cat.5e 及以上规格	100m	4 对，Class 7 ~ 8

19.3　PoE 交换机输出功率

PoE 交换机输出功率有单端口功率、电源功率、PoE 总功率：

1）单端口功率，指 PoE 交换机每个端口的输出功率，输出的最大功率分为多种标准如 15.4W、30W、60W、90W，分别根据 IEEE 802.3af、IEEE 802.3at 和 IEEE 802.3bt 标准来决定。

2）PoE 总功率，即 PoE 交换机电源能够提供的总功率，指除去损耗之后的实际供电功率。PoE 交换机需要给接入的摄像机/无线 AP 供电，接入设备的功率之和不能超过 PoE 交换机电源的额定功率，另外 PoE 交换机自身工作还需要消耗一部分功率，在计算的时候是需要注意的。

19.4　各场景 PoE 设备连接方式

PoE 设备的连接方式根据 PSE 设备与 PD 设备是否支持 PoE，可分为三种：

1）交换机和终端同时支持 PoE。

2）交换机支持 PoE，终端不支持 PoE。

3）交换机不支持 PoE，终端支持 PoE。

第一种同时支持的情况是最方便的——PoE 交换机直接网线连接到支持 PoE 供电的无线 AP 或者网络摄像机上。

第二种，交换机支持 PoE，终端不支持 PoE 的情况——就要将从交换机出来的网线的另外一端接 PoE 分离器，PoE 分离器主要是用于将电源分离成数据信号和电力信号，由电力输出线和网络数据信号线（普通网线）分别输出给网络摄像机、无线 AP 等非 PoE 网络终端。

第三种，交换机不支持 PoE，终端支持 PoE 的情况——交换机出来接 PoE 供电器，PoE 供电器可以把电源加到网线然后传输信号给终端。

19.5　使用 PoE 技术的注意事项

PoE 技术虽然有着诸多的优点，但也有需要注意的事项：

（1）功率考虑　802.3af 标准（PoE）输出功率小于 15.4W，对诸如枪形摄像头、无线 AP、IP 电话等设备一般来说足够了，但对于某些球机、红外摄像头等大功率的设备而言输出的功率达不到要求。这时必须要选择支持 IEEE 802.3at，单端口输出功率可达 30W 的 PoE 交换机。

（2）风险考虑　通常来说，一台 PoE 交换机同时会给多个前端 PD 设备进行供电，同时还为一些普通网络设备进行数据传输。因此，交换机的故障都会导致其下连所有设备的供电和通信异常，风险相对集中。

第 20 章　通信协议在弱电工程的应用

现场总线（Fieldbus）是 20 世纪 80 年代末、90 年代初国际上发展形成的，用于现场总线技术过程自动化、制造自动化、楼宇自动化等领域的现场智能设备互连通信网络。现场总线技术出现之前，工业设备多数是通过 I/O 方式点对点地进行连接。

图 20-1 所示为 I/O 信号连接拓扑图。

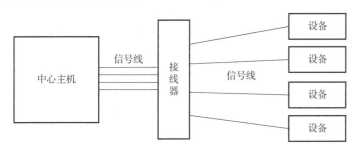

图 20-1　I/O 信号连接拓扑图

但是该拓扑结构在某些情况中有严重的缺点：

1）每增加一个设备都需要再加一根信号线直接连接到中心主机上，系统烦琐，升级维护不便。

2）设备严重依赖中心主机，一旦中心主机发生故障，整个系统都有瘫痪的风险。

3）容量极小，依赖于中心主机的 I/O 接点。

4）扩展极难，要增加控制设备，必须增加主机的 I/O 接点，这意味着要对主机进行整体替换。

随着现场总线技术的出现，工业设备可以通过如图 20-2 所示的现场总线连接拓扑图进行连接：

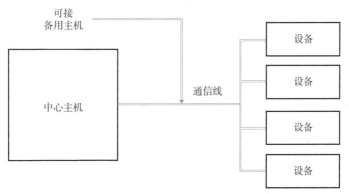

图 20-2　现场总线连接拓扑图

在该拓扑下，每增加一个设备，只需要就近接入到现场总线即可，成本大幅减少，同时支持多个主机，使得发生整个系统瘫痪的概率大幅降低。

现场总线技术需要在以下三层有定义，并且符合国际电工委员会现场总线标准：

1）物理层：主要定义使用哪些物理介质来进行通信，例如规定使用的通信介质是屏蔽的双绞线还是光纤。

2）数据链路层：主要定义数据识别和纠错的内容，例如可以通过 MAC 地址、CRC 校验来进行数据识别。

3）应用层：主要定义每一包数据具体的含义，例如某些字节是控制信息，某些字节是状态信息。

图 20-3 为典型的工业现场总线拓扑图：

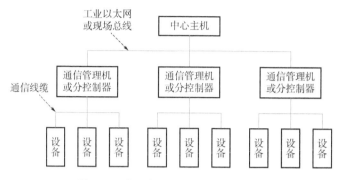

图 20-3　典型的工业现场总线拓扑图

20.1　串口通信技术

串口通信（Serial Communication），是指外部设备和计算机间，通过数据信号线、地线等，按位进行传输数据的一种通信方式。

串口是一种接口标准，它规定了接口的电气标准，但没有规定接口插件电缆以及使用的协议。串口按电气标准及协议来划分，包括 RS-232-C、RS-422、RS485 等。

20.1.1　数据格式

串口通信是一个字符一个字符地传输的，每个字符一位一位地传输，并且传输一个字符时，总是以"起始位"开始，以"停止位"结束，字符之间没有固定的时间间隔要求。每一个字符的前面都有一位起始位（低电平），字符本身由 7 位数据位组成，接着字符后面是一位校验位（检验位可以是奇校验、偶校验或无校验位），最后是一位或一位半或两位停止位，停止位后面是不定长的空闲位，停止位和空闲位都规定为高电平。实际传输时每一位的信号宽度与波特率有关，波特率越高，宽度越小，在进行传输之前，双方一定要使用同一个波特率设置。

20.1.2　通信方式

（1）单工模式（Simplex Communication）　单工模式的数据传输是单向的。通信双方中，一方固定为发送端，一方则固定为接收端。信息只能沿一个方向传输，使用一根传输线。

（2）半双工模式（Half Duplex）　半双工模式通信使用同一根传输线，既可以发送数据又可以接收数据，但不能同时进行发送和接收。数据传输允许数据在两个方向上传输，但是，在任何时刻只能由其中的一方发送数据，另一方接收数据。因此半双工模式既可以使用一条数据线，也可以使用两条数据线。半双工模式通信中每端需有一个收发切换电子开关，通过切换来决定数据向哪个方向传输。因为有切换，所以会产生时间延迟，信息传输效率较低。

（3）全双工模式（Full Duplex）　全双工模式通信允许数据同时在两个方向上传输。因此，全双工通信是两个单工模式的结合，它要求发送设备和接收设备都有独立的接收和发送能力。在全双工模式中，每一端都有发送器和接收器，有两条传输线，信息传输效率高。显然，在其他参数都一样的情况下，全双工模式比半双工模式传输速度要快，效率要高。

20.1.3　波特率

波特率就是每秒传输的数据位数，单位是每秒比特数（bit/s）。串口典型的传输波特率有600bit/s、1200bit/s、2400bit/s、4800bit/s、9600bit/s，19200bit/s，38400bit/s 等。

20.1.4　RS232 串口

RS232 串口是计算机与通信工业中应用最广泛一种串行接口。它以全双工模式工作，需要地线、发送线和接收线三条线。

RS232 串口接口定义：

1）RXD：接收数据。

2）TXD：发送数据。

3）GND/SG：信号地。

图 20-4 为标准 RS232 串口接线。

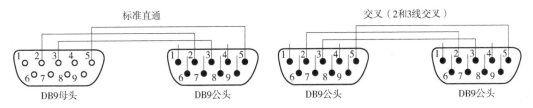

图 20-4　标准 RS232 串口接线

RS232 串口通信的缺点很明显：

1）接口信号电平值较高，接口电路芯片容易损坏。

2）传输速率低，最高波特率 19200bit/s。

3）抗干扰能力较差。

4）传输距离有限，一般在 15m 以内。

5）只能实现点对点的通讯方式。

20.1.5　RS485 串口

RS485 采用平衡发送和差分接收的方式实现通信，具有良好的抗干扰能力，信号能传输上千米。其技术特点包括：

1）RS485 有两线制（RS485）和四线制（RS422）两种接线，现在多采用两线制接线方式。

2）两线制 RS485 只能以半双工模式工作，收发不能同时进行。

3）RS485 在同一总线上最多可以接 32 个结点，可实现真正的多点通信，但一般采用的是主从式通信方式，即一个主机带多个从机。

4）因 RS485 接口具有良好的抗干扰能力，长传输距离和多站能力等优点使其成为首选的串行接口。

RS485 串行接口定义：

1）A 或 Data + （D +），+2 ~ +6V，逻辑"1"。

2）B 或 Data − （D −），−2 ~ −6V，逻辑"0"。

图 20-5 为标准 RS485 串口接线。

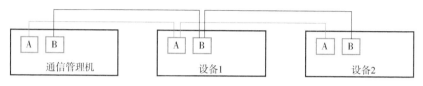

图 20-5　标准 RS485 串口接线

需注意的是，计算机自带的串口只有 RS232，没有 RS485，如果计算机要与 RS485 串口的仪表进行通信，必须使用串口转换器或装上 RS485 串口转换卡后才能进行。现在很多计算机尤其是笔记本甚至没有串口，那么可以使用 USB 转串口的转换器解决。

20.2　RS485 总线

RS485 总线网络拓扑一般采用终端匹配的总线型结构，即采用一条总线将各个节点串接起来，不支持环形或星形网络。

根据 RS485 总线结构理论，在理想环境的前提下，RS485 总线传输距离可以达到 1200m。其条件是通信线材优质达标，波特率为 9600bit/s，只负载一台 RS485 设备，才能使得通信距离达到 1200m，所以通常 RS485 总线实际的稳定通信距离往往达不到 1200m。如果负载 RS485 的设备多，线材阻抗不合乎标准，线径过细，转换器品质不良，设备防雷保护复杂和通信速率等因素都会降低通信距离。

20.2.1　RS485 与 Modbus

RS485 是一个物理接口，简单来说，可以理解为"嘴巴"，属于现场工业总线通信的硬件。

Modbus 是一种国际标准的通信协议，用于不同厂商之间的设备交换数据，所谓协议，可以理解为"语言"，属于软件。

Modbus 只是通信协议的一种，就像汉语和英语一样，就是一种交流的语言，一种机器之间交流的语言。那么在交流之前肯定要有沟通的桥梁，那就是传输媒介 RS485 或 RS232 或其他电气接口，同一种协议可以用不同的传输媒介方式如 RS48 或 RS232，但是同一传输线路上不能同时存在两种协议。

20.2.2　RS485 的布线安装

RS485 通信电缆选用屏蔽双绞电缆为最佳，采用屏蔽双绞线有助于减少和消除两根 RS485 通信线之间产生的分布电容以及来自通信线周围产生的共模干扰。敷设线路时应远离电源线等干扰源。

在实际应用中，一条 RS485 总线带载设备数量要根据 RS485 设备芯片的型号来判断，只能按照指标较低的芯片来确定其负载能力。

一般 RS485 芯片带载能力有三个级别：32 台、128 台和 256 台，但是理论上的标称往往在实际中是达不到的，通信距离越长、波特率越高、线径越细、线材质量越差、转换器品质越差、转换器电能供应不足（无源转换器）、防雷保护越强，这些都会降低真实负载数量。

RS485 设备在规定的共模电压 −7 ~ 12V 之间时才能正常工作。如果超出此范围，会影响通信，严重的会损坏通信接口。共模干扰会增大上述共模电压，消除共模干扰的有效手段是将RS485 通信线的屏蔽层用作地线，并由一点可靠地接入大地。

RS485 总线要采用手拉手结构而不能采用星形结构，星形结构会产生反射信号，从而影响到 RS485 通信。

图 20-6 为 RS485 手拉手接线方式。

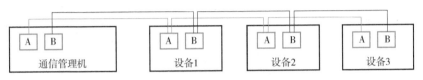

图 20-6　RS485 手拉手接线方式

图 20-7 为星形接线方式，在 RS485 通信中禁止使用。

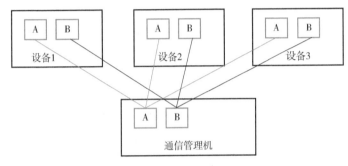

图 20-7　星形接线方式

在 RS485 组网过程中，终端电阻的设置是需要考虑的一个问题。终端电阻的作用是提供一个电阻值，使得信号在传输过程中产生的电压降不至于过大，从而影响通信质量。如果距离较短，终端电阻可以不加；但随着通信距离和负载数量的增加，就需要设置，做法是在通信线路的末端增加终端电阻（120Ω），图 20-8 为 RS485 布线增加终端电阻的方式。

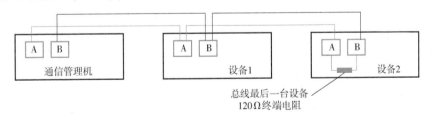

图 20-8　RS485 布线增加终端电阻的方式

20.3　Modbus 协议

20.3.1　Modbus 协议概述

Modbus 是 20 世纪 70 年代由 Modicon（现为施耐德电气公司的一个品牌）为了配合其 PLC

通信使用，开发的通过串行总线在电子设备之间发送信息的方式。

Modbus 协议是标准、开放的，可以免费放心使用，不需要缴纳许可证费，也不会侵犯知识产权。Modbus 协议又分 Modbus RTU、Modbus ASCII 和 Modbus TCP 三种模式，其中，前两种所用的物理硬件接口都是串行通信接口（RS232/RS422/RS485），而 Modbus TCP 则是可以用 Ethernet 或 Internet 来传送数据的。

图 20-9 为 Modbus 总线结构。

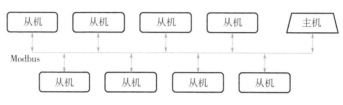

图 20-9　Modbus 总线结构

Modbus 协议在通信线上使用主从应答式连接，属于半双工模式通信，在通信线上主站通过地址码寻址到终端设备（从站），然后终端设备（从站）发出应答以相反的方向传输给主站。在实际使用中，如果某终端设备（从站）掉线（如故障或关机）后，主站 Master 端可以诊断出来，当故障修复后，网络又可以自动接通。因此，Modbus 协议的可靠性较好。

在一个 Modbus 网络中同一时刻只有一个节点是主站，其他使用 Modbus 协议参与通信的节点是从站节点，从站节点的最大编号为 247。每一个从站都有一个唯一的地址。Modbus 协议只允许主站和终端设备之间通信，不允许终端设备之间相互的数据交换。

从站在没有收到主站的请求时，不会主动给主站发送数据，从站之间也不会进行通信。主机发送，从机应答，主机不发送，总线上就没有数据通信。

Modbus 通信没有处理数据繁忙机制判断，主机给从机发送命令，从机没有收到或者正在处理其他东西，这时就不能响应主机，因为 Modbus 总线只是传输数据，没有其他仲裁机制，所以需要通过其他软件来判断是否正常接收。

20.3.2　单播模式和广播模式

Modbus 通信主要包含单播模式和广播模式两种形式。

单播模式时，主站给指定地址的从站发送信息。此模式下一个 Modbus 事务包含两个报文，一个来自主站的请求，一个来自从站的应答。从站接收主站请求处理完成后，会回送主站一个应答数据帧，以表示读取或写入数据成功。

广播模式时，主站向所有地从站发送请求，当主站发送的地址码为 0 时，代表广播请求，所有地从站都需要接受处理，但不需要向主站返回报文。

20.3.3　Modbus 协议通信格式

在 Modbus 网络上的所有设备都必须选择相同的传输模式和串口通信格式。通信格式是为了规范发送方与接收方的传输信息规则一致，如果双方通信格式不一样会造成通信信息出错。

通信格式包括波特率、校验方式、数据位、停止位。

1）波特率：也就是通信速率，表示 1s 传送多少个二进制位。例如波特率为 9600bit/s，即 1s 可以传送 9600 个二进制位数。

2）校验方式：奇校验、偶校验、无校验，用来判断传输过程中是否有错误。

3）数据位：定义传输一个字符由几个位组成（7 位或者 8 位二进制），计算机的基本单位是"位"，其值非"0"即"1"。例如，传送十六进制数据"A"时，定义通信格式为八位数据位，其传送的数据可能就是 00001010。当接收方数据位设定为七位，即表示接收方接收到七个二进制位就认为是一个字符，而实际发送方设定的是八位，那么接收方认定的字符与发送方发送的字符就不一样了。

4）停止位：用来判断某个字符是否传输结束，以便开始接收下一个字符。

通信规范中通信格式一致是为了保证接收方正确地接收发送方传输来的每一个字符，而检验方式并不能完全保证正确，还需要根据通信规范中的其他校验和计算来验证整体传输数据的正确性。

20.4　LonWorks 神经元网络

LonWorks 总线网络简称为 LON 网络，其核心为 Neuron 芯片，它既能管理通信，又具有输入、输出功能。其芯片内部含有三个 CPU，分别管理网络、介质访问和应用。

LonWorks 总线主要由通信设备（神经元芯片、收发器）和通讯方式（LonTalk 通信协议）组成。LonWorks 是所有总线技术中唯一能够支持 OSI 所有 7 层框架的总线协议（物理层、数据链路层、网络层、传输层、会话层、表示层、应用层）。

LonWorks 总线最大的特点就是不像别的总线系统必须有一个类似大脑的主机。LonWorks 总线不需要主机，它采用的是神经元网络。每个节点都是一个神经元，这些神经元连接到一起时就能协同工作，同时每个神经元芯片均与总线通过隔离变压器进行连接，所以安全性和稳定性较其他总线大大提高。

LonWorks 总线可采用总线型、星形、树形、环形、自由拓扑等结构，LonWorks 双绞线无极性，给布线施工带来了极大的便利。图 20-10 为典型 LonWorks 总线系统结构。

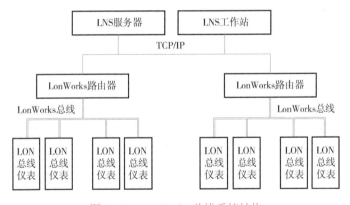

图 20-10　LonWorks 总线系统结构

LonWorks 一个测控网络上节点数最多可达 32000 个，节点都含有用于控制和通信 Neuron 芯片，用于连接一个或多个 I/O 设备。采用 LonWorks 技术网络可以轻松实现不同系统、不同产品之间的对等通信，广泛用来构建分布式控制网络，大大简化了系统设计，提高了系统可靠性。

LonWorks 技术最大应用领域就是楼宇自动化方面，它包括建筑物监控系统所有领域，即人口控制、电梯和能源管理、消防、救生、供暖通风、测量、保安等。LonWorks 各种智能节点（如温度、湿度、压力、二氧化碳检测，执行器、控制器、数据记录及趋势分析等），能使传感器、变送器与执行器本身就带有数据处理和数据通信的功能，它们十分有效地支持了楼宇自动化系统的构建，所有匹配智能节点、输入输出模块楼宇设备系统，都能方便组成真正的分布式监控网络。

20.5 KNX 协议

KNX 协议提供了家庭、楼宇自动化的完整解决方案。KNX 协议功能丰富，适用于住宅建筑、功能性建筑和工业建筑，是目前智能家居行业主流的标准之一。

KNX 主要应用于家居和楼宇中，对末端电气设备进行总线式的控制，如照明、空调、地暖、电动窗帘和遮阳设备等。我国现行的关于家居和楼宇的智能化总线标准《控制网络 HBES 技术规范 住宅和楼宇控制系统》GB/T 20965 就是基于 KNX 总线标准转化而来的。

KNX 系统主要由传感器、执行器和系统元件三大部分组成，主要用于灯光照明控制、电动窗帘控制、暖通控制（空调、地暖、新风）等。其控制方式灵活多样，如本地智能面板控制、人体感应控制、光线感应控制、温度感应控制、气象感应控制、现场面板控制、远程网络控制等。

图 20-11 为智能家居系统中典型的 KNX 系统接线方式。

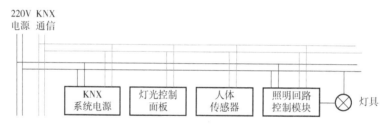

图 20-11 KNX 系统接线方式

KNX 通过一条总线将各个分散的设备连接并分组和赋予不同的功能。系统采用串行数据通信进行控制、监测和状态报告。KNX 是基于事件控制的分布式总线系统，只有当总线上有事件发生时和需要传输信息时才将报文发送到总线上。

KNX 技术的通信模型采用 5 层结构：物理层、数据链路层、网络层、传输层和应用层。KNX 物理层支持 TP1（双绞线）、PL110（电力线）、RF（射频）和 Ethernet（以太网），其中 TP1 介质应用最多。数据链路层实现总线设备之间的数据传输，并解决网络中的通信冲突问题，对于小型 KNX 系统中的总线设备，网络层的功能很小，只是完成了传输层和数据链路层的通信映射功能。大型 KNX 系统中有耦合器类产品，作用是在网络层完成路由功能和跳数（hop）控制功能。传输层完成设备之间的传输，有四种传输模式：点到点无连接、点到点有连接、广播和多播。

KNX 传输介质主要是双绞线，比特率为 9600bit/s。总线由 KNX 电源（DC24V）供电，数据传输和总线设备电源共用一条电缆，数据报文调制在直流电源上。

KNX 系统有两种配置模型：S-Mode（系统模式）和 E-Mode（简单模式）。

（1）S-Mode 该配置机制是为经过专业培训的 KNX 安装者实行复杂的楼宇控制功能。一个由"S-Mode"组件组成的装置可以由通常的软件工具再在 S-Mode 产品制造商提供的产品数据库的基础上进行设计，ETS 也可以用于连接和设置产品。"S-Mode"提供实现楼宇控制功能的最高级别的灵活性。

（2）E-Mode　该配置机制是针对经过基本 KNX 培训的安装人员。和"S-Mode"相比，"E-Mode"兼容产品只提供有限的功能。"E-Mode"组件是已经预先编程好的并且已经载入默认参数；使用简单配置，可以部分地重新配置各个组件（主要是它的参数设置和通信连接）。

20.6　BACnet 协议

BACnet（Building Automation and Control networks），即楼宇自动化与控制网络，是用于智能建筑的通信协议。

BACnet 是国际标准化组织（ISO）、美国国家标准协会（ANSI）及美国采暖、制冷与空调工程师学会（ASHRAE）定义的通信协议。因为楼宇设备由不同的厂商提供，每个设备都有其自有通信协议，因此对于业主来说系统的维护和监管极其烦琐。为了解决这一问题，BACnet 标准委员会由此诞生，它可以提高供应商之间的互操作性，最大限度地减少对各个设备制造商定义的专有系统的约束。除此之外，系统的标准化也使得整合楼宇自动化工作站成为可能，所有相关设备的数据可以在工作站中进行处理，而不必在乎这些数据是由哪个设备供应商提供的。

BACnet 协议是针对采暖、通风、空调、制冷控制设备所设计的，同时也为其他楼宇控制系统（如照明、安保、消防等系统）的集成提供一个基本原则，它定义了物理层、链路层、网络层和应用层这四层所提供的服务。

BACnet 标准最初仅用于暖通空调设备系统，但由于该标准具有良好的互联性和互操作性及扩展性，在开放模式环境下，该标准的应用领域不断扩展。目前该标准已广泛应用于楼宇设备的各个领域，如给水排水系统、照明系统、安保系统等。

BACnet 系统集成是 BACnet 标准在工程项目中的具体应用，它涉及 BACnet 自控网络组成、BACnet 自控产品选型和资源配置等。BACnet 系统集成方法因不同的厂商可以有不同的集成方法，尤其在自控产品选型和资源配置方面存在较大的区别。但只要掌握了 BACnet 标准定义的基本概念和原理，就可以较为容易地进行 BACnet 系统集成。

BACnet 楼宇自控网络均应遵循的准则：

1）在一个物理网段上的所有设备均应支持相同类型的数据链路层。

2）不同数据链路层网络之间必须用 BACnet 路由器进行互连。

3）所有网络节点设备之间的路由均只有一条路径，避免形成回路。

4）所有网络节点地址分配必须唯一，杜绝地址重复。

在项目的实施工程中，BACnet 协议在与现场其他类型通信协议进行通信时，通常会通过智能网关进行协议转换。

20.7　ZigBee 协议

ZigBee 协议是一种新兴的短距离、低速率的无线网络技术，传输范围一般介于 10～100m 之间，在增加 RF 发射功率后，也可增加到 1000m。

ZigBee 协议又称紫蜂协议，名字来源于蜜蜂独有的通信手段。蜜蜂（Bee）在发现了新的花丛之后，会通过一种特殊的方式——八字舞（Zig），来向同伴传递花丛所在的位置，也就是说 ZigZag 舞蹈就是蜜蜂群体中的主要通信网络。鉴于 ZigZag 对于蜜蜂的意义，ZigBee 就变成了新一代无线通信技术的命名。

ZigBee 协议从下到上分别为物理层（PHY）、媒体访问控制层（MAC）、传输层（TL）、网络层（NWK）、应用层（APL）等。其中物理层和媒体访问控制层遵循 IEEE 802.15.4 标准的规定。

ZigBee 模块产品的形态大体分为四类：ZigBee 芯片、嵌入式 ZigBee 模块、ZigBee 设备、ZigBee 网关。

ZigBee 网络支持大量节点，支持多种网络拓扑、低复杂度、快速、可靠、安全，可采用星形、树形和网状结构，由一个主节点管理若干个子节点，多一个主节点可管理 254 个子节点。图 20-12 为 ZigBee 组网结构。

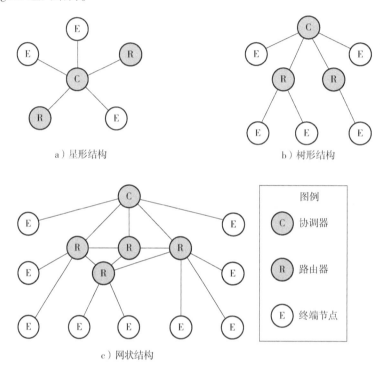

a）星形结构　　　　　　　　　　　　b）树形结构

c）网状结构

图 20-12　ZigBee 组网结构

ZigBee 数据传输特性：

1）双向通信。ZigBee 通信技术具备双向通信能力，终端设备状态实时可见，使得智能化更彻底。

2）强大的组网能力。ZigBee 有更大的扩容空间，理论上可以外接 65000 个节点。

ZigBee 技术优势：

1）自组网。ZigBee 局域网具有自动组网功能，设备离线可主动搜索自动加网。

2）优良的无线范围覆盖。ZigBee 网络中路由节点带有中继器功能，相当于无线信号中继器，覆盖范围更广。通过路由和节点间通信的接力，传输距离可以更远，支持无限扩展。在整个网络范围内，任何两个 ZigBee 网络也就是节点模块之间可以相互通信，可避开穿墙，节点转接实现无线空间全覆盖。无线覆盖性能是影响无线智能家居系统稳定性的重要基础因素。

3）低速率。ZigBee 工作在 20～250kbit/s 的速率，分别提供 250kbit/s（2.4GHz）、40kbit/s（915 MHz）和 20kbit/s（868 MHz）的原始数据吞吐率，满足低速率传输数据的应用需求。

4）短时延。ZigBee 的响应速度较快，一般从睡眠转入工作状态只需 15ms，节点连接进入网络只需 30ms，进一步节省了电能。

　　5）低功耗。在低耗电待机模式下，两节 5 号干电池可支持 1 个节点工作 6～24 个月，甚至更长。

20.8　OPC 软件接口标准

　　OPC 主要应用于 IBMS 系统实施，核心工作就是做系统的集成，从其他系统调用数据，以实现集成和联动管理的功能。

　　在过去，工业网络环境中有多种数据源（PLC、DCS、RTU、数据库等），多种传输媒介（以太网、串口通信、无线通信等），多种过程控制软件部署环境（Windows、Linux、Unix 等），为了能存取现场设备的数据信息，每一个应用软件开发商都需要编写专用的接口函数。由于市场上的工业控制设备的品牌、型号、种类多种多样，给产品开发商的开发工作和企业用户的使用都带来了很大的负担。而且特定应用的驱动程序不支持硬件变化的特点也给工业控制软硬件的升级和维护带来不便。另外，同一时间两个客户应用一般不能对同一个设备进行数据通信，同时对同一个设备进行操作可能会引起存取冲突甚至导致系统崩溃。在这样的市场需求推动下，设备的开发商和系统集成厂商都希望有一种更加高效、统一的规范，使系统和设备之间的通信更加开放和方便。OPC 作为工业过程控制软件的接口标准由此产生。

　　OPC 采用 Client/Server（客户端/服务器，简称 C/S）的通信结构。OPC Client 通过 OPC 标准接口对各 OPC Server 管理的设备进行操作，由客户端发出数据请求，当 OPC Server 接收到来自 OPC Client 的数据请求后会按照要求返回请求的数据。OPC Server 由设备生产厂商提供，用于连接其 PLC、现场总线设备、HMI/SCADA 系统等。

　　OPC Server 与 OPC Client 的连接支持两种访问接口类型，自动化接口和自定义接口。自动化接口是为基于脚本编程语言开发客户端应用而定义的标准接口，技术人员可以利用 VB、Delphi 等编程语言开发 OPC Client 应用。自定义接口则是为 C++等高级编程语言开发 OPC Client 应用而定义的标准接口。

　　图 20-13 为 OPC 服务器/客户机关系。

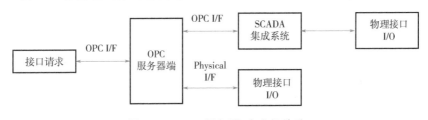

图 20-13　OPC 服务器/客户机关系

　　OPC 的标准规范由"数据访问规范""报警与事件处理规范""批量过程规范""数据交换规范""安全性规范"等一系列标准组成。当前应用较为成熟的 OPC 规范主要是"数据访问规范""报警与事件处理规范"和"历史数据存取规范"。

　　OPC DA（数据访问规范）：应用最为广泛，可在多个供应商设备和控制应用程序之间实现数据交换，而不存在专有限制。在自控系统的 PLC、RTU、桌面 PC 上的软件应用程序等之间，OPC 服务器可以持续进行数据通信。

　　OPC AE（报警与事件处理规范）：是 OPC 基金会制定的用于将各系统之间共享报警和事件信息方式的标准化规范。借助这一标准，AE 客户端可以接收有关设备安全限制、系统错误和其他异常情况的警报和事件通知。

OPC HAD（历史数据存取规范）：历史数据访问规范定义了可应用于历史数据、时间数据的查询和分析的方法。它定义了很多聚合的行为，是一些在检索数据时可以汇总特定时间域内各数据值的方法。它可以用来创建简单的趋势数据服务器和比较复杂的数据压缩与分析服务器，这些服务器能够提供汇总数据、历史更新、历史数据注释和回填。

第 21 章　物联网技术的应用

NB-IoT 属于广域网的通信技术，和 4G、5G 一样，需要通过电信运营商（电信、移动、联通）的基站网络才可以正常使用。不过 NB-IoT 不需要组网，是直接和云平台通信，可以单独组成网络使用。

LoRa 是一种短距离的局域网无线通信技术，和传统的 ASK、FSK、ZigBee 等一样，需要先组网，再通过网关传输给云平台。LoRa 产品很少单独使用，一般是配合网关才可以正常使用。

NB-IoT 适合于独立联网的传感器，如地磁、智能路灯、水表等。

LoRa 适合于局域网内组网，如智能家居、安防报警等，通过网关和云平台通信。

21.1　NB-IoT 技术

NB-IoT 具有低功耗、大连接、覆盖广、低流量等特点，具体应用场景包括公共事业应用场景、工业领域、农业领域、消费领域等。其中，公共事业应用场景即民生工程、智慧城市（水表、智能停车、智能路灯、煤气管网系统、监控、环保等）通过 NB-IoT 可有效降低成本。同时随着农业领域向集约化、高附加值化、规模化的方向发展，NB-IoT 在温度、湿度等方面可以提供低廉的监测模式。而在消费领域中，智能家居、共享单车、远程医疗以及智能穿戴可以通过 NB-IoT 来实现。

典型组网主要包括四部分：终端、接入网、核心网、云平台。其中终端与接入网之间是无线连接，即 NB-IoT，其他几部分之间一般是有线连接。

图 21-1 是 NB-IoT 组网结构。

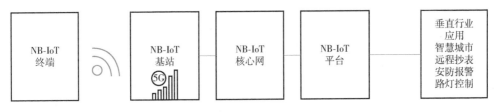

图 21-1　NB-IoT 组网结构

21.2　LoRa 技术

LoRa 是由 Semtech 公司定义的一种物理层调制方式，是基于非授权频谱的广域网通信技术。它提供了一种简单的、能实现远距离和具有长电池寿命、大容量特征的系统，进而扩展传感网络。目前，LoRa 主要在全球免费频段运行，包括 433MHz、868MHz、915MHz 等。Semtech 控制着 LoRa 最主要的知识产权，芯片几乎是垄断供应，并成立了 LoRa 联盟。

LoRa 网络主要由终端（可内置 LoRa 模块）、网关（或称基站）、网络服务器以及应用服务器组成，应用数据可双向传输，图 21-2 是 LoRa 组网结构。

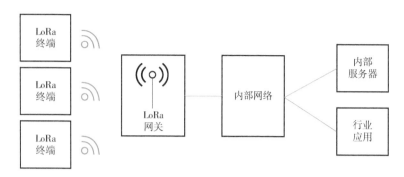

图 21-2　LoRa 组网结构

　　LoRa 网络架构是一个典型的星形拓扑结构。在这个网络架构中，LoRa 网关是一个透明传输的中继，连接终端设备和后端中央服务器。终端设备采用单跳与一个或多个网关通信。所有的节点与网关间均是双向通信。

21.3　物联网技术在能耗监测系统的应用

　　基于 NB-IoT 无线连接的远程抄表方案应用在工业厂房、写字楼、园区、校园管理领域，系统是由内置 NB 模块的水/电/气表和云台系统组成。通过物联数据网络构建"大连接"，将用电数据传送到云台系统服务中心，从而对终端设备数据进行采集、传输和分析，生成多维度报表供用户掌握能源消耗情况。简而言之，带有 NB 模块的电能表，通过通信基站，将数据传输到第三方云平台系统，系统对数据进行处理加工，最后生成用户想要的报表。

　　图 21-3 是采用 NB-IoT 技术的远程抄表系统架构。

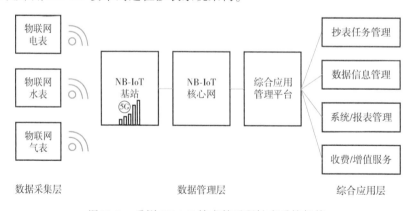

图 21-3　采用 NB-IoT 技术的远程抄表系统架构

　　远程抄表平台可实现的系统功能包括：

　　1）能源计量：水、电、燃气、中央空调等建筑能源远程抄表。

　　2）智慧收费：能源预付费、后付费，能源费用的自动核算、扣费、催缴、账单推送。

　　3）能源预警：设置能源阈值，能源使用异常预警，设备故障预警。

　　4）远程控制：远程手动/自动开合闸。

　　5）移动管理：移动端能源收费、能源充值、能源查询、设备监控、物业服务等。

　　6）监测分析：参数监测、用量监测、电力监测、给水管网监测、环境监测；组成分析、用量分析、同环比。

21.4　物联网技术在安防报警系统的应用

报警解决方案由园区周界防范报警系统、室内报警系统、环境监测系统、一键可视对讲等系统组成。其依托于 NB-IoT、TCP/IP 网络传输，由网络报警主机/全网络智能报警终端以及智慧园区云平台统一管理。

图 21-4 是采用 NB-IoT 技术的安防报警系统架构。

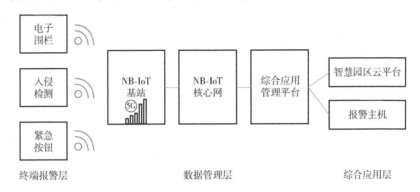

图 21-4　采用 NB-IoT 技术的安防报警系统架构

可采用物联网技术的探测产品主要有 NB-IoT 智能门磁、NB-IoT 紧急按钮、NB-IoT 防区模块、NB-IoT 入侵探测器、NB-IoT 温湿度探测器等。

21.5　物联网技术在智慧消防系统的应用

近年来，随着大众消防安全意识的提升，消防报警领域迎来了广阔的发展空间，其中，以 NB-IoT 智慧消防报警解决方案为代表的应用正逐渐渗透更多的消防领域中。

图 21-5 是采用 NB-IoT 技术的智慧消防系统架构。

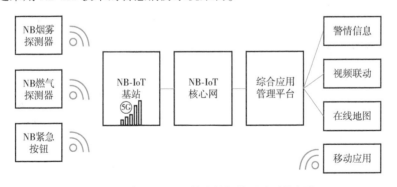

图 21-5　采用 NB-IoT 技术的智慧消防系统架构

NB-IoT 智慧消防报警系统基于 NB-IoT 无线网络传输，系统可以直接连接至终端用户的手机微信以及联网报警中心、消防大队等。一旦发生火灾，可通过电话、短信以及微信及时通知用户警情。其系统构成更为简洁，适用于各类消防报警领域，尤其是建筑结构较为分散的场合，如商铺、小区、企业园区等。

21.6　物联网技术在智慧城市的应用

NB-IoT 主要应用于低吞吐量、能容忍较大时延且低移动性的场景；具有低成本、低功耗、广覆盖等特点；定位于运营商级、基于授权频谱的低速率物联网市场；在位置跟踪、环境监测、智能泊车、远程抄表、智能建筑、农业和畜牧业等领域拥有广阔的应用前景。

LoRa 生态在国外主要是运营商使用的 LPWAN 技术 LoRaWAN，而国内 LoRa 的主要应用为私有网和专有网，被称之为"长 WiFi"，使用方式和 WiFi 完全相同。对比 WiFi，LoRa 具有工作距离远、功耗低、传输速率低等特点。

表 12-1 为物联网技术应用场景分析。

表 21-1　物联网技术应用场景分析

领域	场景	主要受限因素分析	选择
公共事业	智能仪表、智能消防栓	终端地域分布较广，NB-IoT 更合适	NB-IoT
医疗与消费	远程医疗监测、可穿戴设备、共享单车	场景终端分散且有一定的移动性	NB-IoT
环境农业	农业气候土壤监测	两种技术均能满足，偏远地区 NB-IoT 覆盖差，LoRa 更合适	LoRa
智慧楼宇	门禁、智能烟感、入侵报警	地下停车场等角落 NB-IoT 信号差，LoRa 更合适	LoRa
智慧物流	仓储、车队管理、冷链物流	终端移动性和地域分布广	NB-IoT
智慧城市	智能路灯	终端地域分散广泛且对通信质量及频率要求较高	NB-IoT
	环境管理	垃圾桶、窨井盖等终端分布广泛	NB-IoT
	城市停车	终端地域分布广泛	NB-IoT
智慧工业	环境监测	终端静止且较为集中的行业应用，LoRa 部署私有网络，安全性高	LoRa
	机控系统监测		LoRa

第 22 章　数字孪生技术的应用

22.1　数字孪生技术概述

数字孪生概念起源于航天航空领域，"孪生体"的概念最早源于美国国家航天局（NASA）的阿波罗项目。在此项目中制造了两个完全相同的空间飞行器，有一个飞行器被留在地球上，即所谓孪生体。该孪生体既用于飞行准备期间的训练作业，又用于飞行任务期间尽可能真实地镜像模拟太空飞行器的状态，并获取精确数据用于辅助决策。

但这种"物理孪生"的模式因其制造成本过高的原因慢慢地被以数字化技术做仿真模拟的"数字孪生"技术所代替，即 Digital Twin。

数字孪生实现了现实物理系统向虚拟空间数字化模型的反馈，各种基于数字化模型进行的各类模拟仿真、分析、数据积累、发掘，甚至于 AI 人工智能的应用，都能确保它与现实物理系统的适用性。

在数字孪生中，数据是基础、模型是核心、软件是载体。图 22-1 所示为数字孪生技术应用示意图。

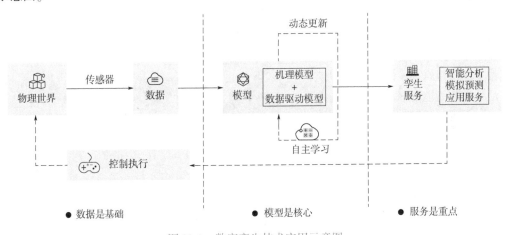

图 22-1　数字孪生技术应用示意图

22.2　数字孪生建筑

"数字孪生建筑"是将数字孪生使能技术应用于建筑科技的新技术，简单说就是利用物理建筑模型，使用各种传感器全方位获取数据的仿真过程，在虚拟空间中完成映射，以反映相对应的实体建筑的全生命周期过程。

当前建筑行业也面临数字化转型，利用 BIM、云计算、大数据、物联网、移动互联网、人工智能等数字化技术推动建筑行业实现企业经营及建筑建造业务的数字化。从应用层级来看，可进而拆解为数字技术对于建筑业的生产模式、项目管理模式、企业决策模式等方面所带来的

◆ 智能建筑弱电工程设计和施工

变革。从应用类型，可划分为数字技术助力建筑业所涉及的全过程、全要素、全参与方实现数
字化的表达及数据和业务的流转。图 22-2 所示为数字化转型推动建筑全生命周期的数据流转。

图 22-2　数字化转型推动建筑全生命周期的数据流转

数字孪生建筑可以看作是数字孪生系统在建筑物载体上的一个具体实现。数字孪生建筑为
建筑产业现代化提供了新思维和新方法，同时也为建筑智能化由工程技术向工程与管理融合转
变开辟了新途径。图 22-3 所示为数字孪生建筑模型。

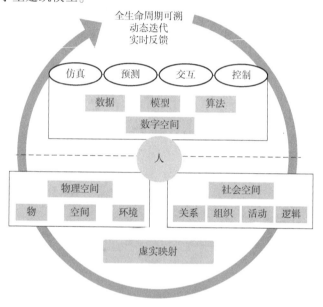

在设计阶段，依托 BIM 图形建模技术和平台软件统筹推进建筑、结构、机电、设备、管线、装修等多专业一体化集成规划与设计。

在施工阶段，数字孪生平台综合利用物联网等技术、智慧施工管理等系统平台，完成施工现场的可视化管理、工程设备的安全监测、建筑工人的有序管理等，实现从生产调度、物流调度、施工调度等管理。

在运维阶段，依托数字建筑平台搭建数字孪生建筑体，通过连接建筑内广泛分布的智能物联设备，实施现场设备、环境等数据实时采集、汇聚、分析，提供预测性运维、设备故障诊断、空间异常报警等技术服务，有效降低运维成本。

图 22-3　数字孪生建筑模型

图 22-4 所示为建筑数字孪生体实施模型。

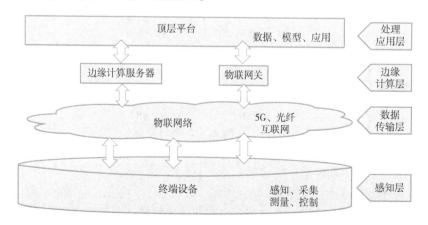

图 22-4　建筑数字孪生体实施模型

（1）顶层：核心层　核心功能围绕两个方面：一是"数据"，完成数据的管理和数据的处理；二是"应用"，将数据与建筑运维管理应用相结合。

（2）顶层延伸：边缘计算层　两大任务，一是将需要低延时的计算程序放在更接近请求的位置，就近提供算力、就近提供服务，满足"即时计算"需求；二是为各种通信协议的感知设备提供协议解析和转换服务，形成统一的协议格式发送给核心层。

（3）中间层：数据传输层　传递和处理由感知层传递过来的数据信息，进行相关处理后再传输给应用层。其是标准化程度最高的一层。数据传输层包括互联网、有线/无线通信网、网络管理系统和云计算平台等。

（4）底层：感知层　感知层包括传感器技术、射频识别技术、二维码技术、ZigBee 技术等；通过机器视觉和触觉等来识别外界物体和采集信息，再进行数据的传递。

22.3　数字孪生建筑的关键技术

（1）在线数字仿真技术　数字孪生通过将物理模型转化为数字模型来模拟现实世界。基于数字孪生的仿真可对虚拟对象进行分析、预测及诊断等操作，并将仿真结果实时反馈给物理对象，并对其进行优化和决策。因此，仿真是构建数字孪生体、实现数字孪生体与物理实体有效闭环的关键技术。

（2）多源数据融合技术　以地理信息系统（GIS）数据、物联网（IoT）数据、行业基础知识库数据等为数据源，利用机器自主学习、深度学习算法，对时空大数据进行自动识别、数据挖掘及三维重建，为海量数据赋予空间特性，构建全息数字空间。

（3）多尺度建模技术　以应用场景为导向，基于不同精度标准还原较大规模城市及区域场景，能够实现大规模环境下的多尺度建模。融合 GIS 数据、IoT 数据及行业数据，生成多尺度数据融合标准，并以此标准为依据，自定义不同层级呈现的数据主题，通过人、事、地、物全要素的多尺度建模，完成物理模型与数字模型的分层次相互映射。

（4）三维可视化技术　三维可视化技术是基于数字孪生引擎、3D GIS 技术、视频融合技术，多层次实时渲染复杂三维场景，从宏观的城市场景到精细布局的微观细节，支持三维场景全域可远观、可漫游，实现对空间地理数据的三维动态表达，等比例还原物理场景，实现多元一体化。

22.4　数字孪生建筑的特征

（1）精准映射　数字孪生在智慧建筑应用中，通过对建筑结构的准确还原，并对建筑内各设备布设的准确还原，实现对建筑的完整建模，以及对建筑运行状态的充分感知、动态监测，达到虚拟建筑在虚拟空间上对实体建筑的精准信息表达和映射。

（2）虚实交互　数字孪生建筑中，在现实建筑中发生的事件，可同样在建筑虚拟空间得到反馈，可搜索到事件的各类信息；而在虚拟空间得到的信息，又可对现实建筑的事件处理起到指导作用。智慧建筑数字孪生中的虚实融合、虚实协同将定义建筑未来发展新模式。

（3）智能干预　通过在"数字孪生建筑"上规划设计、模拟仿真等，将建筑可能产生的不良影响、矛盾冲突、潜在危险进行智能预警，并提供合理可行的对策建议，以未来视角智能干预建筑原有发展轨迹和运行，进而指引和优化实体建筑的规划、管理，改善服务。

（4）成本控制　数字孪生建筑具备的综合分析和预测能力，为建筑物的智慧运维提供了有效的技术支持，化被动运维为主动运维。在数字孪生空间中进行运维，对建筑内能耗进行管理控制，可以有效节约人力运维、水电支出等有关成本。

第 23 章　建筑智能化工程的未来趋势

在各行各业数字化转型的浪潮中，建筑也在转型发展，即从传统建筑向智慧建筑不断演进。传统建筑缺乏系统性规划，基于单点功能的建设方式，导致系统孤立、管理粗放且服务不足等问题出现，已难以满足人们日益增长的多样化需求。在需求与技术的双轮驱动下，建筑必将从封闭走向开放，由单一迈向融合，从服务缺失到极致服务体验，从单点智能到整体智慧。

在未来，智慧建筑在政策、技术和需求的驱动下，将向以下方向发展：

全面感知，是指应用各类传感器和物联网技术，构成感知神经网络，采集建筑各类状态数据和业务数据，主动感知变化和需求。通过全面感知，实现建筑内资源可视、状态可视，是建筑事件可控、业务可管的基础。

泛在连接，是指借助多种连接方式（有线、无线），连接建筑内的管理系统、数据系统与生产系统等，是智慧建筑建设的前提，是建筑数据聚合的基础。通过泛在连接，实现建筑内人机物事及环境能随需、无缝、安全、即插即用地连接，进而打破数据和业务孤岛，打通垂直子系统，实现数据互通及业务和数据的融合，为智能化打下基础。

主动服务，是指建筑具有主动告警、自动控制调节和辅助决策等能力，建筑不再是完全被动的响应需求。借助 AI 和大数据决策判断，实现对建筑物、事及环境等对象的自动控制、自动调节、主动处置，对人进行主动服务和关怀。

智能进化，是指在 AI 和大数据等相关技术加持下，实现建筑自学习、自适应、自进化的能力。通过智能进化，快速应用新技术，敏捷创新，实现建筑自我适应调节的优化和完善。例如，中央空调冷水机组启停时间，可以基于室外环境、温度，室内人员数量等多个因素进行自动调节，使冷水机组运行在最佳性能系数区间，实现温度控制、降低能耗，并通过用户感知与反馈，进行动态调整及完善，直至最优。

绿色高效，是指借助多种技术手段和新型节能环保材料，实现建筑智能运营和精益运营，资源和空间高效配置和充分共享，资源消耗可视、可诊、可优，运行最经济，建筑绿色环保、低碳节能，可持续发展。

23.1　BIM 驱动建筑数字化转型

数字建筑的本质是通过融合新一代信息技术和先进制造理念，聚合建筑行业全要素，构建数字建筑平台，提供贯穿产业全链条、连接工程全参与方的技术、应用和平台服务体系，支撑和赋能建筑行业数字化转型。图 23-1 所示为以 BIM 应用为核心驱动力的数字建筑框架体系，它打通了建筑从勘察设计到施工运维的全过程数据流转，实现了设计、建造、运维的数据融合。

基础设施层提供数字支撑底座。基础设施层为上层平台和应用提供感知、计算、存储、网络等资源。感知基础设施结合射频识别、红外感应器、摄像头等信息传感设备，实现建筑智能化识别、定位、跟踪、监控和管理；计算基础设施集成 CPU、GPU 等异构系统和混合云架构，提供高效渲染、负载均衡的算力能力；存储基础设施基于超融合和分布式存储、软件定义存储等技术，支撑海量数据访问、数据安全保护等业务需求；网络基础设施借助 5G 移动通信、千兆光纤网络、物联网、工业互联网、虚拟专用网等，搭建高安全性、高灵活性、高质量的信息数据传输管道；测绘基础设施通过三维激光扫描、无人机倾斜摄影等，采集、更新地理信息、建筑信息等多维度数据，打通物理世界和数字世界。

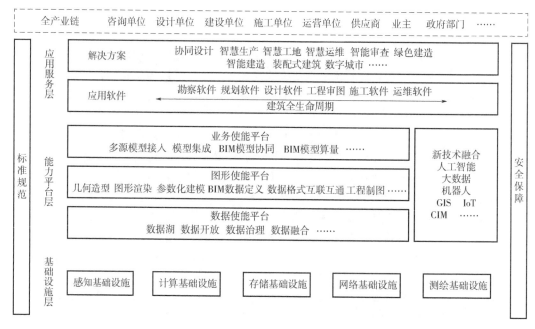

图 23-1　数字建筑框架体系

能力平台层汇聚异构数据、多源模型、行业知识、专用技术和业务系统等关键资源要素，提供数据使能、图形使能、业务使能等专业服务，以及人工智能、大数据、机器人、CIM 等新技术融合赋能服务，为上层的应用服务层提供共性技术支持和应用开发服务等。

图形使能平台是集成 BIM 平台的几何造型、布尔运算、图形渲染、模型可视化、数据互联互通等三维图形能力，搭建与现实世界精准映射的统一信息模型，实现建筑全生命周期业务协同的关键核心，在支撑 BIM 行业应用软件开发过程中也发挥了重要作用。BIM 三维图形平台正与物联网、GIS 等加速融合，为智慧城市建设提供信息整合、空间管理、智能运维、数字孪生等技术支撑。

业务使能平台是围绕用户差异化业务需求，通过整合各类共性业务组件、搭建统一应用开发环境等，提供多专业模型集成、BIM 模型轻量化、跨平台协同管理、计算性能分析、辅助优化设计等服务，实现项目集成化、精细化、专业化管理。

应用服务层承载各类服务业务。应用服务层主要聚焦智能建造、装配式建筑、数字城市等场景，提供了覆盖勘察、规划、设计、施工、运维等建筑全生命周期 BIM 应用软件，以及面向协同设计、智能生产、智慧工地、智慧运维、智能审查、绿色建造等典型应用场景的数字化应用解决方案。

23.2　建筑低碳运行

2020 年 9 月，在第 75 届联合国大会期间，我国提出将提高国家自主贡献力度，采取更加有力的政策和措施，二氧化碳排放力争于 2030 年前达到峰值，努力争取 2060 年前实现碳中和。碳达峰碳中和（以下简称"双碳"）的提出将我国的绿色发展之路提升到新的高度，成为我国社会经济发展的重大战略决策。

近年来，我国出台了一系列政策文件，积极推动建筑绿色低碳转型，从生态示范工业建筑、循环化改造示范建筑，到低碳示范建筑、绿色建筑、近零碳建筑等，图 23-2 所示为零碳智慧园区发展阶段，零碳智慧园区的发展积累了大量低碳发展经验和做法，涌现出一批绿色发展的新理念、新模式，为下一步发展零碳智慧建筑提供了重要参考和支撑。

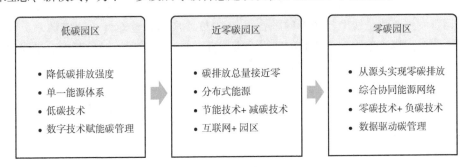

图 23-2　零碳智慧园区发展阶段

零碳智慧建筑是指在建筑规划、建设、管理、运营全方位地系统性融入碳中和理念，依托零碳操作系统，以精准化核算、规划碳中和目标的设定和实践路径，以泛在化感知全面监测碳元素生成和消减过程，以数字化手段整合节能、减排、固碳、碳汇等碳中和措施，以智慧化管理实现产业低碳化发展、能源绿色化转型、设施集聚化共享、资源循环化利用，实现建筑内部碳排放与吸收自我平衡，生产、生态、生活深度融合的新型产业建筑。

实现建筑碳中和，根本上应从控制碳排放和加大碳吸收两方面入手，同时建立碳交易市场，加强智慧管控。如图 23-3 所示，以数字化管控理念打造零碳操作系统，汇聚建筑内水电、光伏、储能、充电桩等各类能源数据，实现建筑能源智慧管控。

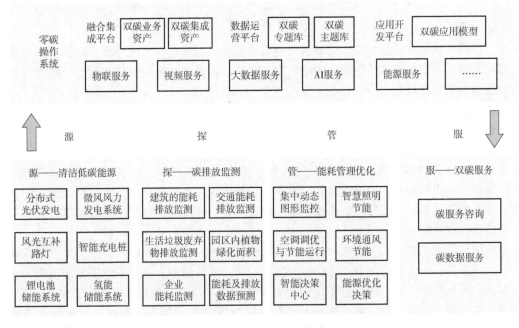

图 23-3　零碳智慧建筑构建理念

云计算、移动互联网、大数据、区块链、5G 等数字技术的融合发展，正在改变各产业链的管理、运行、生产、传输模式，促进绿色低碳转型。数字化赋能是建设零碳智慧建筑的必由之路。

23.3　精细化管理驱动建筑智慧运维

建筑运维发展趋势是线上与线下的融合，如图 23-4 所示的建筑综合运维体系，线上数字运维管理平台结合以工单管理为核心的线下运维服务，从数字管理、绿色节能、平安监管、物联感知、园企互联等方面实现园区的全方位管理。

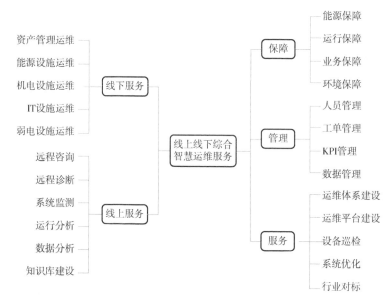

图 23-4　建筑综合运维体系

基于多维度数据在线监测实现全域运营生态可视化。通过在建筑内外部空间部署各类传感器、监控设备，采集建筑能耗数据、环境数据、水质管理数据、视频监控数据等，进行智能分析，实现全区域环境质量动态可视化。在建筑能耗监测方面，可实时全面地采集水、电、油、燃气等各种能耗数据，动态分析评价能耗状况，辅助制定并不断优化绿色节能方案，控制耗能设备处于最佳运行状态。在环境管理方面，通过抓取传感器信息，实时监测温度、湿度、CO_2、PM2.5、PM10、CO、甲醛、噪声，对建筑空气、噪声等环境健康状况进行全面监测及管理。在水质管理方面，对影响建筑用水的关键指标水质参数，如浊度、余氯、pH 值、电导率等，进行长期监测和定期检测，全面提高供水水质，保障建筑用水的健康性、安全性，助力建筑以绿色、生态的方式运行，提升建筑品质、延长建筑寿命，打造舒适健康的生活环境，为绿色建筑运营优化提供关键支撑。

赋能资产设备物联网化，实现一体化运维管理。建筑进入运维阶段，利用 BIM 和物联网技术对资产设备进行一体化监测管理与反馈，实时呈现成物细节，并基于虚拟控制现实，实现远程调控和远程维护。针对建筑重要设备建立设备台账、台卡，便于日常的信息查看、录入、维修、保养使用。通过实时监测全面掌控设备整体状况和使用情况，及时进行设备状态的跟踪、调控优化方案，简化设备管理工作，优化管理流程，为建筑设备科学管理提供有效的数据支撑。

23.4　用户体验驱动全场景智慧

如图 23-5 所示，未来智慧建筑从单点智能向全场景智慧的转变，是运用数字化技术，以全面感知和泛在连接为基础的人机物事深度融合体，具备主动服务、智能进化等能力特征的有机生命体和可持续发展空间。

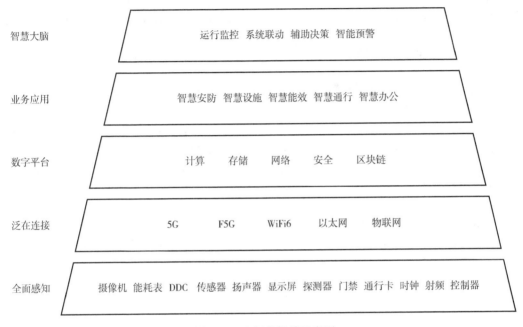

智慧大脑	运行监控　系统联动　辅助决策　智能预警
业务应用	智慧安防　智慧设施　智慧能效　智慧通行　智慧办公
数字平台	计算　　存储　　网络　　安全　　区块链
泛在连接	5G　　　F5G　　　WiFi6　　以太网　　物联网
全面感知	摄像机　能耗表　DDC　传感器　扬声器　显示屏　探测器　门禁　通行卡　时钟　射频　控制器

图 23-5　全场景智慧示意图

全场景智慧是智慧建筑发展的新阶段，智慧建筑的全场景智慧，不是一时一地的局部创新与智能，而是随时随地的全流程联动；不是单兵突进的孤立应用，而是融会贯通的聚合服务，体现在数据融合、场景联动、敏捷创新等方方面面，让智慧可以呈现在建筑的每个角落，实现对建筑全域的精准分析、系统预测、协同指挥、科学治理和场景化服务；全场景智慧实现的核心支撑离不开智慧大脑、智慧应用、智慧平台、智能连接等层面的协同。

参 考 文 献

［1］中华人民共和国住房和城乡建设部．智能建筑设计标准：GB 50314—2015［S］．北京：中国计划出版社，2015．

［2］中华人民共和国住房和城乡建设部．综合布线系统工程设计规范：GB 50311—2016［S］．北京：中国计划出版社，2016．

［3］中华人民共和国住房和城乡建设部．安全防范工程技术标准：GB 50348—2018［S］．北京：中国计划出版社，2018．

［4］中华人民共和国住房和城乡建设部．数据中心设计规范：GB 50174—2017［S］．北京：中国计划出版社，2017．

［5］中华人民共和国公安部．出入口控制系统工程设计规范：GB 50396—2007［S］．北京：中国计划出版社，2007．

［6］中华人民共和国国家质量监督检验检疫总局，中国国家标准化管理委员会．脉冲电子围栏及其安装和安全运行：GB/T 7946—2015［S］．北京：中国标准出版社，2015．

［7］中华人民共和国公安部．张力式电子围栏通用技术要求：GA/T 1032—2013［S］．北京：中国标准出版社，2013．

［8］中华人民共和国国家质量监督检验检疫总局，中国国家标准化管理委员会．电缆及光缆燃烧性能分级：GB 31247—2014［S］．北京：中国标准出版社，2014．

［9］中华人民共和国国家市场监督管理总局，中国国家标准化管理委员会．阻燃和耐火电线电缆或光缆通则：GB/T 19666—2019［S］．北京：中国标准出版社，2019．

［10］中华人民共和国住房和城乡建设部．电子会议系统工程设计规范：GB 50799—2012［S］．北京：中国计划出版社，2012．